Reine und angewandte Metallkunde in Einzeldarstellungen

Herausgegeben von W. Köster

Band 13

Theoretische Metallkunde

Von

Ulrich Dehlinger

Zweite neubearbeitete Auflage

Mit 68 Abbildungen

Springer-Verlag

Berlin/Heidelberg/New York

1968

Dr. Ing., Dr. rer. nat. h.c. ULRICH DEHLINGER
o. Prof. für theoretische und angewandte Physik
an der Universität Stuttgart
Wiss. Mitglied des Max-Planck-Instituts für Metallforschung

ISBN 978-3-642-49085-9   ISBN 978-3-642-95075-9 (eBook)
DOI 10. 1007/978-3-642-95075-9

Titel Nr. 6271

Vorwort

*Es ist der besondre Reiz der beschreibenden Naturwissen-
schaften, aus der Spannung des Individuell-Einmaligen
und des Allgemein-Typischen fortlaufend neue Erkennt-
nisse zu gewinnen, als Beobachter zum Urquell der Natur
zurückzukehren und sozusagen tagtäglich den Akt zu voll-
ziehen, den die allgemeine Physik nur periodisch voll-
führt. Paul Niggli, Universitas 2 (1947) 439.*

Seit 1955, dem Erscheinungsjahr der 1. Auflage dieses Buches, hat
die Metallwissenschaft den Rang und das Bewußtsein einer eigenständi-
gen Disziplin innerhalb des Gesamtgebiets der material science gewonnen. Es hat sich vielfach eine konkrete, mehr oder weniger gemeinsame
Ansicht der aktiv tätigen Fachleute herausgebildet, die nur noch im
Detail diskutiert wird. Begründet werden diese Ergebnisse nicht etwa
durch eindeutige mathematische Deduktion aus Grundgleichungen, im
Gegenteil, unser neues Selbstverständnis beruht auf der Erkenntnis, daß
dies in kaum einor Frage möglich sein wird. Vielmehr erscheint die Metallforschung als eine der am wenigsten mechanisierten unter den physi-
kalischen und chemischen Teilgebieten, sie muß unter ständiger Besin-
nung auf die Methodik experimentelle und theoretische Ideen verknüp-
fen, was meist die Leitung durch führende und starke Persönlichkeiten
erfordert.

So konnte in dieser 2. Auflage mit strafferer, theoretisch fundierter
Disposition eine der Wirklichkeit nähere Darstellung der dynamischen
Fakten und ihrer Zusammenhänge – mit den öffentlichen Geheimnissen
und dem Fachjargon – versucht werden. Da der Umfang nicht vergrößert werden sollte, mußte vieles an Hand besonders durchsichtiger,
oft auch technisch wichtiger Beispiele erörtert werden. Das Ziel war, den
Physiker, aber auch den theoretisch interessierten Chemiker, Mineralogen
und Ingenieur vor seiner speziellen Diplom- oder Doktorarbeit in die Gesamtheit der metallkundlichen Probleme und Ideen – mit Ausblicken
auf andre Arten von Festkörpern – einzuführen. Die Mathematik wurde
einfach gehalten, allerdings kann sie auf Vektoren und Tensoren samt
ihren Differentialoperatoren, die der kristallinen Anisotropie so adäquat
sind, nicht verzichten. Als Einheiten wurden die jeweils üblichsten gebraucht, das sind erstaunlicherweise im Magnetismus und in der Supra-

leitung immer noch die cgs-Größen. Probleme, in die eine wirkliche Einsicht noch nicht gewonnen schien, wie Rekristallisation und Ermüdung, wurden höchstens gestreift. Nicht berücksichtigt wurde alles, was sich auf dünne Schichten sowie auf Oberflächen und ihre Reaktionen bezieht.

Wenn ein derart mannigfaltiges Gebiet einigermaßen gleichmäßig und modern zu behandeln gewagt werden konnte, so war dazu unentbehrlich der Kontakt mit den Arbeiten des Max-Planck-Instituts für Metallforschung, vor allem seines Institutes für Physik, dessen Direktor A. SEEGER ich besonders danken möchte. Für Hinweise und Auskünfte danke ich auch den Stuttgarter Herrn W. KÖSTER, V. GEROLD, F. BADER, H. KRONMÜLLER, J. DIEHL, M. WILKENS, H. TRÄUBLE, W. FRANK. Großen Dank schulde ich dazu den jetzt auswärtigen Kollegen G. E. R. SCHULZE, Dresden, A. KOCHENDÖRFER, Düsseldorf, H. BROSS, München, H. KUBASCHEWSKI, Teddington, E. KRÖNER, Clausthal, E. MACHERAUCH, Karlsruhe, G. SCHOECK, Bariloche, H. KNAPP, New York. Mein Assistent G. SCHMID hat vieles beigetragen, vor allem zur Plastizität, und sich wie auch K DIFFERT um die Korrektur große Verdienste erworben. Höchst wertvoll war mir die Teilnahme an den jährlichen Tagungen der deutschen Arbeitsgemeinschaft für Metallphysik sowie am Genfer Kolloquium 1966 des Battelle-Instituts, organisiert von R. JAFFEE.

Stuttgart, im Herbst 1967

U. Dehlinger

Inhaltsverzeichnis

I. Zustände metallischer Kristalle

II. Kinetik irreversibler Vorgänge

Ständig gebrauchte Bezeichnungen

c Lichtgeschwindigkeit
L Loschmidtsche Zahl
$\hbar = h/2\pi$ Plancksche Konstante
m Elektronenmasse
e Elektronenladung
μ_B Bohrsches Magneton
     $= 5593$ Gauß-cm³ je Gramm-
     atom
k Boltzmann-Konstante
     $= 9{,}09 \cdot 10^{-5}$ eV/Grad

T absolute Temperatur
c Konzentration (Molenbruch)
G Schubmodul
E Elastizitätsmodul (Youngscher Modul)
K Kompressionsmodul
μ Poissonsche Querkontraktionszahl
U, u Energie (1 eV je Atom $= 23300$ cal je Mol)

S, s Entropie
Z Komplexionenzahl
H, h Enthalpie
μ Partielle molare freie Enthalpie
F, f Freie Energie
G, g Freie Enthalpie (Thermodynamisches Potential)
ω $= 2\pi\nu$ Kreisfrequenz
E Elektrische Feldstärke
H Magnetische Feldst. (Oerstedt)
B Magnetische Induktion (Gauß)
J Magnetisierung (result. Dipolmoment)
Φ Magnetischer Fluß
a Kantenlänge der Grundzelle
c/a Achsenverhältnis tetragon. oder hexagon. Grundzellen
b Burgers-Vektor
z Koordinationszahl
$\gamma = c_v/T$ Koeffizient der Elektronenwärme

I. Zustände metallischer Kristalle

1. Elektronentheoretische Grundlagen

1.1. Gitter, reziprokes Gitter, k-Raum

Im dreifach periodischen Raumgitter des idealen, als unendlich angenommenen Kristalls spannen drei, Grundtranslationen genannte Vektoren $a_1\,a_2\,a_3$ die Grundzelle auf. Durch ihre Richtungen und durch ihre als jeweilige Längeneinheit genommenen Längen bestimmen sie ein Koordinatensystem mit den dimensionslosen Koordinaten $n_1\,n_2\,n_3$. Identische Gitterpunkte, das sind solche, die durch vom Gitter zugelassene Translationen auseinander hervorgehen, unterscheiden sich dann von beliebigen Punkten durch ganzzahlige Tripel von Koordinaten. Als Basis bezeichnet man die in eine Grundzelle fallenden, oft verschiedenartigen Atome r mit den Koordinaten $m_r^1,\, m_r^2,\, m_r^3$. Die Atome des idealen Kristalls haben dann die Ortsvektoren:

$$r^r_{n_1 n_2 n_3} = (m_1^r + n_1)\,a_1 + (m_2^r + n_2)\,a_2 + (m_3^r + n_3)\,a_3,$$

wo n_1, n_2, n_3 ganzzahlig und $m_r^1, m_r^2, m_r^3 < 1$.

Gittergeraden gehen durch mindestens zwei identische Gitterpunkte, ihre Richtung wird durch den Vektor bestimmt, der von einem zum nächstbenachbarten dieser Punkte geht. Zum Beispiel sind [100], [010], [001] die Kanten der Grundzelle.

Bravaisgitter nennt man ein Gitter, in dem unter den vielen möglichen Grundzellen eine (kleinsten Volumens) so gewählt werden kann, daß alle als mathematische Punkte betrachteten Bausteine durch Gittertranslationen auseinander hervorgehen. Das hierher gehörende flächenzentriert kubische Gitter (fl. k. G.) wird meist durch eine die Punktsymmetrie des Kristalls wiedergebende kubische Grundzelle $a_1\,a_2\,a_3$ ($|a_1| = |a_2| = |a_3| = a$) mit der Basis $0\,0\,0$, $0\,\frac{1}{2}\,\frac{1}{2}$, $\frac{1}{2}\,0\,\frac{1}{2}$, $\frac{1}{2}\,\frac{1}{2}\,0$ beschrieben. Es gibt aber eine rhomboedrische Zelle, die einfach primitiv ist, somit nur ein Basisatom $0, 0, 0$ benötigt und deren Volumen 1/4 des Volumens der kubischen Zelle ist. Ihre Grundvektoren erhält man aus

$$a_1' = \frac{1}{2}\,(a_2 + a_3)\,; \quad a_2' = \frac{1}{2}\,(a_3 + a_1)\,; \quad a_3' = \frac{1}{2}\,(a_1 + a_2)\,.$$

Damit wird $|\boldsymbol{a}_1'| = |\boldsymbol{a}_2'| = |\boldsymbol{a}_3'| = a/\sqrt{2}$, das ist der kürzeste Atomabstand. Der Rhomboederwinkel α' ergibt sich aus

$$\cos \alpha' = \frac{\boldsymbol{a}_1'\,\boldsymbol{a}_2'}{|\boldsymbol{a}_1'|\,|\boldsymbol{a}_2'|}$$

zu 60° (Abb. 1).

Auch das raumzentriert kubische Gitter ist ein Bravaisgitter. Seine kubische Basis ist $0\ 0\ 0,\ \frac{1}{2}\ \frac{1}{2}\ \frac{1}{2}$. Die Grundvektoren der einfach-primitiven rhomboedrischen Zelle sind

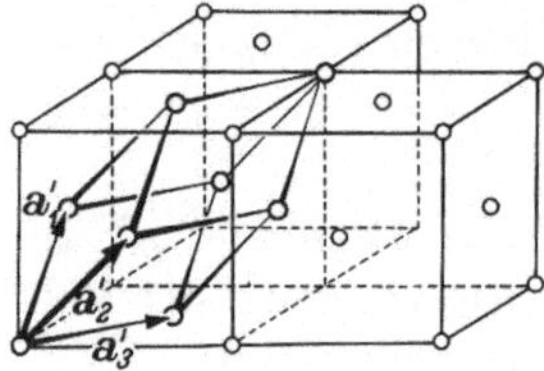

$$\boldsymbol{a}_1' = \frac{1}{2}\left(-\boldsymbol{a}_1 + \boldsymbol{a}_2 + \boldsymbol{a}_3\right),$$

$$\boldsymbol{a}_2' = \frac{1}{2}\left(\boldsymbol{a}_1 - \boldsymbol{a}_2 + \boldsymbol{a}_3\right),$$

$$\boldsymbol{a}_3' = \frac{1}{2}\left(\boldsymbol{a}_1 + \boldsymbol{a}_2 - \boldsymbol{a}_3\right).$$

Abb. 1. Im fl. k. G. bilden die drei eingezeichneten Grundtranslationen eine einfach-primitive Grundzelle von rhomboedrischer Form.

Ihre Länge und damit der kürzeste Atomabstand ist $\frac{a}{2}\sqrt{3}$, der Rhomboederwinkel 109° 28′.

In den Nicht-Bravaisstrukturen sind mehrere Bravaisgitter von gleicher Grundzelle ineinandergestellt. So enthält z. B. das Gitter der hexagonalen Kugelpackung zwei Atome in der kleinstmöglichen Grundzelle, die durch $\boldsymbol{a}_1, \boldsymbol{a}_2$ und $\boldsymbol{a}_3$ aufgespannt wird, wobei $|\boldsymbol{a}_1| = |\boldsymbol{a}_2| = a$, $|\boldsymbol{a}_3| = c$ und der Winkel zwischen $\boldsymbol{a}_1$ und $\boldsymbol{a}_2$ $\gamma = 120°$ ist, während $\boldsymbol{a}_3$ senkrecht auf beiden steht. Die Basis ist $0\ 0\ 0,\ \frac{2}{3}\ \frac{1}{3}\ \frac{1}{2}$. Wenn der Abstand aller zwölf nächsten Nachbarn eines Atoms gleich groß sein, also eine echte Kugelpackung vorhanden sein soll, muß $c/a = 1{,}633$ sein. Man kann das hexagonale Gitter auch mit einer rhombischen (orthorhombischen) Zelle aufeinander senkrechter Grundvektoren beschreiben, die das doppelte Volumen hat. Es ist dann

$$\boldsymbol{a}_1' = \boldsymbol{a}_1 ; \quad \boldsymbol{a}_2' = 2\boldsymbol{a}_2 + \boldsymbol{a}_1 ; \quad \boldsymbol{a}_3' = \boldsymbol{a}_3 ; \quad |\boldsymbol{a}_2'| = a\sqrt{3}.$$

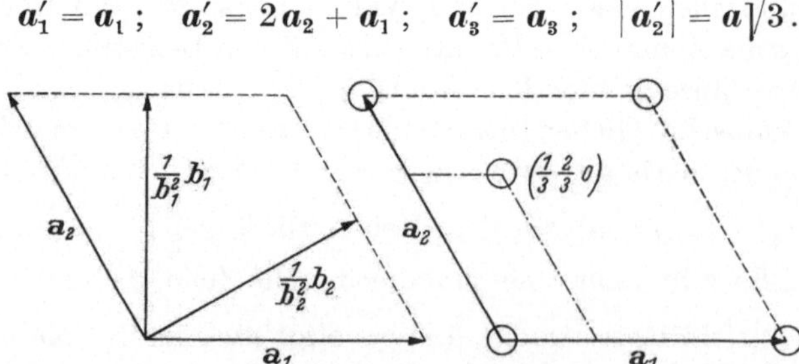

Abb. 2. Grundtranslationen und reziproke Gittervektoren in der Basisebene (000.1) des hexagonalen Gitters. Rechts ein zusätzliches Basisatom, das in der Struktur der hexagonalen dichtesten Kugelpackung um $c/2$ über die eingezeichnete Lage gehoben ist.

Unter einer Netzebenenschar des Gitters versteht man eine Schar paralleler äquidistanter Ebenen, auf der jeder ganzzahlige Gitterpunkt liegt. Diese Scharen sowie die aus ihnen durch periodisches Einfügen oder Herausnehmen von parallelen Ebenen entstehenden allgemeineren Ebenenscharen werden in dem abstrakten reziproken Gitter dargestellt. Seine Grundvektoren sind:

$$b_1 = \frac{a_2 \times a_3}{V}\;;\quad b_2 = \frac{a_3 \times a_1}{V}\;;\quad b_3 = \frac{a_1 \times a_2}{V},$$

wo

$$V = a_1\,(a_2 \times a_3) = a_2\,(a_3 \times a_1) = a_3\,(a_1 \times a_2)$$

das Volumen der Grundzelle des ursprünglichen Gitters ist. Wie man sieht, steht b_1 senkrecht auf der durch a_2 und a_3 ausgespannten Ebene, sein Betrag ist das Reziproke der zu dieser Ebene senkrechten Komponente von a_1 und damit auch des Abstands der Netzebenenschar. Dies läßt sich durch Übergang zu andern Tripeln von Grundvektoren verallgemeinern zu dem Satz: Der vom Nullpunkt des reziproken Gitters zu seinem Gitterpunkt

$$h = h_1 b_1 + h_2 b_2 + h_3 b_3 \qquad (h_1, h_2, h_3 \quad \text{ganzzahlig})$$

gezogene Vektor steht senkrecht auf der Netzebenenschar, deren Abstand $d_{h_1 h_2 h_3} = 1/|h|$ ist. Besitzen h_1, h_2, h_3 einen gemeinsamen Faktor n, dann entspricht $h_1' = h_1/n$ usw. der eigentlichen Netzebenenschar, und man nennt die $h_1' h_2' h_3'$ deren Millersche Indizes, während $h_1 h_2 h_3$ die durch Einfügen von je $n-1$ Ebenen entstehende Schar darstellt. Somit ist jeder ganzzahlige Gitterpunkt des reziproken Gitters einer Ebenenschar des ursprünglichen Gitters zugeordnet. Wenn man darüber hinaus die $h_1 h_2 h_3$ durch eine gemeinsame ganze Zahl m teilt, so sind den so erhaltenen Punkten die Ebenenscharen mit $m-1$ herausgenommenen Zwischenebenen zuzuordnen.

Wie man leicht sieht, sind die Millerschen Indizes gleich dem Reziproken der von der Netzebenenschar auf den verlängerten Vektoren $a_1\,a_2\,a_3$ (den sog. Kristallachsen) erzeugten Achsenabschnitte. Die Grenzflächen frei gewachsener Kristalle sind vielfach Ebenen mit kleinen Indizestripeln.

Wenn eine Netzebene $(h_1 h_2 h_3)$ einer Gittergeraden $[u_1 u_2 u_3]$ parallel sein soll (der Zone $[u_1 u_2 u_3]$ angehören soll), muß gelten:

$$h_1 u_1 + h_2 u_2 + h_3 u_3 = 0.$$

Die mathematische Bedeutung des reziproken Gitters besteht darin, daß die dreidimensionale Fourierentwicklung einer im Gitter periodischen skalaren Funktion die ganzzahligen reziproken Gittervektoren als Faktoren im Exponenten enthält (vgl. 1.4.).

1*

Während wir bisher die basislose Grundzelle betrachtet haben, teilen wir nun den ganzzahligen Gitterpunkten des reziproken Gitters komplexe Gewichte zu, die „Strukturamplituden":

$$S_{h_1 h_2 h_3} = \sum r Z_r \exp\left[2\pi i\left(h_1 m_1^r + h_2 m_2^r + h_3 m_3^r\right)\right].$$

Die Summe geht über alle Basisatome, Z_r ist das Streuvermögen des r-ten Atoms, das in erster Näherung gleich seiner Elektronenzahl ist. Dann gilt der Satz, daß das reziproke Gitter des Reziproken wieder das ursprüngliche ist. Für Bravaisgitter (aus Atomen gleicher Art) wird S Null oder $\sum r Z_r$. Das Reziproke des flächenzentrierten Gitters wird dann raumzentriert und umgekehrt.

Die Flächen gleicher Phase von ebenen stehenden Wellen, die in das Gitter passen, bestehend entweder aus thermischen Schwingungen der Gitteratome oder aus elektromagnetischen, von eingedrungenen Röntgenstrahlen erzwungenen Schwingungen der Atomelektronen, bilden offensichtlich ebenfalls Netzebenenscharen mit eingefügten Zusatzebenen, sind also eindeutig den ganzzahligen Punkten des reziproken, mit den obigen Gewichten versehenen Gitters zugeordnet. Die experimentell zu beobachtenden Röntgeninterferenzen erlauben es, diese in das Gitter passenden Wellen nach Lage und Intensität, die dem Betrag der Gewichte im Quadrat proportional ist, auszumessen, lassen also zunächst nur das reziproke Gitter ermitteln.

Da man ebene Wellen meist durch den Wellenvektor k kennzeichnet, dessen Richtung senkrecht zu den Phasenflächen (Wellenflächen) und dessen Betrag $|k| = 2\pi/\lambda$ (λ Wellenlänge) ist, werden zur Darstellung der in das Gitter passenden Wellen die Abmessungen des reziproken Gitters mit 2π multipliziert (k-Raum).

Auch die ebenen Schrödingerwellen der Bindungs- und Leitungselektronen werden in diesem k-Raum aufgezeichnet. Eingeschränkt werden sie durch die Randbedingungen. Da man den unendlichen Kristall nicht aufgeben möchte, formuliert man diese zyklisch und verlangt, daß der Zustand nach je L Kantenlängen in den Richtungen von $a_1 a_2 a_3$ in jeder Beziehung derselbe sei, demnach der dreidimensionale Periodizitätsbereich L^3 Grundzellen umfasse. Das heißt, man kann aus den als Phasenflächen betrachteten Netzebenenscharen so lange Ebenen herausnehmen, bis ihre Abstände das L-fache der ursprünglichen sind. Dem entsprechen in der Grundzelle des reziproken Gitters die L^3 rationalen Punkte $h = \dfrac{h_1}{L} \cdot b_1 + \dfrac{h_2}{L} b_2 + \dfrac{h_3}{L} b_3$ (h_1, h_2, h_3 ganzzahlig). Die Anzahl der in die Grundzelle des reziproken Gitters fallenden Elektronenwellen, gerechnet je Grundzelle des Kristalls, ist also gerade 1, oder die Anzahl der in das Volumen V_k des k-Raums fallenden Wellen je Volumen a^3 des Kristalls $Z/a^3 = V_K/(2\pi)^3$.

Da nach L. DE BROGLIE für den Impuls eines Elektrons mit dem Wellenvektor k gilt:

$$p = k\,h/2\pi = k\,\hbar$$

ist der mit $\hbar$ multiplizierte k-Raum auch der Impulsteil des statistischen Phasenraums der Elektronen, während ihr gemeinsames Phasenvolumen gleich dem obengenannten Bereich von L^3 Elementarzellen ist.

1.2. Kohäsion

Die Kräfte, welche die Atome in Kristallen wie auch in Flüssigkeiten (deren Dichten um höchstens 10 % kleiner, seltener auch etwas größer sind als die der zugehörigen Festkörper) zusammenhalten, sind gleicher Natur wie die verbindungsbildenden Kräfte in Molekülen. Auch im Kristall tritt ihre Vielfalt in den verschiedenartigen Strukturen und den Eigenschaften derselben in Erscheinung. Es gibt keine Methode, mit der man die atomare Bindung unmittelbar experimentell erkennen könnte. Auch die Interferenzmethoden zur Ausmessung der Elektronendichte im Kristall sind meist nicht empfindlich genug für die kleinen, mit dem Übergang von einer Bindungsart zur anderen verbundenen Dichteänderungen. Der wichtigste Weg zur Aufklärung der Bindung ist, zunächst quantentheoretisch ihre Ursache und ihre verschiedenen Erscheinungsformen auszumachen und dann die letzteren experimentell nachzuweisen, ein Weg, der sich bekanntlich beim Atombau bewährt hat.

Die Stärke der Bindung wird als Bildungsarbeit, Bildungswärme oder Kohäsionsenergie kalorimetrisch gemessen, meist auf $T = 0$ extrapoliert. Man versteht darunter das Negative der Arbeit, die nötig ist, um die im Kristall eingebauten Atome voneinander zu trennen und ins Unendliche zu bringen. Die Bildungswärme (Bildungsenthalpie) einer intermetallischen Verbindung oder Legierung ist die auf 1 Mol bzw. Grammatom bezogene Differenz zwischen ihrer Kohäsionsenergie und der der elementaren Komponenten im kristallinen Zustand. Sie ist für Verbindungen negativ, kann in Mischkristallen aber auch positiv sein.

Der einfachste, theoretisch vollkommen berechenbare Fall einer Bindung ist der des Wasserstoffmolekülions H_2^+, das aus zwei positiv geladenen Wasserstoffkernen und einem Elektron besteht. Wenn der Abstand R der beiden Kerne sehr groß ist, befindet sich das Elektron eindeutig in der Nähe des einen oder des andern und wird daher dort eine der bekannten Schrödingereigenfunktionen des Wasserstoffatoms, und zwar zunächst die des Grundzustands, einnehmen. Seine Schrödingerfunktion ist

$$\psi_1(x, y, z) = \psi_1(r) = \text{const } e^{-r/a_0}, \quad \text{wo} \quad a_0 = \hbar^2/m e^2 = 0{,}529\,\text{Å} .$$

Die zugehörige Energie des Elektrons, wobei Nullpunkt der Zustand des im Unendlichen ruhenden Elektrons ist, somit die Bildungsarbeit des

H-Atoms, ist bekanntlich $E_0 = -13{,}59$ eV. Wie man sieht, fällt ψ_1 mit dem Abstand r vom Kern stark ab. Nun aber ist auch ein zweiter Zustand des Elektrons mit gleicher Energie möglich, bei dem es in der Nähe des zweiten Kerns verweilt und dem die Funktion $\psi_1\,(x - R, y, z)$ $= \psi_2(x, y, z)$ zukommt. Die beiden Zustände sind entartet (besitzen die gleiche Energie) und überlagern sich nach den Grundsätzen der Quantenmechanik. Damit entsteht die Funktion

$$\Psi = c_1\,\psi_1 + c_2\,\psi_2\,.$$

Die c_1 und c_2 müssen zwei Forderungen erfüllen:

1. Das Integral über die Elektronendichte, die bekanntlich gleich $\psi\,\psi^*$ (hier Ψ^2) ist, muß 1 sein. 2. Die Dichte muß spiegelsymmetrisch auf beide Kerne verteilt sein. Aus der zweiten Forderung folgt in

$$\Psi\,\Psi^* = c_1^2\,\psi_1\,\psi_1^* + c_2^2\,\psi_2\,\psi_2^* + c_1\,c_2\,(\psi_1\,\psi_2^* + \psi_1^*\,\psi_2)\,,$$

daß $c_1^2 = c_2^2$, also $c_1 = \pm\,c_2$. Somit können bei der Annäherung der Kerne zwei Elektronenzustände entstehen, die man als gerade $(c_1 = +\,c_2)$ und ungerade $(c_1 = -\,c_2)$ unterscheidet. Aus der ersten Forderung ergibt sich dann (sog. Normierung):

$$1 = \int \Psi\,\Psi^*\,\mathrm{d}\tau = c_1^2 \int (\psi_1\,\psi_1^* + \psi_2\,\psi_2^* \pm 2\psi_1\,\psi_2^*)\,\mathrm{d}\tau\,.$$

Da aber von vornherein gilt:

$$\int \psi_1\,\psi_1^*\,\mathrm{d}\tau = \int \psi_2\,\psi_2^*\,\mathrm{d}\tau = 1\,,$$

wird

$$c_1^2 = \frac{1}{2}\,[1 \pm \int \psi_1\,\psi_2^*\,\mathrm{d}\tau]^{-1}\,.$$

Der Integrand $\psi_1\,\psi_2^*$ ist nur dort merklich, und zwar positiv, wo beide Einzelfunktionen genügend groß sind, wächst also stark bei Annäherung der Kerne. Im geraden Zustand ist $c_1^2 < 1/2$, also wird hier mit abnehmenden R die Dichte in der Kernnähe kleiner, dafür zwischen den Kernen angehäuft. Umgekehrt ist im ungeraden Zustand $c_1^2 > 1/2$, also die Dichte an den Kernen selbst größer, zwischen ihnen verringert.

Die potentielle Energie der beiden Zustände erhält man durch Integration des Potentials über die Ladungsdichte:

$$U = \frac{-1}{2\,(1 \pm \int \psi_1\psi_2^*\,\mathrm{d}\tau)}\left[\int \psi_1 \left(\frac{e^2}{r_1} + \frac{e^2}{r_2}\right) \psi_1^*\,\mathrm{d}\tau + \int \psi_2 \left(\frac{e^2}{r_1} + \frac{e^2}{r_2}\right) \psi_2^*\,\mathrm{d}\tau \pm \right.$$

$$\left. \pm\, 2\int \psi_1 \left(\frac{e^2}{r_1} + \frac{e^2}{r_2}\right) \psi_2^*\,\mathrm{d}\tau\right] + \frac{e^2}{R}\,.$$

Hierin ist r_1 und r_2 der Abstand des Aufpunkts (x, y, z) vom Kern 1 bzw. 2, also $\boldsymbol{r}_1 + \boldsymbol{R} = \boldsymbol{r}_2$. Das letzte Glied rührt her von der abstoßenden Kraft zwischen den Kernen selbst. Die beiden ersten Integrale treten auch im ungestörten Fall (unendliches R) auf. Das dritte Integral nennt man Überlappungsintegral. Es ist stets positiv und gibt die Wechselwirkung der zwischen den Kernen angehäuften bzw. verminderten Elektronenladung mit den beiden Kernen wieder. Im ersteren Fall senkt es die Gesamtenergie, ergibt also eine negative Bindungsenergie, im letzteren Fall wirkt es umgekehrt.

Man nennt daher den geraden Zustand bindend, den ungeraden lokkernd. Als Funktion von R hat die Gesamtenergie E im bindenden Zustand ein Minimum, das zugehörige R_0 ist der Gleichgewichtsabstand, $R_0/2$ der Atomradius, und E_0 ist die Bindungsarbeit.

Für eine unendliche lineare Kette von Kernen kann die Rechnung zunächst analog durchgeführt werden. Es wird jetzt die Schrödingerfunktion eines einzelnen Elektrons:

$$\Psi = \sum i\, c_i \psi\,(r - r_i) = \sum c_i \psi_i\,.$$

Darin ist r_i der Nullpunktsabstand des i-ten Kerns. Um die beiden obengenannten Forderungen zu erfüllen, muß gelten:

$$c_i = e^{i k r_i}\,.$$

Dann wird nämlich

$$\Psi\,\Psi^* = + \sum i \sum i'\, e^{i k (r_i - r_{i'})}\, \psi_i \psi_{i'}^*\,,$$

und dieser Ausdruck bleibt ungeändert, wenn man überall r durch $r + r_i$ (mit beliebigem i) ersetzt, weil dabei nur die Numerierung in den Summen geändert wird. Dieselbe Funktion Ψ kann in folgende Form gebracht werden:

$$\Psi = e^{i k r} \sum i\, e^{-i k (r - r_i)}\, \psi\,(r - r_i) = e^{i k r}\, u_k\,(r)\,.$$

Wie man sieht, ist die Funktion $u_k(r)$ periodisch mit der Periode der Atomkette.

Im dreidimensionalen Kristall gilt dementsprechend das „Blochsche Theorem", wonach alle Einelektronenfunktionen (molecular orbitals) darzustellen sind in der Form

$$\Psi_K = e^{i k r}\, u_k\,(r)\,,$$

wo k ein Wellenvektor ist und die Funktion u_k des Ortsvektors der Elektronen die Periodizität des Bravaisgitters besitzt. Somit haben diese Funktionen die Form ebener Wellen mit $\lambda = 2\pi/|k|$, deren Amplitude mit der Periode des Gitters moduliert ist. Für die k gelten die in 1.1. erörterten Randbedingungen. Die den einzelnen Kernen zugeordneten Funktionen ψ_i nennt man, wenn sie aufeinander orthogonal sind, Wannierfunktionen.

Die auf ein Elektron in einem durch Ψ_k gekennzeichneten Zustand fallende Energie wird ebenso wie oben berechnet. Sie ist eine Funktion von k, was auch hier auf ein Überlappungsintegral zurückzuführen ist.

Funktionen mit $|k| \approx 0$ sind im allgemeinen bindend, solche mit $|k| \approx \pm \pi/a$ (a ist die Periodenlänge) lockernd. Die Energiedifferenz zwischen dem höchsten und tiefsten Term nennt man Bandbreite.

Besitzt nun jeder Kern des Bravaisgitters ein Elektron, so hat man das Pauliprinzip anzuwenden, nach dem jede Funktion ψ_k höchstens mit zwei Elektronen entgegengesetzten Spins besetzt werden kann. Nach 1.1. kommt auf einen Kern gerade eine mögliche Funktion ψ_k, so daß wir gerade die Hälfte der Zustände mit je zwei Elektronen besetzen können. Man nennt das Band halb gefüllt, den von k abhängenden Energieanteil Fermienergie und das höchste besetzte Energieniveau Fermigrenze. Wenn das hier definierte Band vollständig gefüllt wäre, würde keine Kohäsion vorhanden sein.

Für die Zahlenrechnung im dreidimensionalen Fall wird nach E. P. WIGNER und F. SEITZ [1] sowie J. C. SLATER (vgl. auch H. BROSS [18]) das Bravaisgitter in polyedrische „Zellen" aufgeteilt, indem man durch die Mitten aller Verbindungslinien zwischen den Atomen senkrechte Ebenen legt. Das Potential in der Zelle wird am Ort des Kerns negativ

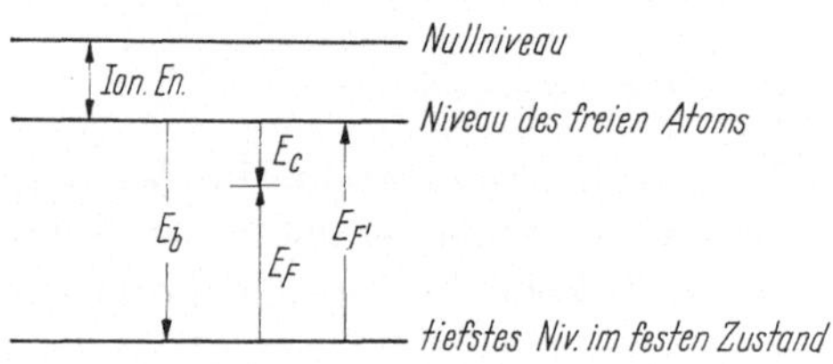

Abb. 3. Energie der Elektronen im Metall (nach WIGNER und SEITZ).

unendlich, in der Nähe des Zellrands jedoch, wie sich zeigt, nahezu konstant. Das Blochsche Theorem ergibt die Randbedingungen am Zellrand für das aus der Schrödingergleichung zu berechnende ψ_k. Zum Beispiel ist für $k = 0$ dort $\partial\psi/\partial n = 0$.

Die Randbedingung beschränkt den für das Elektron verfügbaren Raum, der im freien Atom ins Unendliche geht, auf die Zelle. Diese Konzentration der Ladung bewirkt, wie oben gezeigt, eine mit zunehmendem R zunehmende Erniedrigung E_b der Elektronenenergie (von WIGNER und SEITZ in Abb. 3 Boundarykorrektur genannt). Demgegenüber ist die Fermienergie als kinetische Energie stets positiv und nimmt mit abnehmendem R zu. Die mittlere Fermienergie $E_{F'}$ des ganz gefüllten Bandes ist nahezu gleich E_b, so daß in diesem Fall die Kohäsionsenergie je Elektron E_c Null wäre. Nach WIGNER und SEITZ [1] berechnet sich für Na

$$E_b = 72 \text{ kcal/Mol}, \quad E_F = 43 \text{ kcal/Mol, also } E_c = 29 \text{ (experimenteller}$$
Wert 26,1) kcal/Mol (vgl. Tab. 1).

Soll beim Photoeffekt oder thermisch ein Elektron die Metalloberfläche verlassen, so ist eine „Austrittsarbeit (work function)" zu leisten, die näherungsweise gleich $E_{\mathrm{Ion}} + E_b - E_{F\,\mathrm{max}}$ ist, wo $E_{F\,\mathrm{max}} = \zeta$ die größte Fermienergie eines Elektrons ist. Man mißt für Na etwa 2,0 eV = 46 kcal/Mol, für Cu 4,24 eV.

Mit zunehmender Anzahl der Außenelektronen je Atom steigt E_b. Gleichzeitig nimmt nach Tab. 1 auch E_c zu, denn E_F steigt nicht im selben Maß wie E_b, weil schon bei den zweiwertigen Metallen das bindende Band nicht allein aus s-Funktionen entspringt, sondern auch p-Funktionen enthält, was die Zahl der verfügbaren Zustände vermehrt und damit E_F verringert. Durch mitwirkende d-Elektronen (vgl. 1.4.) wird E_c stark erhöht, wie ein Vergleich von Cu mit Na in Tab. 1 zeigt.

Der Einfluß der Kristallstruktur auf E_c kann genau noch nicht erfaßt werden. Allgemein geht aus der Theorie hervor, daß es in der metallischen Bindung (wie auch in der Van der Waalsschen) eine Absättigung von Valenzen nicht gibt: Jedes Atom kann alle Nachbarn binden, die Platz haben. Daher sind durch die metallische Bindung, wenn nicht andre Einflüsse überwiegen, Strukturen hoher Koordinationszahl (genauer: Bindungszahl nach 3.1.) energetisch bevorzugt.

Parallel mit der Kohäsionsenergie E_c geht die Oberflächenenergie γ (Umrechnung der beiden Größen [12]), die nach B. CHALMERS auch im festen Zustand gemessen werden kann (für Cu 1770, für Ni 3700 erg/cm²). Aus ihr und dem Elastizitätsmodul E erhält man Werte für die ideale Reißfestigkeit (Spaltfestigkeit) σ_t, die nur an Whiskern (versetzungslosen Kriställchen) einigermaßen zu messen ist, da auch der normale Sprödbruch nach 8.9. durch Kerben und kleine Fließbewegungen beeinflußt wird. Es gilt nach A. H. COTTRELL und A. KELLY [11] $\sigma_t \approx \sqrt{E\gamma/a}$. So ergibt sich für Cu 3900, für Fe 3000, dagegen für Diamant 20000, Korund 4900 kp/mm². Beobachtet ist an Fe-Whiskern 1200, an höchstverfestigtem legiertem Stahl 500, an Korund 1500, an Carborund 2100 kp/mm².

Bei der von V. HEINE und J. V. ABARENKON, M. H. COHEN und J. M. ZIMAN entwickelten „Pseudopotentialmethode" [10, 30] wird in der Einelektronen-Schrödingergleichung beachtet, daß die Rumpfpotentiale durch die Leitungselektronen zum größten Teil abgeschirmt werden. So scheint es möglich zu sein, die Wechselwirkung der Elektronen genauer zu berechnen und damit auch die Absolutwerte des Potentials der Elektronen und ihrer Terme auszumachen, die aus den andern Methoden sich nicht ergeben. In der Tat konnten in [13] Bildungswärme, Gitterabstand und Kompressibilität des Cu konsistent berechnet werden.

1.3. Kovalente Bindung

Wir kehren zurück zur eindimensionalen Kette und berücksichtigen nun auch die Wechselwirkung der Elektronen untereinander. Sie ist besonders groß, wenn zwei oder mehr Elektronen an einem Rumpf zusam mentreffen. Solche „ionisierten Atomzustände" kommen in den oben betrachteten Zuständen notwendigerweise vor, da ja die Elektronen unabhängig voneinander von einem zum andern Rumpf übergehen, gerade sie erzeugen die elektrische Leitfähigkeit der metallischen Bindung. Solange diese Energie dem Betrag nach kleiner ist als die Überlappungsenergie zwischen Elektron und benachbartem Rumpf, gibt sie zwar eine Korrektur der Terme, ändert aber nicht die Bandstruktur. Dies ist offensichtlich bei kleinen Werten des Kettenabstands R der Fall. Die metallische Bindung erlaubt somit auch im Grundzustand einen gewissen „Elektronentransfer", der in Legierungen eine Rolle spielt. Wegen der hohen dabei entstehenden Felder ist er aber stets gering.

Dagegen wird bei großem R die Überlappungsenergie immer kleiner. Dann aber erzeugt die (einen positiven Energiebeitrag gebende) Elektronenwechselwirkung eine Energielücke zwischen den Zuständen, die ionisierte Atome enthalten und nun das „Leitfähigkeitsband" bilden, und denjenigen, die solche vermeiden und das „Valenzband" ausmachen. Um die letzteren zu beschreiben, muß von vornherein dafür gesorgt werden, daß nicht zwei Elektronen an einem Rumpf zusammenkommen. Daher geht man zunächst nicht, wie oben, von Einelektronenfunktionen aus (erst nachträglich kann dies formal gemacht werden), sondern benützt nach HEITLER und LONDON (H_2-Molekül) Zweielektronenfunktionen. Die beiden Elektronen sind dabei an zwei benachbarten Rümpfen lokalisiert, die Überlappung wird erst als Korrektur eingeführt, statt dessen wird die Schrödingerfunktion und ihre Energie durch die quantenmechanisch mögliche Vertauschung der beiden Elektronen (Austausch) bestimmt.

Die Funktion der beiden Elektronenorte r_1 und r_2 wird folgendermaßen angesetzt: Es sei $\psi^1(r_1)$ die Schrödingerfunktion des Elektrons 1, wenn es sich im Bereich des Kerns 1 befindet, $\psi^2(r_2) = \psi^1(r_1 - R)$ dasselbe für Kern 2, dann ist die Funktion, die eine Vertauschung der beiden Elektronen zuläßt:

$$\Psi_\pm = \psi^1(r_1)\,\psi^2(r_2) \pm \psi^1(r_2)\,\psi^2(r_1)\,.$$

Nach dem Pauliprinzip muß jede Vielelektronenfunktion bei einer Vertauschung der Elektronenkoordinaten, einschließlich der Spins, ihr Vorzeichen ändern, somit gehört das $-$-Zeichen zu parallelen, das $+$-Zeichen zu antiparallelen Spins. Die von der Wechselwirkung der Elektronen herrührende Zusatzenergie wird wesentlich bestimmt durch das sechsdimensionale Austauschintegral:

$$A_{12} = \pm\, e^2 \iint \psi^1(r_1)\,\psi^2(r_2) \left[\frac{1}{R} - \frac{1}{r_1^2} - \frac{1}{r_2^2}\right] \psi^{1*}(r_2)\,\psi^{2*}(r_1)\,\mathrm{d}\tau_1\,\mathrm{d}\tau_2\,.$$

(Es ist r_1^2 der Abstand des Elektrons 1 vom Kern 2 usw.) Das Integral selbst ist meist negativ, daher liegt das Band der zum $+$-Zeichen gehörenden Zustände mit abgesättigtem Spin (Valenzband) energetisch am tiefsten. Das Austauschintegral ergibt im wesentlichen die Kohäsionsenergie. Wenn man aus Ψ_+ bei konstanten r_2 die Dichteverteilung für r_1 berechnet und umgekehrt, sieht man, daß auch hier die Ladung zwischen den beiden Kernen angehäuft ist, wenn das Austauschintegral negativ ist. Geht man nun vom zweiatomigen Molekül zur Kette über, dann kann man aus den Atomfunktionen gleichen Spins Blochfunktionen mit Wellenvektoren k bilden. Jedoch ist die Bandbreite in den Valenzbändern kovalenter Bindung wesentlich kleiner als bei metallischer Bindung, die Fermienergie vermindert daher hier die Kohäsionsenergie nicht merkbar. Zum Beispiel ist die Kohäsionsenergie des Diamanten 170 kcal/Mol, also 85 je Bindungsstrich, während in den organisch-chemischen Verbindungen auf eine C–C-Bindung im Mittel 83,1 kcal/Mol entfallen.

Das Valenzband enthält einen Zustand je Kern und ist mit einem Elektron je Atom gefüllt. Da es durch eine Energielücke vom nächsthöheren Band getrennt ist, können elektrische und magnetische Felder zunächst keine Übergänge in benachbarte Zustände hervorrufen. Stoffe mit vollbesetztem Valenzband sind also Isolatoren bzw. Halbleiter und zeigen Diamagnetismus, der durch eine vom Magnetfeld induzierte Präzession der Elektronen in den ursprünglichen Zuständen selbst entsteht. Das nächsthöhere Band kann die Zustände enthalten, die infolge des Austauschintegrals, also auch ohne äußeres Magnetfeld, parallele Spins tragen und damit nach W. Heisenberg eine ferromagnetische Magnetisierung zeigen. Es können aber auch ionisierte Zustände in ihm auftreten, die Leitfähigkeit ergeben.

Im dreidimensionalen Fall existiert eine deduktive Theorie des Übergangs von metallischer zu konvalenter Bindung nicht. Jedoch geht aus der empirischen Regel von Hulliger und Mooser nach 3.2. hervor, daß (im Bereich der s- und p-Elektronen) dann und nur dann eine völlig kovalente Bindung, das heißt eine durchgehende Energielücke zwischen Valenz- und Leitungsband auftritt, wenn alle Spins von Atomen, die in erster Sphäre benachbart sind, gegenseitig oder innerhalb der Atome abgesättigt sind. Diese Erweiterung der klassischen Valenzregeln zeigt, daß eine nur zufällige Bildung durchgehender Energielücken, etwa an Brillouinzonen, nicht vorkommt. Wenn man also eine kovalente Bindung, wie z.B. das im Diamant-(Zinkblende-)Gitter kristallisierende InSb durch Abstandsverminderung mittels hohem Druck (23 kbar) in eine metallische überführt, dann ist damit eine Erhöhung der Koordinationszahl verbunden, insofern als das tetragonale Gitter des weißen Zinns entsteht, in dem jedes Atom sechs Nachbarn in nahezu gleichem Abstand hat, was eine Absättigung der Spins verhindert.

Auch umgekehrt scheint man durch Vergrößerung der Abstände aus metallischen kovalente Zustände machen zu können. Die Leitfähigkeit hört auf, metallisch zu sein, wenn sie auf etwa 1000 $(\Omega/\text{cm})^{-1}$ gesunken ist. So nimmt beim Erhitzen nahe an dem kritischen Punkt die Leitfähigkeit des flüssigen Hg stark ab und hat anscheinend den Temperaturgang eines Halbleiters. Nach N. F. MOTT [14] entstehen in der statistischen Dichteverteilung solcher Flüssigkeiten an den Maxima der Schwankungen lokalisierte Elektronenzustände, und die halbleiterartige Leitfähigkeit wird von Sprüngen zwischen diesen getragen.

Bei der Berechnung der Gitterfunktionen kovalenter Bindung geht man auch im dreidimensionalen Fall oft aus von den Funktionen des einzelnen freien Atoms (Methode des tight binding, vgl. CH. KITTEL [3]). Unter diesen gibt es im allgemeinen Familien, die genau oder näherungsweise die gleiche Termenergie besitzen (miteinander entartet sind). Aus ihnen müssen dann von vornherein Linearkombinationen derart gebildet werden, daß sie bei den Operationen der Punktsymmetrie des Atoms im Gitter ineinander übergehen. Zum Beispiel sind die s- und die drei p-Funktionen in C usw. näherungsweise entartet. In die Tetraedersymmetrie der Atome des Diamantgitters passen ihre vier Kombinationen (sog. sp^3-Funktionen):

$$\psi^{1,2,3,4} = \frac{1}{2}\left(s \pm p_x \pm p_y \pm p_z\right).$$

Setzt man die bekannten Winkelanteile der p-Funktionen ein, so wird

$$\psi^{1,2} = \frac{1}{4\sqrt{\pi}}\left[R_s + \sqrt{3}\,R_p(\cos\vartheta \pm \sqrt{2}\sin\vartheta\cos\varphi)\right],$$

$$\psi^{3,4} = \frac{1}{4\sqrt{\pi}}\left[R_s - \sqrt{3}\,R_p(\cos\vartheta \pm \sqrt{2}\sin\vartheta\sin\varphi)\right].$$

Dabei sind R_s und R_p die nur vom Abstand r abhängenden Radialanteile von s bzw. p, die Richtung $\vartheta = 0$, $\varphi = 0$ ist die einer Kante der kubischen Zelle. Jede dieser Funktionen besitzt eine Vorzugsrichtung größten Betrags, die vier Vorzugsrichtungen gehen zu den Ecken des Tetraeders. So entstehen vier „Bindungsstriche", die mit je einem Elektronenpaar besetzt sein müssen, damit die Struktur bestehen kann (Regel von H. G. GRIMM und A. SOMMERFELD, z. B. die III-V-Verbindung InSb).

Wenn die Atome Symmetriezentren besitzen, sind wie in der einfachen Kette nur halb soviel Elektronen erforderlich, um kovalente Bindung zu ergeben. Zum Beispiel braucht man im einfach kubischen Gitter nur drei p-Funktionen, nämlich:

$$\psi^1 = p_x = \frac{x}{r}\,R_p,$$

$$\psi^2 = p_y = \frac{y}{r}\,R_p,$$

$$\psi^3 = p_z = \frac{z}{r}\,R_p.$$

Ihre Vorzugsrichtungen liegen in den drei Koordinatenachsen. In erster Näherung scheint eine Bindung mit diesen Atomfunktionen bei Sb, As, Bi vorzuliegen, wo drei p-Elektronen je Atom vorhanden sind, wenn die beiden s-Elektronen in sich abgesättigt (lone pairs) sind. In der Tat sind diese Elemente nach ihren elektrischen Eigenschaften als Halbleiter zu betrachten, wobei aber die Energielücke verschwindend klein ist. In Wirklichkeit ist das Gitter nicht genau kubisch, sondern rhomboedrisch mit einem Rhomboederwinkel, der $100° \pm 4°$ bei As und Sb, $94°$ bei Bi ist, wodurch ein Schichtengitter mit Doppelschichten entsteht.

Um schließlich die Frage zu besprechen, wieso der Wasserstoff im Gegensatz zu den Alkalimetallen kein metallisches Gitter, sondern kovalent gebundene Moleküle H_2 bildet, muß der Begriff Elektronenkorrelation herangezogen werden. Man versteht darunter die Tatsache, daß auch im Metall die Elektronen durch ihre abstoßende Wechselwirkung räumlich auseinandergehalten werden, auch wenn sie, wie das bei antiparallelen Spins möglich ist, zunächst die gleiche Einelektronenfunktion besitzen. Korrelationsenergie ist der dadurch entstehende – und die Kohäsion verstärkende – Korrekturbetrag an der zunächst (nach HARTREE-FOCK) durch einfache Mittelung über die Einelektronenfunktionen errechneten Abstoßungsenergie. Diese Korrelation ist bei der oben dargestellten Theorie des H_2 von vornherein berücksichtigt, somit reduziert sich unsere Frage darauf, ob die Korrelationsenergie in einem fiktiven H-Metall, dessen Koordinationszahl etwa zwölf wäre, wesentlich kleiner sein wird als in den Alkalimetallen. Wenn man beachtet, daß wegen der ausgedehnten Atomrümpfe die Atom- und damit auch mittleren Elektronenabstände in den Alkalimetallen wesentlich größer sind als in dem H-Metall, sieht man, daß in der Tat die Korrelationskorrektur im letzteren kleiner, also die gesamte Abstoßungsenergie der Elektronen größer sein wird als bei den Alkalimetallen.

1.4. Elektronenbänder und Optik einwertiger Metalle

Es soll nun Genaueres über die in 1.2. definierten Bänder, d.h. die Einelektronen-Schrödingerfunktionen und ihre Energie in Metallen gesagt werden. Das von den positiven Atomrümpfen (zusammen mit den gemittelten Ladungen aller Elektronen außer dem Aufelektron) erzeugte periodische Potential wird in der Nähe der Rumpfzentren $-\infty$, weshalb die Eigenfunktionen dort den Charakter gewöhnlicher Atomfunktionen haben. Zwischen den Rümpfen aber ist das Potential nahezu konstant und liefert dann nach der elementaren Quantenmechanik ebene Elektronenwellen. Im Blochschen Theorem von 1.2. werden dann die $u_k(\mathbf{r})$ $= \text{const}\,(\mathbf{r}) = 1/\sqrt{V}$, wo $V = (La)^3$ das Volumen des Periodizitätsbereichs ist. Umfaßt das „Elektronengas" N Teilchen, so verlangt das Pauliprinzip, daß bei $T = 0$ alle Zustände besetzt sind, die nach 1.1. im

Volumen $N/2V$ des k-Raums liegen. Wegen der Isotropie des konstanten Potentials ist dieses Volumen kugelförmig mit dem Radius

$$|\boldsymbol{k}|_{\max} = \left(\frac{N}{2V}\frac{3}{4\pi}\right)^{1/3}.$$

Die Energie der ebenen Wellen ist bekanntlich $U_0 + \dfrac{k^2\hbar^2}{2m}$, damit wird die Fermigrenze

$$E_{\max} = \zeta = U_0 + \frac{\hbar^2 k_{\max}^2}{2m}$$

und die mittlere kinetische Energie (Fermienergie) je Elektron

$$E_F = \frac{3}{5}\frac{\hbar^2}{2m}\left(\frac{3\pi^2 N}{V}\right)^{2/3}.$$

Sei $Z(E)$ die Anzahl der Zustände unterhalb E, dann definiert man als Zustandsdichte (differentiellen Entartungsgrad) $D(E) = \mathrm{d}Z/\mathrm{d}E$. Für konstantes Potential wird [2, 3]

$$\frac{D(E)}{a^3} = \frac{\sqrt{E}}{4\pi^2}\left(\frac{2m}{\hbar^2}\right)^{3/2}.$$

Das Elektronengas hat Para- ebenso wie Diamagnetismus. Seine Suszeptibilität ist – anders als bei einem Gas aus Atomen – nahezu temperaturunabhängig:

$$\chi_P = 2\mu_B^2 D(\zeta),$$

$$\chi_D = -\frac{2}{3}\chi_P.$$

Dazu kommt im Fall abgeschlossener Atomrümpfe deren diamagnetisches χ_D, was bei Cu, Ag, Au überwiegt. So wird deren gesamtes χ negativ ($-5{,}64$; $-19{,}6$; $-28{,}0 \cdot 10^{-6}$ je Mol) während die Alkalimetalle paramagnetisch sind (für Na $\chi = 16 \cdot 10^{-6}$). Diamagnetisch sind weiterhin Be, B, Zn, Ga, Cd, In, α-Sn, Sb, Hg, Tl, Pb, Bi sowie die typisch kovalent gebundenen Stoffe (vgl. E. VOGT [4]).

Wenn wir nun statt des konstanten ein mit der Periodizität des Bravaisgitters variierendes Potential U annehmen, gehen wir aus von dem Zustand der freien Elektronen als Lösung nullter Näherung der Schrödingergleichung und betrachten das Gitterpotential als Störung. Um die Störungsenergie zu bestimmen, entwickeln wir das Störpotential in eine dreidimensionale Fourierreihe

$$U_s(\boldsymbol{r}) = \sum hkl\, U_{hkl}\, e^{2\pi i(hhklr)}$$

Die U_{hkl} entstehen aus den Rumpfpotentialen, die zu messen sind durch das Streuvermögen für entsprechende Elektronenwellen, jedoch vermindert werden durch die „Pseudopotentiale" der nach 1.6. abschirmenden Leitungselektronen.

Nach einem allgemeinen Satz der mechanischen wie der quantenmechanischen Störungsrechnung ist die Störungsenergie in erster Näherung gleich dem Mittelwert des Störungspotentials über der ungestörten Funktion, also gleich

$$\frac{1}{V}\int \psi\, U_s\, \psi^*\, \mathrm{d}\tau = \frac{1}{V}\sum hkl\, U_{hkl}\int e^{i k r}\, e^{2\pi i h_{hkl} r}\, e^{-i k r}\, \mathrm{d}\tau .$$

Die über eine ganze Zahl von Perioden des Gitters erstreckten Integrale rechts sind im allgemeinen Null, d.h., die Energieänderung ist in erster Näherung Null. Jedoch gibt es Ausnahmefälle, wenn die ungestörten Funktionen entartet sind, d.h., wenn etwa zwei Funktionen mit k_1 und k_2 von gleicher Energie auftreten. Dann sind zunächst beliebige Linearkombinationen dieser Funktionen $c_1\psi_1 + c_2\psi_2$ als ungestörte Funktionen zu behandeln und die c_1 und c_2 so zu bestimmen, daß die als Mittelwert berechnete Energie ein Minimum wird. Es treten dabei Integrale auf der Form:

$$\int e^{i k_1 r}\, e^{2\pi i h_{hkl} r}\, e^{-i k_2 r}\, \mathrm{d}\tau .$$

Sie können in der Tat von Null verschieden sein, wenn nämlich:

$$k_1 - k_2 = 2\pi\, h_{hkl} .$$

Das ist aber nichts anderes als die Laue-Bragg-Bedingung in der von P. P. Ewald angegebenen Form für die ,,Reflexion'' einer Röntgenwelle an einer Netzebenenschar. Für jedes solches durch Reflexion zugeordnete Paar k_1 und k_2 ergibt die Minimalisierung zwei Zustände mit $c_1 = \pm\, c_2$ und die Störungsenergie $E_s = \mp\, U_{hkl}$.

Über diese Näherung hinaus kann bewiesen werden, daß die Energie einer Blochfunktion eine stetige (allerdings mehrwertige) und mit den Perioden des reziproken Bravaisgitters periodische Funktion von k ist. Demgemäß ist in Abb. 4 für den Spezialfall $k_1 = - k_2 = k - k_0$ längs einer Gittergeraden im k-Raum die

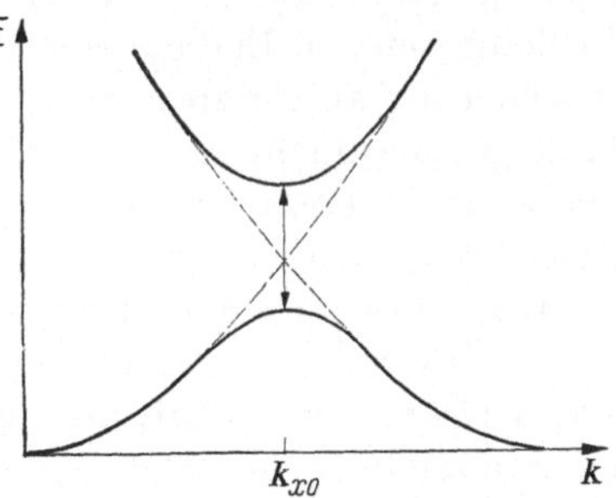

Abb. 4. Aufspaltung in 2 Bänder an einem kritischen Punkt des periodischen k-Raums.

Energie E zunächst (gestrichelt) für den ungestörten Fall aufgetragen. Wenn $|k| = k_{0x} = \pi\,|h|_{hkl}$ wird, tritt Entartung auf, die durch das Störpotential in zwei verschiedene Terme, die um $2\,U_{hkl}$ differieren, aufgespalten wird. Dabei münden die Kurven $E(k)$ mit waagerechter Tangente ein, besitzen also für die kritischen k-Werte Maxima oder Minima, was auch allgemein zu beweisen ist.

Sämtliche kritischen k-Punkte erhält man nach L. Brillouin durch folgende Konstruktion: Man trägt in den k-Raum vom Nullpunkt aus die (mit 2π multiplizierten) reziproken Vektoren des Bravaisgitters ein, halbiert sie und errichtet im Endpunkt der halbierten Vektoren Senkrechtebenen. Auf ihnen liegen die kritischen k-Punkte, sie sind Spiegelebenen der Funktion $E(k)$. Sie umschließen ein den Nullpunkt umgebendes Raumstück, das erste Brillouinzone genannt wird. Da die Spiegelebenen selbst im k-Raum periodisch wiederkehren, kann man offensichtlich durch wiederholte Spiegelung sämtlicher Zweige der Funktion $E(k)$, die man meist Bänder nennt, den Funktionsverlauf im ganzen k-Raum herstellen. Es genügt daher, ihn in der ersten Brillouinzone anzugeben, wie das meistens geschieht. Für das einfach kubische Gitter ist diese erste Brillouinzone ein Würfel mit der Kantenlänge $1/a$.

Wenn die Funktion $E(k)$ mit ihren verschiedenen Zweigen bekannt ist, kann man Flächen gleicher Energie im k-Raum beschreiben, die für freie Elektronen zu Kugeln werden. Ihnen zugeordnet ist die Zustandsdichte $D(E)$. Kennt man diese und kennt außerdem die Zahl der je Grundzelle des Kristalls einzubauenden Valenzelektronen, so kann man die der Fermigrenze entsprechende Energiefläche konstruieren. Sie umschließt den sog. Fermikörper, dessen mittlere Energie die Fermienergie ist.

In der Nähe des Punktes $k = 0$ ist nach Abb. 4 der tiefste Zweig der E-Funktion – jedenfalls wenn es sich um nahezu freie Elektronen handelt – parabolisch und von der k-Richtung unabhängig. Daher ist in diesem Fall bei genügend kleinen Valenzelektronenzahlen je Grundzelle (bzw. je Atom) die Fermifläche eine Kugel. Da an den Grenzflächen der Brillouinzone die Energie einen Sprung macht, werden diese Kugeln bei Annäherung an sie abgeplattet. Die verschiedenen Zweige der Energiefunktion sind nicht etwa stets getrennt, sondern hängen auch innerhalb der Zone in komplizierter Weise zusammen. Die Sprunghöhe an der Zonengrenze variiert stark.

Wenn also in ein Gitter mit bestimmter Brillouinzone immer mehr Valenzelektronen eingefüllt werden (etwa dadurch, daß Atome mit mehr Valenzelektronen substituiert werden), dann wird die Zone mehr und mehr aufgefüllt, der Diamagnetismus steigt. Jedoch ist kein Fall bekannt, in dem die Grenzflächen vom Fermikörper überall erreicht, aber nirgends überschritten worden wären, was sich in einem Verlust der metallischen Leitfähigkeit bemerkbar machen würde. Kennzeichnend sind die Phasen mit dem Gitter des γ-Messings ($\approx Cu_5Zn_8$), deren Suszeptibilität innerhalb des Homogenitätsbereichs ein spitzes Minimum (Abfall von $\chi = -10$ auf $-65 \cdot 10^{-6}$ je Mol) zeigt, die aber immer noch metallisch leitend sind. Wie es scheint, kann die metallische Bindung nicht durch zufälligen Abschluß eines Bandes in die kovalente übergehen, während umgekehrt eine infolge Spinabsättigung nach 1.3.

im k-Raum durchgehende Bandlücke kovalenter Bindung beim Wegnehmen oder Zugeben weniger Elektronen ihre Isolatoreigenschaft verliert.

Das Pauliprinzip entscheidet im statischen Gleichgewicht über die Besetzung der Zustände nicht nur bei $T = 0$, wie bisher besprochen, sondern auch bei höheren Temperaturen (Fermistatistik). Um den Übergang zu $T > 0$ in einem Gedankenexperiment zu untersuchen, denken wir uns das Elektronengas mit $T = 0$ in Kontakt mit einem klassischen Gas, dessen Partikel nach der Boltzmannstatistik die mittlere kinetische Energie $\frac{3}{2}kT$ besitzen. Bei der Einstellung des thermischen Gleichgewichts, bei der die Elektronen Energie aufnehmen, die Gasatome solche abgeben müssen, können nur solche Stöße wirksam werden, durch die das gestoßene Elektron aus einem besetzten in einen unbesetzten Zustand kommt. Andere Koinzidenzen zwischen Elektronen und Atomen verlaufen ohne Energie- und Impulsübertragung (Ramsauereffekt). Erfaßt werden können also nur solche Zustände, die in einer Schicht von der Dicke $\frac{3}{2}kT$ unterhalb der Fermigrenze liegen. Nur diese Schicht wird durch die Temperaturerhöhung aufgelockert. Daher wird auch die mit einer Temperaturänderung dT verbundene Energieerhöhung dE/dT, das ist die Elektronenwärme, für $T = 0$ Null und steigt linear mit T. Erst wenn kT in die Größenordnung der Fermienergie kommt, enthält die spezifische Elektronenwärme ihre klassische Größe $\frac{3}{2}N \cdot k$. Für Na liegt diese „Entartungstemperatur" bei $36000\,°$K.

Die mittlere Zahl je Volumeinheit von Elektronen der Energie E ist nach E. Fermi:

$$f(E) = \frac{1}{e^{(E-\zeta)/kT} + 1}.$$

Man sieht leicht, daß für $T = 0$ f zu Null wird, wenn $E > \zeta\,(T = 0)$, während $E \leqq \zeta\,(T = 0)$ f zu eins macht. Das mit T schwach zunehmende ζ ist also die Fermienergie. Die spezifische Wärme des Elektronengases, die als „Elektronenwärme" zu der von Schwingungen des Gitters und der von Fehlstellen herrührenden zu addieren ist, wird allgemein:

$$\frac{2\pi^2}{3} k^2\, T \cdot D\,(\zeta)$$

und für freie Elektronen je Mol gerechnet:

$$c_{vE} = \frac{\pi^2}{2}\, R\,k\,T/\zeta = \gamma\,T.$$

Der empirische Wert von γ beträgt für Cu 1,8, für Na 2,6, für Al 3,48 10^{-4} cal/grad². Viele Übergangsmetalle (nicht aber Cr, Mo, W) haben ein wesentlich größeres γ. So Nb 22, Mn 33, Fe 12, Co 12, Ni 17, Pd 31, Pt $16 \cdot 10^{-4}$ cal/grad². Dies hängt mit dem größeren $D\,(\zeta)$ der d-Elektronen zusammen.

Die Alkalimetalle haben, wie eine Reihe von empirischen Fakten zeigt, ein Leitungselektron je Atom. Zum Beispiel folgt aus Messungen des Hallkoeffizienten, daß es in Na und K $0{,}95 \pm 0{,}06$ sind. Das wirksame Potential ist dann in einem weiten Bereich außerhalb der Rümpfe konstant, und die Elektronen können mit beträchtlicher Näherung als frei, die Fermiflächen als Kugeln behandelt werden. Gut bestätigt wird dies nach H. Bross und A. Holz [17] durch zahlenmäßige Berechnungen des elektrischen Widerstands zwischen 5 und 300 °K. Um darin das Schwingungsspektrum des Kristalls genügend genau einsetzen zu können, löst man die zugehörige Eigenwertgleichung mit Hilfe der Kopplungsparameter nach 2.4. Die Schwingungen ergeben sich als stark anisotrop, so daß man auch oberhalb der Debyetemperatur nicht mit einer einzigen Relaxationszeit nach 1.7. auskommt. Man konnte so (ohne eine von der wirklichen abweichende „effektive Elektronenmasse" annehmen zu müssen) eine Genauigkeit von weniger als 5 % erreichen. Für Na ergab sich

$$\zeta = 3{,}26 \, \text{eV} \, .$$

Dagegen kam man bei Li nicht mit kugelförmiger Fermifläche und konstanten u_k aus. Bross und Holz mußten hier die ψ_k durch Lösung der Schrödingergleichung ermitteln, wobei nach P. Gombas und J. F. Cornwell dafür zu sorgen war, daß sie (wie es die Quantenmechanik verlangt) auf der Atomfunktion $1s$ der beiden Rumpfelektronen orthogonal sind. Die Zahlenrechnung zeigte, daß hier die Fermifläche mit $\zeta = 5{,}60 \, \text{eV}$ in den Richtungen $\langle 110 \rangle$ um etwa 5 % ausgebuchtet ist, ohne jedoch die Brillouinzone zu berühren.

Auch Cu, Ag, Au haben ein s-Elektron als Leitungselektron, jedoch ist die darunterliegende Schale der $10d$-Elektronen keineswegs als abgeschlossen zu betrachten [16]. Von B. Segall sowie H. Bross und G. Junginger [18] wurden daher für Cu die Bänder dieser s- und d-Elektronen gemeinsam berechnet, wobei die Summe folgender Potentiale eingesetzt wurde: a) Das der Atomkerne. b) Das der nach Hartree berechneten Ladung der Atomrümpfe einschließlich ihrer $10d$-Elektronen, wobei eine im Gegensatz zu den Alkalimetallen vorhandene Überlappung benachbarter Rümpfe berücksichtigt wird (dabei weiß man, daß im Feld eines einzelnen dieser Kerne und Rümpfe ein $4s$-Elektron eine unterhalb des höchsten $3d$-Terms liegende Energie hätte). c) Das der gleichmäßig verschmierten Leitungselektronen. d) und e) Je ein vom Austausch des zu berechnenden Elektrons mit dem Rumpf und mit den

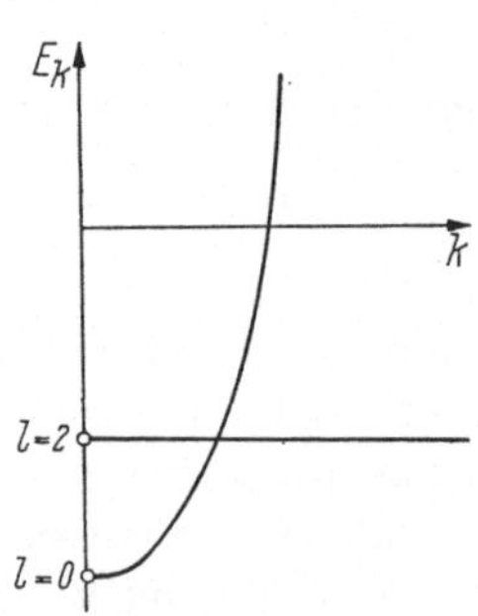

Abb. 5. Energieverlauf im s- und d-Band des Cu bei sehr großem Atomabstand. Wird dieser kleiner, entstehen durch Aufspaltung nach Abb. 4 kombinierte Bänder.

Leitungselektronen herrührendes Glied. Benützt wurde die auf J. C. SLATER und G. A. BURDICK zurückgehende Methode der „augmented plane waves", bei der wie oben davon ausgegangen wird, daß außerhalb

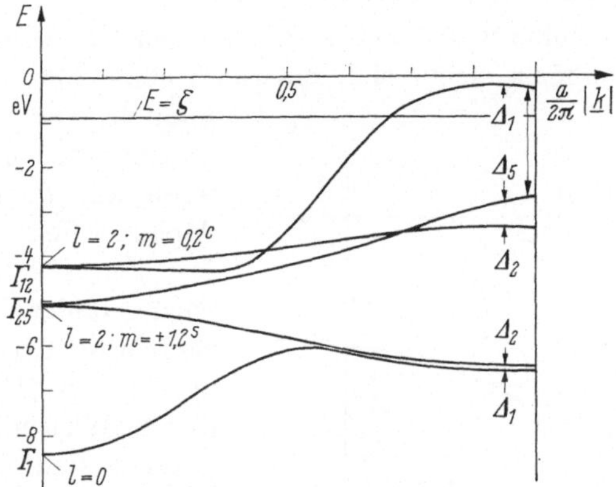

Abb. 6. Energieverlauf für Cu entlang den ⟨100⟩-Richtungen des k-Raums nach BROSS.

von Kugeln um die Atomrümpfe nahezu ebene Wellen vorhanden sind. Wie zu erwarten, erhielt man sechs Bänder (Abb. 6–9), die mit elf Elek-

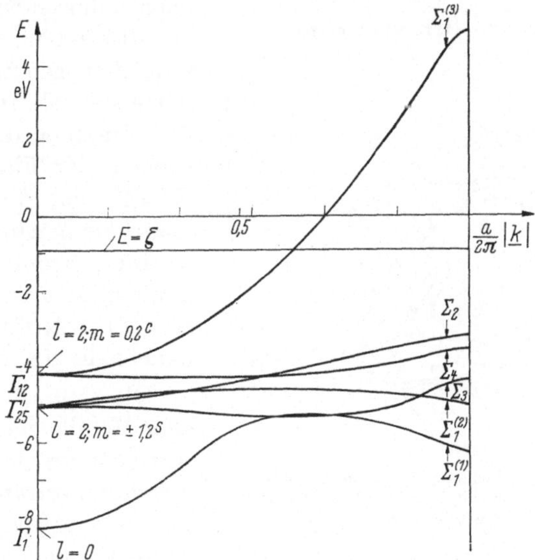

Abb. 7. Entlang den ⟨110⟩-Richtungen.

tronen bis zur Fermigrenze aufzufüllen sind. Bei sehr großem Atomabstand würde man das Schema von Abb. 5 erhalten, nämlich fünf un-

2*

endlich schmale und zusammenfallende „d-Bänder" und ein nahezu freies Elektronengas für das s-Elektron. Die in der Nähe ihres Schnittpunkts in Abb. 5 vorhandene Entartung wird dann aufgehoben, so daß Hybridterme von s und d entstehen.

Die aus der keine willkürlichen Konstanten benützenden Rechnung erhaltene Fermifläche deckt sich innerhalb etwa 20 % mit der experimentell vor allem von D. SHOENBERG und A. B. PIPPARD aus dem de-Haas-van-Alphen-Effekt gefundenen. Die Fermifläche im k-Raum wird gebildet durch ein raumzentriertes Gitter aus Kugeln, die in den $\langle 111 \rangle$-Richtungen durch Hälse miteinander verbunden sind. Die erste Brillouinzone, die von den in den Punkten $\frac{1}{2}\,\frac{1}{2}\,\frac{1}{2}$, 1 0 0 usw. auf den entsprechenden k-Vektoren errichteten Normalebenen umschlossen wird, wird von diesen Kugelhälsen durchschnitten. Die Zustandsdichte hat nach Abb. 10 zwei wesentliche Maxima, die von Berührungen der Flächen gleicher Energie mit der ersten Brillouinzone herrühren.

Die Fermifläche von Al kann mit guter Näherung als Kugel betrachtet werden. Genaueres in [19, 20].

Die optische Absorption aller Metalle zeigt eine im Ultraviolett beginnende, bis ins gesamte Infrarot reichende Bande (und damit nach den Fresnel-Beer-Formeln auch einen Reflexionskoeffizienten von nahezu Eins), die herrührt von den Plasmaschwingungen des Elektronengases als Ganzem, also nicht unmittelbar mit den Einelektronentermen zusammenhängt. Man berechnet sie elektrodynamisch und erhält dann nach DRUDE für den kom-

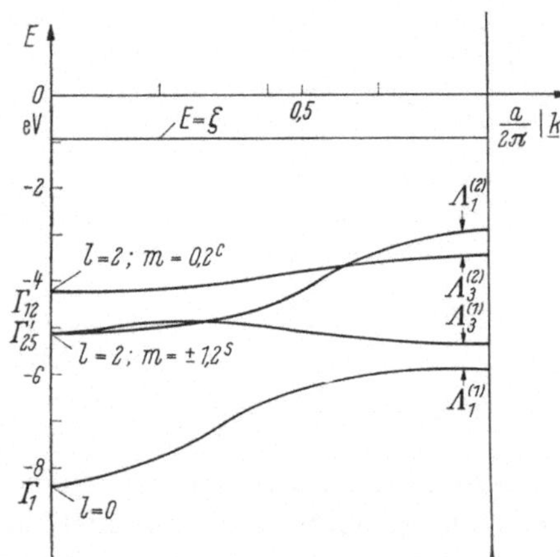

Abb. 8. Entlang den $\langle 111 \rangle$-Richtungen.

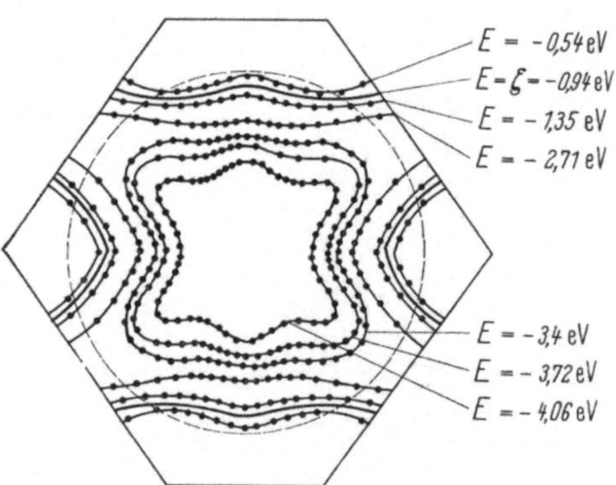

Abb. 9. Spuren der Flächen gleicher Energie mit der (110)-Ebene im k-Raum des Cu. Die Fermifläche ist nicht geschlossen.

plexen Brechungsexponenten n und die ultraviolette Grenzfrequenz v_0

$$n^2 = 1 - \frac{\omega_0^2}{\omega^2} \quad ; \omega_0^2 = 4\,\pi^2\,v_0^2 = \frac{4\,\pi^2\,N\,e^2}{V\,m^*}\,.$$

Die Grenzwellenlänge ist für Na 1,21, für K 0,31 μm. Daraus ergibt sich für die effektive Elektronenmasse $m^* = 1,00$ bzw. $1,34\,m_e$. Berücksichtigt man noch eine von T abhängende Relaxationsdämpfung nach [22, 23], so kommt man auf $m^* = 0,98$ bzw. $0,93\,m_e$. Also auch optisch erhält man nahezu die normale Elektronenmasse, d.h. fast freie Elektronen.

Die optische Absorption von Cu, Ag, Au ist zunächst ebenfalls die des Elektronengases (bei Cu $m^* = 1,4\,m$). Ihr überlagert sich aber (und zwar nur bei diesen Metallen) eine weitere Absorptionsbande, die bei Cu ihre langwellige Grenze bei 0,6 μm, ihr Maximum bei 0,5 μm hat, also einer Quantenenergie von $\approx 2,1$ eV entspricht und die die rote Farbe des Cu verursacht [16]. Wie

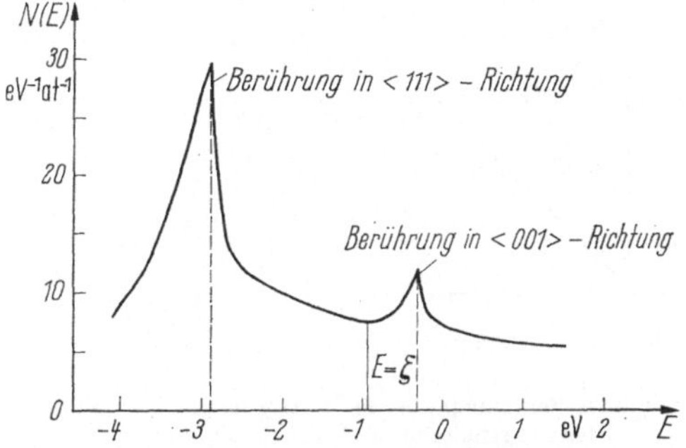

Abb. 10. Zustandsdichte, im Text $D(E)$ genannt, für Cu nach BROSS. Maxima bei Berührung (Taktion) von Grenzflächen der Brillouinzone.

der in Abb. 6 eingezeichnete Pfeil (von etwa 2,3 eV) zeigt, enthält das theoretisch abgeleitete Termschema einen solchen Übergang. Da er zwischen zwei Bändern stattfindet, deren Azimutalquantenzahlen sich um eins unterscheiden, genügt er der Auswahlregel, und da die beteiligten k-Werte in Bereichen hoher Besetzungsdichte liegen, hat man eine große Intensität. Die entsprechende Absorptionsbande von Ag liegt im Ultravioletten, demnach ist hier der Abstand zwischen d- und Elektronengastermen etwas größer (etwa 3,1 eV) als bei Cu und Au.

Die betrachtete Absorption liegt nur deshalb im Sichtbaren, weil die d-Terme durch die Wechselwirkung im Gitter angehoben sind. So ist zu verstehen, daß durch manche Legierungszusätze, z.B. Ni, nicht dagegen Zn, dem Cu schon bei wenigen Prozenten die rote Farbe genommen wird.

1.5. Die Übergangsmetalle

Die Übergangs-(T-)Metalle haben nach Tab. 3 nicht abgeschlossene d-Schalen. Färbungen wie bei Cu, Ag, Au sind nicht vorhanden, man kann also schließen, daß diese d-Bänder nicht wie dort mit dem s-Band überlappen. Nur Metalle mit solchen nicht abgeschlossenen inneren Schalen werden ferromagnetisch [5], nämlich unter den T-Metallen Mn, Fe, Co, Ni, unter den seltenen Erden Ga, Dy, Er (ferromagnetisch sind auch die nichtmetallischen Verbindungen CrO_2 und AgF_2).

Da innerhalb des Atoms zwischen d- und s-Elektronen starke Wechselwirkungen und damit Übergangsmöglichkeiten bestehen, kann man die im freien Atom beobachteten s-Elektronenzahlen nicht ohne weiteres auf den Kristall übertragen. Die gemessenen ferromagnetischen Spinzahlen (Abb. 11) [7] deuten an, daß die Zahl der s-Elektronen je Atom für Ni und seine Legierungen 0,6, für α-Fe sowie Co 0,8 bis 1,0 beträgt, was für Fe auch durch den Mößbauereffekt bestätigt wurde.

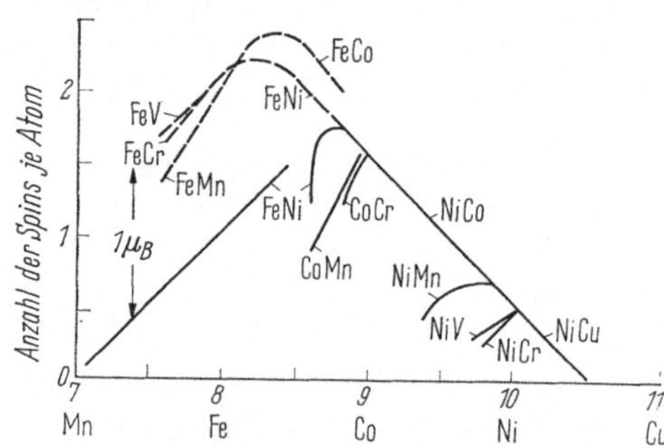

Abb. 11. Ferromagnetische Sättigungsmomente der Übergangsmetalle und ihrer Legierungen (nach J. C. SLATER u. J. CRANGLE). Ausgezogene Linien: rz.k. G. Gestrichelt: fl. k. G.

In den Ionenkristallen der Ferrite mit Spinelltyp, z. B. $Fe^{3+}[Ni^{2+}Fe^{3+}]O_4^{2-}$ kann nach L. NÉEL und E. W. GORTER [3, 4] das Verhalten der d-Elektronen gut verstanden werden. Die Wechselwirkung innerhalb der Ionen ist hier so groß, daß deren Spin- und Bahnmomente als Ganzes sich einstellen, und zwar so, daß (infolge eines negativen effektiven Austauschintegrals) die Momente der Ionen in Tetraederlagen (Fe^{3+}) entgegengesetzt den in Oktaederlagen ($[Ni^{2+}Fe^{3+}]$) sind (Antiferromagnetismus). Wenn die Momente dabei ungleich sind, wird ihre Differenz über die O^{2-} hinweg im ganzen Gitter gleichgerichtet und ergibt ein ferromagnetisches Moment (hier gleich dem des Ni^{2+}, nämlich $\approx 2\,\mu_B$). Man nennt dies auch Ferrimagnetismus.

Demgegenüber ist in den metallischen Stoffen mit d-Elektronen deren Wechselwirkung mit benachbarten Atomen von gleicher Größenordnung wie die innerhalb des Atoms, daher bestehen hier verhältnismäßig breite d-Bänder, die von der Symmetrie des Gitters abhängig sind. Wie in 1.3. benützt man zu ihrer Berechnung die Methode des tight-binding, die ausgeht von Atomfunktionen. In die Punktsymmetrie des raumzentriert kubischen Gitters passen nach H. BETHE für $\boldsymbol{k} = 0$ die folgenden Kombinationen der fünf verschiedenen d-Funktionen des kugelsymmetrischen Atoms:

$$\psi_{\mathrm{I}}^{1,2} = \frac{yz \pm zx \pm xy}{r^2} R_d,$$

$$\psi_{\mathrm{I}}^{3,4} = \frac{yz \mp zx \pm xy}{r^2} R_d.$$

Wie K. GANZHORN bemerkt hat, hat jede dieser Funktionen eine Vorzugsrichtung in einer der vier Würfeldiagonalen, und zwar nach beiden Seiten, da die d-Funktionen ein Symmetriezentrum besitzen. Nur drei von ihnen sind linear unabhängig, sie können also nur mit drei bzw. sechs Elektronen besetzt werden, zeigen dann aber nach allen acht Nachbarn. Weitere miteinander entartete Funktionen im raumzentriert kubischen Gitter sind:

$$\psi_{II}^1 = \frac{z^2 - y^2}{r^2}\, R_d,$$

$$\psi_{II}^2 = \frac{z^2 - x^2}{r^2}\, R_d,$$

$$\psi_{II}^3 = \frac{x^2 - y^2}{r^2}\, R_d.$$

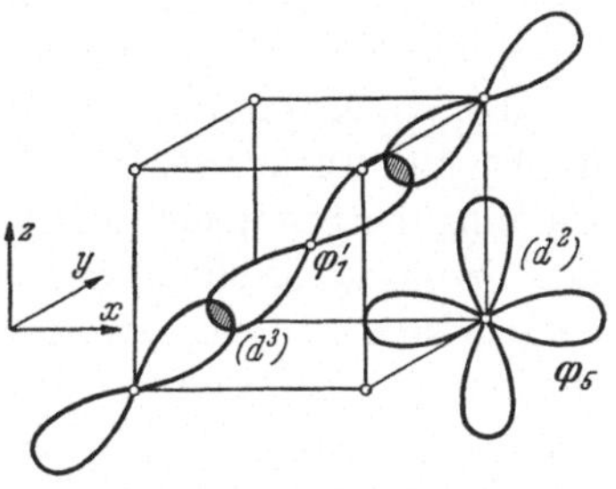

Zwei von ihnen sind linear unabhängig, sie haben ihre Vorzugsrichtungen in den drei Würfelkanten, also zu den Nachbarn 2. Sphäre, so daß ihre Wechselwirkung mit den Nachbaratomen etwas schwächer ist als die der ψ_I.

Abb. 12. Der Symmetrie des rz. k. G. angepaßte d-Funktionen. Von den vier Vorzugsrichtungen der d^3 sind nur zwei gezeichnet.

In das fl. k. G. passen die obigen Funktionen ψ_{II} sowie die folgenden

$$\psi_{III}^1 = \frac{y\,z}{r^2}\, R_d; \qquad \psi_{III}^2 = \frac{z\,x}{r^2}\, R_d; \qquad \psi_{III}^3 = \frac{x\,y}{r^2}\, R_d.$$

Sie gehören zu drei bzw. sechs Elektronen, ihre Vorzugsrichtungen gehen in die Würfelflächendiagonalen, also zu allen zwölf Nachbarn 1. Sphäre.

Analog zum Fall der Diamantstruktur wird man auch hier eine – zweifellos mit dem Ferromagnetismus zusammenhängende – geordnete Verteilung der Spins im Gitter erwarten. Leider aber gibt es keine Methode, mit der gleichzeitig die Elektronen- und Spinstruktur im wirklichen und im k-Raum auch nur näherungsweise berechnet werden könnte, man wird daher Bandberechnungen nach Art von 1.4. bei Übergangsmetallen nur mit Vorsicht betrachten und zunächst auf halbempirische Weise Aussagen über die Spinverteilung zu gewinnen versuchen.

Im raumzentrierten Gitter – nicht aber im flächenzentrierten – kann man zwei verschiedene Elemente, z. B. entgegengesetzte Spins, im Verhältnis 1 : 1 so verteilen, daß jede +-Lage von lauter −-Lagen umgeben ist. Da nun Cr, Mo, W sowie V, Nb, Ta nur im rz. k. G. kristallisieren, außerdem nach Tab. 1 besonders hohe Bindungsfestigkeiten (vor allem auch hohe Schmelzpunkte) besitzen, ist in diesen Elementen eine durch nahezu fünf d-Elektronen je Atom, deren Spin (entsprechend einem negativen Austauschintegral) mit dem der nächsten Nachbarn abgesättigt ist, vermittelte Bindung anzunehmen. In der Sprache der Bandtheorie heißt das, daß das d-Band aufgespalten ist in zwei Teilbänder, von denen das untere die bindenden, das obere die lockernden Zustände (vgl. 1.3.) ent-

hält. Bei Cr, Mo, W ist das erstere als aufgefüllt anzunehmen, was zur
Folge hat, daß die Zustandsdichte an der Besetzungsgrenze sehr klein ist.
In der Tat wurde nach P. BECK [10] bei Cr, Mo, W (sechs Außenelektronen je Atom) ein ausgeprägtes Minimum der Elektronenwärme be-
obachtet ($\gamma = 3 \cdot 10^{-4}$, für die sonstigen Übergangsmetalle 12–31 $\cdot$ 10^{-4}
cal/Mol grad^2). Ebenso zeigt die paramagnetische Suszeptibilität das zu
erwartende Minimum. Sie ist für Cr 3,5, für Mo 0,93, für W 0,32 $\cdot$ 10^4,
ihr Temperaturkoeffizient ist positiv, woraus $\partial^2 D/\partial E^2 > 0$ folgt. Da die
Bindung der Spinpaare nicht so stark ist, daß sie wie in 1.3. Diamagnetismus erzeugt, spricht man statt von kovalenter Bindung von Antiferromagnetismus. Die Korrelation der fünf Spins innerhalb des Atoms konnte
theoretisch noch nicht erfaßt werden, scheint aber bei W und Mo ganz,
bei Cr nahezu regellos zu sein, denn nur bei Cr findet man nach C. G. SHULL
mit Neutroneninterferenzen eine regelmäßige Spinverteilung von 0,4 μ_B,
die wie nach 2.3. zu erwarten, oberhalb einer Néeltemperatur verschwindet.

Die Schmelzwärme der Übergangsmetalle ist 0,2–0,5 eV, also nur ein
kleiner Bruchteil der Verdampfungswärme (Kohäsionsenergie), die 5 bis

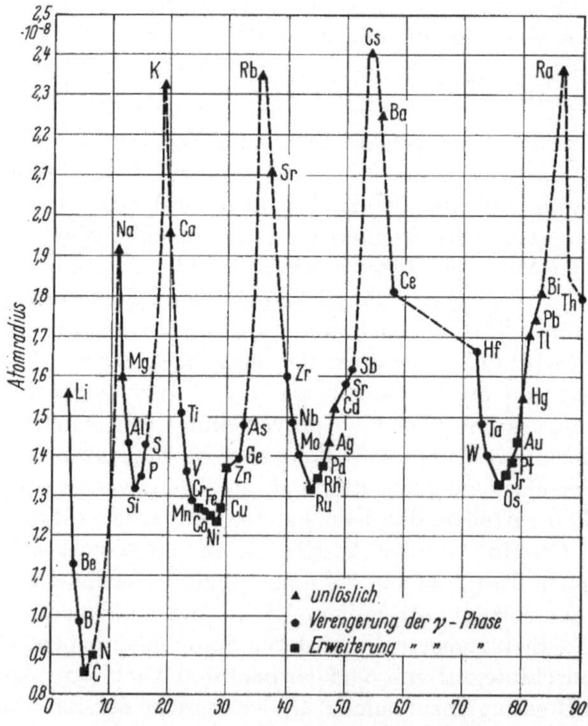

Abb. 13. Kurve der metallischen, auf $z = 12$ umgerechneten Atomradien. Darin eingezeichnet
nach F. WEVER die in 2.1. behandelte Wirkung auf das α- bzw. γ-Fe.

9 eV ist. Auch das zeigt, daß eine Regellosigkeit in der Spinverteilung (die die Ausbildung von Spinpaaren keineswegs ausschließt) die Bindung nur wenig beeinträchtigt.

Wir kommen nun zu den T-Metallen mit mehr als fünf d-Elektronen, die das oben erwähnte lockernde Teilband auffüllen, was sich in der Atomradienkurve Abb. 13 durch einen deutlichen Knick bei Cr, Mo, W geltend macht, hinter dem die Kurve flacher abfällt. Die wichtigste Information über die Einzelheiten der Auffüllung gibt die „Slaterkurve" Abb. 11, zeigend die (dem ferromagnetischen Sättigungsmoment mit μ_B als Einheit nahezu proportionale) Anzahl der Spins je Atom, wie sie nach J. CRANGLE [7] aus sog. g-Messungen mit Hilfe der ferromagnetischen Resonanz (vgl. [4]) ermittelt wurde. Wie man erkennt, erreicht die Kurve für rz.k.G. bei 6,0 Elektronen den Nullpunkt, hat ein verhältnismäßig scharfes Maximum bei etwa 8,5 Elektronen (Fe–Co) mit nahezu 2,5 Spins, und wird wieder Null bei 11 Elektronen. Höchst bemerkenswert ist, daß nach P. BECK bei 8,5 Elektronen an der Stelle des Maximums der Spins ein Minimum der Elektronenwärme auftritt.

Um diese Befunde in der bisher allein möglichen halbempirischen Weise zu deuten, formulieren wir nach F. BADER [9] drei Regeln, die theoretisch begründet sind, wenn auch ihr Gültigkeitsbereich noch nicht genau abgegrenzt werden konnte: 1. In jedem Atom gilt das Pauliprinzip, d.h., je Atomfunktion (lockerndes und bindendes Teilband zusammengenommen) darf nicht mehr als ein $+$ - und ein $-$-Spin vorhanden sein. Diese Regel geht davon aus, daß die Wechselwirkung im Atom noch fast so stark ist wie in den oben beschriebenen Ferriten. 2. Wenn miteinander entartete Atomfunktionen nicht voll besetzt sind, gilt die Hundsche Regel, wonach sich die größte Multiplizität, die noch mit 1. verträglich ist, auch tatsächlich einstellt. Diese in der Molekültheorie grundlegende Regel beruht auf der abstoßenden „Fermikraft" zwischen Elektronen mit gleicher Schrödingerfunktion. Sie ist in ihrer Gültigkeit begrenzt, da sie verlangt, daß die entarteten Zustände nur mit einem Elektron besetzt sind und damit wegen des Pauliprinzips die Fermienergie des Systems sich vergrößert. Wenn diese Zunahme der (kinetischen) Fermienergie die Energie der durch die Multiplizität verstärkten (ferromagnetischen) Wechselwirkung zwischen den Atomen übertrifft, gilt Regel 2. nicht mehr. Dies trifft zu für die Platinmetalle, bei denen wegen der größeren Abstände diese Wechselwirkung kleiner als bei den Eisenmetallen ist und die deshalb nicht ferromagnetisch sind. 3. Wenn bindende bzw. lockernde Teilbänder mit einem Elektron je Zustand besetzt sind, stellen sich ihre Spins mit denen der Nachbaratome des „zweiten Teilgitters" antiparallel bzw. parallel. In sonstigen Bändern gilt statt dessen das übliche Aufbauprinzip mit zwei Elektronen je Zustand und im Mittel abgesättigter Spinverteilung. Die theoretische Begründung für diese Regel, die als einfachste Annahme ein negatives Austausch-integral voraussetzt, wurde schon oben erörtert.

Weiterhin wird nach Abb. 14 angenommen, daß die Aufspaltung der beiden Teilbänder für das „Dreierband" der ψ_I größer sei als für das „Zweierband" ψ_{II}, weil die Abstände in den Vorzugsrichtungen kleiner sind. Abb. 15 zeigt, wie ein Band entsprechend der Hundschen Regel zu besetzen und wie dabei wegen Regel 1. die Spinverteilung im unteren Teilband so einzustellen ist, daß dessen antiferromagnetisches Moment mit steigernder Elektronenzahl abnimmt. Zweier- und Dreierband besitzen eine gemeinsame Fermigrenze, Abb. 16 zeigt die Spinverhältnisse in α-Fe. Wie man sieht, sind für 2,5 d-Elektronen je Atom beide Teilbänder mit einem Elektron je Zustand gefüllt, das maximale Spinmoment ist erreicht. Man erkennt, daß die bisherigen

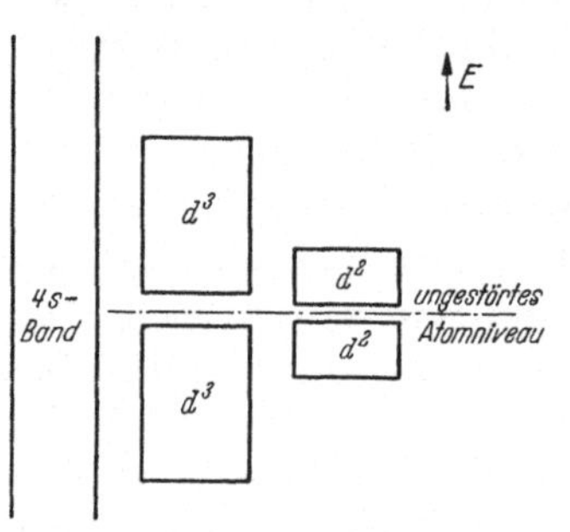

Abb. 14. Schematische Lage des Leitfähigkeitsbandes und der d^3- bzw. d^2-Teilbänder in den Übergangsmetallen.

Schlüsse zwar wesentlich die Aufspaltung des ganzen d-Bands in ein bindendes und ein lockerndes Teilband, nicht aber seine feinere Struktur benützt haben.

In fl. k. Gittern beobachtet man nach Abb. 11 jeweils mindestens einen Spin weniger. Nach BADER rührt dies davon her, daß bei einer

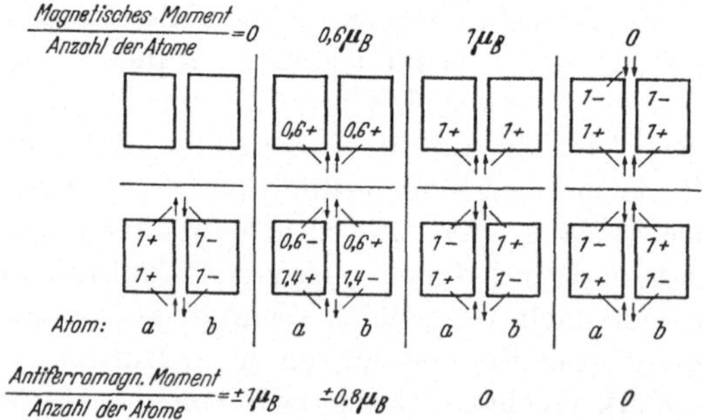

Abb. 15. Allmähliche Auffüllung des d^2-Bands in den zwei gekoppelten Teilgittern nach den Baderschen Regeln. Unten das bindende, oben das lockernde Teilband.

regelmäßigen Verteilung von +- und —-Spins, wie sie von VAN VLECK angegeben wurde, vier von den zwölf Nachbarn 1. Sphäre gleichen Spin tragen, so daß die zugehörige ψ_{III}-Funktion nicht in Teilbänder aufspalten kann, sondern das Termniveau des freien Atoms beibehält, auch wenn sie mit zwei Elektronen besetzt ist. Die ψ_{II} und

ψ_{III} nehmen also höchstens je zwei der Regel 3. unterworfene Spins auf. Damit aber kann man erklären, warum das fl. k. γ-Fe nicht ferromagnetisch ist – eine fundamentale, anderweitig nicht beantwortbare Frage.

Die Erklärung geht davon aus, daß, wenn Regel 3. erfüllt ist, die Hundsche Regel 2. in dem einen der beiden Teilgitter nicht gelten kann (z. B. beträgt in Abb. 16 das Gesamtmoment des ersten Teilgitters 2,8, das des zweiten nur 1,6 μ_B, das letztere hat also nicht die volle Multiplizität). Nun ist nach BADER anzunehmen, daß die Kopplung der Nachbarspins, die zu Regel 3. führt, primär nur die Funktionen ψ_{III} betrifft, deren Vorzugsrichtungen ja zu den nächsten Nachbarn führen, während die Spins von ψ_{II} durch Wechselwirkung im Atom gemäß Regel 2. an die von ψ_{III} angekoppelt, damit deren resultierendem Moment im Atom gleichgerichtet werden. Daraus folgt aber der Satz, daß ein fl. k. G. nur ferromagnetisch sein kann, wenn das antiferromagnetische Moment des ψ_{III}-Bands kleiner ist als sein ferromagnetisches Moment, das ist, wenn mehr als 7,5 d-Elektronen je Atom vorhanden sind. In der Tat sind die fl.k. (sog. irreversiblen) Mischkristalle Fe–Ni mit mehr als 75 % Fe nicht mehr ferromagnetisch.

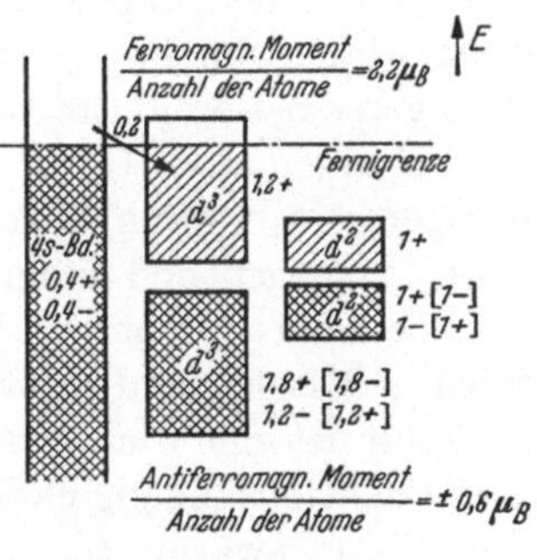

Abb. 16. Bandbesetzung und Spinverteilung nach Abb. 15 des ferromagnetischen k. rz. α-Fe entsprechend den Regeln von BADER. [−1] usw. zweites Teilgitter.

Auch die Änderungen der Suszeptibilität beim Einbau von Fremdatomen in Übergangsmetalle bestätigen nach E. VOGT [24] vielfach die Baderschen Regeln. Übergangsmetalle werden in Übergangsmetallen auf drei verschiedene Arten eingebaut: a) Indem sie ein einziges d-Band bilden. Hierher gehören die auf der eigentlichen Slaterkurve Abb. 11 liegenden Legierungen. b) Indem sie lokalisierte d-Zustände nach 1.6. bilden. α) Mit Moment, das im ferromagnetischen Fall meist antiparallel dem umgebenden eingestellt ist. β) Friedelzustände ohne Moment, die magnetisch einfach „verdünnend" wirken. c) Indem sie superparamagnetische Cluster (vgl. 7.4.) bilden. Elemente mit gefüllten d-Schalen wirken meist nur verdünnend.

Die Heuslersche Legierung Cu_2MnAl ist als regelmäßige Verteilung im k.rz. Gitter (im Gegensatz zum reinen Mn) ferromagnetisch. Sie ist als Hume-Rotherysche β-Phase zu betrachten. Magnetisch wirkt das Al nur verdünnend, Cu und Mn zusammen liefern 8,6 d-Elektronen je Atom, was nach der Slaterkurve ein Moment von etwa 3,3 μ_B je Formelgewicht erwarten läßt, wie es auch gemessen wurde.

1.6. Elektronentheorie der Legierungen

Legierungen nennt man alle nicht elementaren Stoffe, soweit sie metallisch gebunden sind. Man unterscheidet dabei intermediäre Phasen (intermetallische Verbindungen) von solchen, deren Struktur kontinuierlich aus der der Elemente hervorgeht (Mischkristalle). Zusammenfassend spricht man von Mischphasen.

In kovalent gebundenen Stoffen sind (vgl. 3.2.) die verbindungsbildenden Kräfte an die Absättigung freier Spins geknüpft, ebenso müssen bei der Ionenbindung der Salze die +- und --Ladungen der zu verbindenden Ionen abgesättigt sein. Mischphasen mit diesen Bindungen können daher nur in ganz bestimmten „stöchiometrischen" Zusammensetzungen existieren. Ein Beispiel dafür sind die streng kovalenten III-V-Verbindungen, z.B. GaAs, deren Existenzgebiet (Homogenitätsbereich) entgegen den ursprünglichen Erwartungen keine merkliche Ausdehnung besitzt. Dagegen sind in der metallischen Bindung die chemischen Kräfte im allgemeinen nicht auf bestimmte Konzentrationen beschränkt und treten in Mischkristallen ebenso auf wie in Verbindungen.

Somit ist die wichtigste Frage der Legierungschemie die nach der Konzentrationsabhängigkeit des Betrags und Vorzeichens der Mischungs- oder Bildungswärme E_B. Man versteht darunter den – auf ein Gramm-atom bezogenen – Energieinhalt (genauer Enthalpie) der ein- oder mehrphasigen Legierung minus dem der unverbundenen Komponenten.

E_B ist negativ, wenn die anziehenden, legierungsbildenden Kräfte zwischen den Atomen verschiedener Art im Mittel die Störungen überwiegen. Seltener sind die positiven E_B, in denen die Legierung durch eine endotherme Reaktion aus den Elementen entsteht, wobei sich zwar keine intermediäre Phase, aber doch eine flüssige Mischung oder ein Mischkristall bilden kann. Es muß dann die Vertauschungsentropie der mehr oder weniger regellosen Atomverteilung ein negatives Vorzeichen der freien Energiedifferenz $F_B = E_B - T S_B$ herbeiführen, wozu T genügend groß sein muß. Im thermodynamischen Gleichgewicht hat man dann bei tiefen Temperaturen Entmischung zu erwarten, allerdings kann der nicht entmischte Ungleichgewichtszustand eingefroren und praktisch vollkommen beständig sein. Beispiele für Systeme der letzteren Art sind Ag–Bi (maximales $E_B = 1{,}0$ kcal/g-Atom), nur in der Schmelze mischbar, Ag–Cu, mit weitreichender Mischungslücke im festen Zustand; Ag–Pb, Al–Sn, Al–Zn, Au–Hg, Bi–Cu, Bi–Hg, Bi–Sb, Bi–Zn, Cd–Pb, Cd–Sn, Cd–Zn, Cu–Pb, Hg–Sn, Hg–Zn, Pb–Sn, Pb–Zn, Sn–Tl, Sn–Zn.

Wenn E_B als Funktion der Molenbrüche (Konzentrationen) $c_m = m/(m + n)$ usw. nicht, wie in kovalenten oder ionogenen Stoffen, scharfe Spitzen bei stöchiometrischen Zusammensetzungen aufweist, sondern nach Abb. 17 nahezu stetig über die verschiedenen intermediären Phasen geht, gebraucht man besser die „partiellen molaren Energien"

$$\frac{\partial E_B}{\partial m}(m+n) \quad \text{und} \quad \frac{\partial E_B}{\partial n}(m+n)$$

oder auch

$$\frac{\partial E_B}{\partial c_m} = -\frac{\partial E_B}{\partial c_n} = \frac{\partial E_B}{\partial m}(m+n) - \frac{\partial E_B}{\partial n}(m+n).$$

Wie man sieht, ist die Ableitung nach c zuständig, wenn es sich um Substitution von Fremdatomen, die nach m, wenn es sich um Einbau in Gitterlücken (Interstition) handelt. Im folgenden betrachten wir den ersteren Fall, der die durch ein substituiertes Fremdatom hervorgerufene Energieänderung betrifft.

Diese unterliegt folgenden Einflüssen:

a) Dem Größeneinfluß, in erster Näherung gemessen durch den Unterschied der Atomradien (Abb. 13). Jedoch gilt in Metallen die Hypothese des starren Atoms, die dem Atomradienbegriff zugrunde liegt, noch weniger genau als in Salzen. Man muß noch metallischen Kontakt annehmen, auch wenn die Abstände zweier Atome um mehr als 30% von der Atomradiensumme abweichen. Der Größeneinfluß ergibt einen stets positiven, die Legierungsbildung hemmenden Beitrag zur Bildungswärme. Die auf zahlreichen

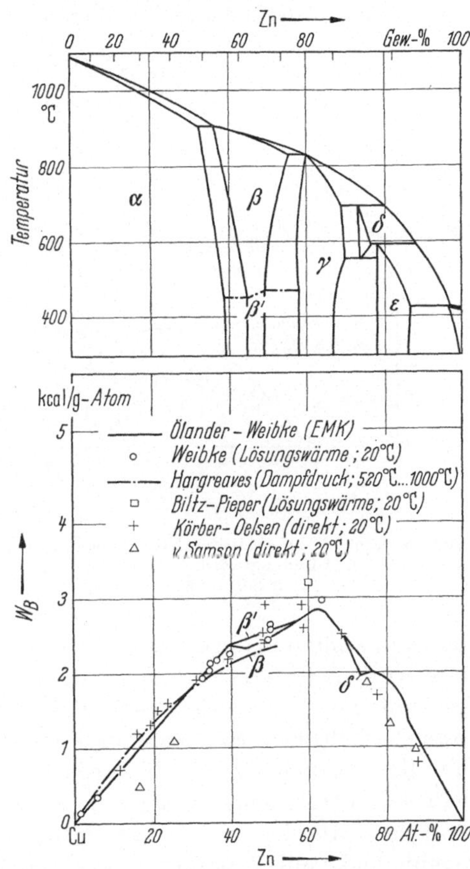

Abb. 17. Zustandsdiagramm und (exotherme) Bildungswärme der Cu–Zn-Legierungen nach WEIBKE und KUBASCHEWSKI. Man beachte, daß die intermediären Phasen β, γ, δ, ε im Verlauf von W_B kaum hervortreten.

exakten Messungen von E_B (dort ΔH genannt) beruhende Abb. 18 zeigt nach O. KUBASCHEWSKI [10], wie er sich auswirkt. Hier ist die relative Differenz der Atomabstände der Komponenten gegen die relative Verdampfungswärme der größeren Komponente minus der der kleineren aufgetragen, wozu noch als meist kleine Korrektur die Differenz der Elektronegativitäten nach W. Hume-Rothery (vgl. 3.4.) kommt. Abgegrenzt sind darin Felder, in denen E_B positiv bzw. negativ ist, wobei im letzteren Fall reine Mischkristalle und Verbindungen unterschieden werden. Wie man sieht, bilden sich lückenlose Mischkristalle mit der größten Atomradiendifferenz von 14% dann, wenn die Verdampfungswärmen der Komponenten nahezu gleich sind. E_B ist negativ nur, wenn die größere Komponente die höhere Verdampfungswärme und damit die stärkere Bindungskraft hat (von den 350 untersuchten Legierungssystemen fügten sich nur 20 nicht in die Felder der Abb. 18). Der letztere höchst überraschende Befund zeigt nach Kubaschewski, daß Legierungsphasen aus Atomen verschiedener Größe im allgemeinen dichter gepackt sind als ihre Komponenten (vgl. die Lavesphasen 3.3.). Dann aber ist die effektive Koordination der größeren Komponente in der Legierung größer als die der kleineren, und wenn nun die erstere eine höhere Bindungsstärke hat als die letztere, wird die Gesamtbindung verstärkt, also E_B negativ. Unter den obengenannten Ausnahmen ist Ca–Na, das eine Mischungslücke im flüssigen Zustand hat, obgleich seine Verdampfungswärmedifferenz $+\,0{,}45$ ist. Weiterhin Mg–Cu und Mg–Ni, die negative Verdampfungswärmedifferenzen haben und trotzdem Lavesphasen mit negativem E_B bilden, während die übrigen Lavesphasen sich gut einfügen. Vermutlich kann der untengenannte elektronische Effekt e) in einzelnen Fällen die Stabilität der Phasen außergewöhnlich erhöhen. Weitere Ausnahmen sind W–Cr und Mo–Cr, die positives E_B und daher lückenlose Mischkristalle nur bei höherer Temperatur haben, obgleich die Abszissenwerte in Abb. 18 $+\,0{,}55$ bzw. $+\,0{,}45$ sind. Eine entgegengesetzte Ausnahme macht Ag–Pd mit lückenlosen Mischkristallen und negativem E_B, obwohl der Abszissenwert $-\,0{,}2$ ist. Bemerkenswerterweise fügt sich auch die Hume-Rothery-Klasse schlecht ein, was zeigt, daß der Elektroneneffekt d) nicht vollständig erfaßt ist, während wahrscheinlich b) und c) die Kubaschewskiregel erklären können.

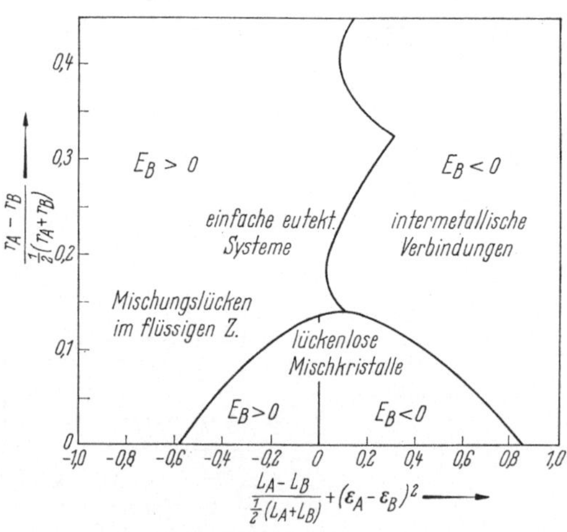

Abb. 18. Einfluß der relativen Atomradiendifferenz auf Typ und Bildungswärme der Legierungen (nach Kubaschewski).

b) Die vor allem von J. FRIEDEL [8] diskutierte Van-der-Waals-Bindung der Atomrümpfe. Die bekannte Formel von F. LONDON für die Energie dieser Bindung nimmt an, daß die Anregungsfrequenzen der beiden zu bindenden Atomrümpfe nahezu gleich groß, somit die beiden virtuellen Oszillatoren in Resonanz sind. Für ein Fremdatom gilt dies meist nicht mehr, daher fällt dieser Bindungsanteil hier meist fort, was einen positiven Beitrag in $\partial E_B/\partial c$ ausmacht. Vielleicht ist die schlechte Mischbarkeit von Cu–Ag im Gegensatz zu Cu–Au und Ag–Au auf diesen Beitrag zurückzuführen.

c) Die „Polarisation" des Störatoms durch Verschieben der Ladung nach N. F. MOTT und K. HUANG, wenn die den Atomfunktionen der beiden Atome zukommende Termenergie verschieden ist. Nach allgemeinen Regeln der Störungsrechnung ergibt dieser teilweise Übergang von Elektronen einen negativen, also bindenden Beitrag, der besonders bei Legierungen von Atomen gleicher Valenz entscheidend wird, wegen der Mitwirkung der d-Elektronen (vgl. 1.5.) am stärksten bei Edel- und Übergangsmetallen untereinander. Eine Abschätzung von FRIEDEL ergibt für Au in Ag einen Beitrag von − 0,15 eV je Atom Au, das ist die Größenordnung des gemessenen $\partial E_B/\partial c$.

An den d-Schalen eingebauter Übergangsmetalle, die wegen ihrer Unabgeschlossenheit eine von der der Leitungselektronen wenig verschiedene Termenergie haben, bilden sich nach J. FRIEDEL [8, 10] die „virtuell gebundenen Zustände" (bound states). Dabei wird durch Resonanz nach 1.2. der ursprüngliche Term nach tieferen und höheren Energien verbreitert. Diese örtlich konzentrierten Elektronenzustände haben noch starken d-Charakter, was sich u. a. darin zeigt, daß die Wechselwirkungskräfte mit den umgebenden Atomen nicht kugelsymmetrisch sind, wie z. B. die rhomboedrische Überstrukturphase CuPt im Gegensatz zu der nahezu kubischen AuCu zeigt. In Al eingebaute Fremdatome Sc bis Cu bilden anscheinend nur einen einzigen zehnfach entarteten Zustand, der jeweils bis zur Höhe des Ferminiveaus der Leitungselektronen aufgefüllt wird. Seine Streuwirkung für diese, und damit der Zusatzwiderstand des Fremdatoms, ist am größten, wenn das Ferminiveau in die Mitte des verbreiterten Terms fällt, also für Cr mit 5 d-Elektronen. Die Zusatzthermokraft, die dem differentiellen Verhältnis des relativen Zusatzwiderstands zum Abstand des d-Terms vom Ferminiveau proportional ist, wird vor Cr negativ und hinter Cr positiv. Auch die Elektronenwärme und die paramagnetische Suszeptibilität haben bei Cr Maxima. Ähnlich verhalten sich in Ni eingebaute Fremdatome Ti bis Co.

d) Der Einfluß des Valenzunterschiedes der legierten Atome, der von J. FRIEDEL [8, 10, 31] ausführlich untersucht wurde und den wir hier am Beispiel der Substitution von einwertigem Cu durch zweiwertiges Zn erörtern. Es sei E_y die Energieänderung, wenn ein Cu$^+$-Rumpf durch Zn$^+$

ersetzt wird, ohne daß die gleichmäßige Verteilung des Cu-Elektronengases geändert wird. E_y ist gleich der Differenz der entsprechenden Ionisierungsenergien im kristallisierten Zustand oder statt dessen $E_y = (H_s + J_1)_{\text{Zn}} - (H_s + J_1)_{\text{Cu}}$, wo H_s die Sublimationsenthalpie des Kristalls und J_1 die erste Ionisierungsspannung des freien Atoms ist.

Damit entsteht der in Abb. 19 gekennzeichnete Zustand, und es fragt sich nun, wie sich das quantenmechanische Gleichgewicht in der Umgebung der durch die überschüssige $+$-Ladung gegebenen Störung einstellt. E_c sei die dabei eintretende Energieänderung, so daß $E_y + E_c$ die Bindungsenergie ist. Das Potential dieser Störung ist nicht dasselbe wie das des freien Zn^+-Ions,

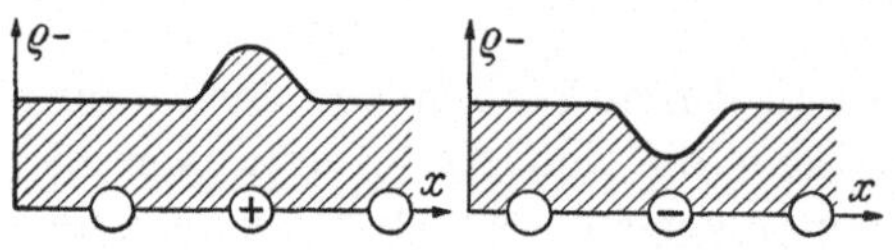
Abb. 19. Verteilung der Elektronenladung von Störatomen. Links Zn in Cu, rechts Cu in Zn.

sondern es wird durch das überschüssige, im Metall bewegliche Elektron selbst abgeschirmt. Störung und Schirmladung zusammen machen ein selbstkonsistentes Feld aus, das nach N. F. MOTT mit dem Thomas-Fermi-Verfahren zu berechnen ist. Näherungsweise wird das Potential

$$U_p = - \frac{\Delta Z}{r} e^{-qr},$$

wo

$$q^2 = \frac{4}{\pi} m \, | \boldsymbol{k}_\zeta | \, h,$$

q^{-1} ist etwa 1 Å, daher fällt das Potential und die Schirmladung schon im Bereich des Störatoms selbst bis nahezu auf Null ab.

Die Randbedingungen für die Schrödingerfunktion ψ des Zusatzelektrons verlangen nicht etwa, wie beim isolierten Atom, $\psi = 0$ für $r \to \infty$, sondern daß es übergeht in eine dem Elektronengas angepaßte Kugelwelle

$$\psi = A_l \frac{1}{r} \sin\left(K r + \eta_l - l \frac{\pi}{2}\right) P_l^0,$$

wo die P_l^0 Kugelfunktionen, somit die l ganzzahlige Nebenquantenzahlen sind. Die Phasenkonstanten η_l sind so zu bestimmen, daß ψ für $r = 0$ regulär wird. Für $r = R$ soll $\psi = 0$ sein, d.h., die Ladung des Zusatzelektrons soll in einer Kugel mit Radius R enthalten sein. Das verlangt (mit beliebig ganzzahligem λ):

$$K = \frac{1}{R}\left(l \frac{\pi}{2} + \lambda \pi - \eta_l\right).$$

Für $U_p = 0$, also ein ungestörtes Elektronengas, gilt

$$K' = \frac{1}{R}\left(l \frac{\pi}{2} + \lambda \pi\right).$$

Somit ist $K_l - K_l' = - \eta_l \, 1/R$.

Jedem Wert von K' läßt sich ein solcher von K zuordnen, wobei für anziehendes Potential stets $K < K'$ ist (Abb. 20). Die Energie E_c ist $\hbar^2/_{2m}\,(K^2 - K'^2)$, also in diesem Fall negativ (für Zn in Cu ist $E_y = -0{,}48$, $E_c = -1{,}50$ eV).

Für $R \to \infty$, d.h. sehr kleine Konzentration der Fremdatome, gilt der Friedelsche Satz, wonach die Anzahl der besetzbaren Quantenzustände bis zur ungestörten Fermigrenze gerade gleich der Anzahl der Zusatzelektronen ist (Abb. 20). Wenn also das Gleichgewicht im Elektronengas dadurch erreicht ist, daß überall die gleiche Fermigrenze sich einstellt, sind in dem Schirm gerade alle vom Störungsatom herrührenden Elektronenladungen enthalten. Dieser Satz gilt sehr allgemein, auch für den Fall des Cu in Zn, wo nach Abb. 19 im Elektronengas ein Loch (hole) auftritt, also der Schirm aus fehlender negativer Ladung besteht. Auch hier ist E_c negativ.

Für endliches R, d.h. für größere Konzentration der Störatome, muß die Fermigrenze des Elektronengases bei Einführung zusätzlicher Elektronen erhöht, zusätzlicher Löcher erniedrigt werden, was auch seine mittlere Dichte entsprechend ändert. Es werden dann also die eingebrachten Elektronen bzw. Löcher zu einem Teil an das allgemeine Elektronengas abgegeben, somit ist der Bereich des Störatoms positiv bzw. negativ aufgeladen, was zweifellos auf die Kristallstruktur zurückwirkt.

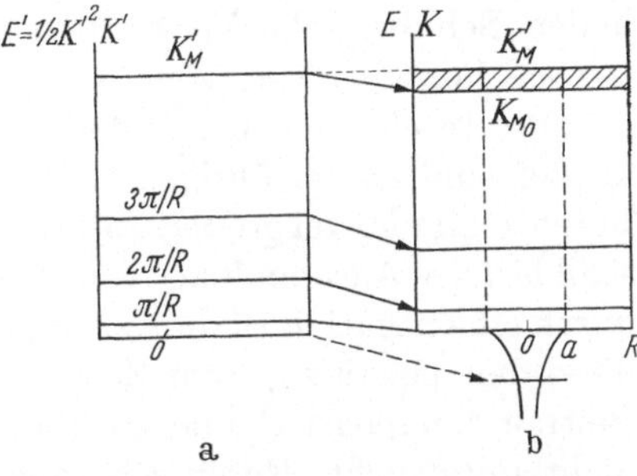

Abb. 20. Links Energieniveaus im ungestörten Elektronengas, rechts die Zuordnung beim Einbau einer Störung, deren Potential angedeutet ist. Das Ferminiveau des Störelektrons muß gleich dem des Elektronengases sein.

Die erwähnte Erhöhung bzw. Erniedrigung der Fermienergie gibt einen positiven bzw. negativen Zusatz zu E_c, der $\sim c^2$ ist, also eine positive bzw. negative Krümmung der Energie- und freien Energiekurve als Funktion von c hervorruft.

Thermodynamisch folgt daraus nach 2.1., daß im ersteren Fall, z.B. auf der Cu-Seite von Cu–Zn, der Mischkristallbereich ausgedehnter ist als im letzteren, auf der Zn-Seite. In der Tat ist diese Unsymmetrie bei der Hume-Rothery-Legierungsklasse stark ausgeprägt (vgl. Abb. 17).

Das eine Störung umgebende selbstkonsistente Feld mit dem Potential U_p hat eine Wechselwirkungskraft zwischen solchen Störungen zur Folge, deren potentielle Energie ist:

$$V_p\,(r) = \frac{Z_1 Z_2 e^2}{r}\,e^{-qr}\,.$$

Auch Leerstellen können als solche Störzentren betrachtet werden, wobei als Ladung Ze die der umgebenden Rümpfe mit negativem Vorzeichen einzusetzen ist. Allerdings ist dabei noch ein Volumeinfluß zu berücksichtigen. Danach zieht z.B. Zn in Cu die Leerstellen an (vgl. 4.3. und 5.2.).

Schließlich sei bemerkt, daß nach genauerer Berechnung des abgeschirmten Potentials U_p durch J. FRIEDEL (bestätigt durch knightshift) dieses nicht gleichmäßig abfällt, sondern oszillierend, wobei noch in Entfernungen von mehreren Atomabständen beträchtliche Maxima und Minima erscheinen. Somit können Störzentren in solch großen Abständen sich elektronisch im Gleichgewicht halten (vgl. 5.4.). Beispiele bilden Schubertsche Verwerfungsstrukturen, etwa $(AuCu_{II})$, in denen strenge Periodizitäten von 10 und mehr Atomabständen vorkommen.

e) In Inseln nach 3.1., in denen die Abstände der Rümpfe voneinander kleiner sind als im übrigen Kristall, ist das die Elektronen anziehende Potential im Mittel größer. Infolgedessen wird auch in solchen Inseln eine schildartige Ansammlung von Elektronenladung vorhanden sein, wodurch eine negative Bildungsenergie entsteht. Unter welchen Umständen diese den positiven, vom Zusammenrücken der Rümpfe herrührenden Beitrag kompensiert und so die Insel stabilisiert, ist theoretisch noch nicht untersucht. Empirisch zeigt sich, daß eine hohe Gesamtkoordinationszahl meist mit Inselbildung verknüpft ist, was zu verstehen ist, da der Schirm durch die dielektrische Wirkung der umgebenden Elektronen entsteht, die mit zunehmender Zahl polarisierbarer Atome in der Nachbarschaft wächst. Das einfachste Beispiel bilden die hexagonalen Packungen von Zn und Cd. Ihre Inseln sind die Basisebenen (000.1), in denen die Abstände um 20 % kleiner sind als senkrecht dazu. Wie sich zeigt, sind d-Elektronen zu dieser Lokalisation in Inseln besonders befähigt. Zu betonen ist, daß dabei von Absättigung von Spins und gerichteten Bindungen nichts zu bemerken ist, insofern als die gleichen Inseln vielfach von Atomen ganz verschiedenen Elektronenbaus gebildet werden.

Das kubische V_3Si und V_3Co (β-W-Typ) geht nach FRIEDEL 10° oberhalb des Supraleitungspunkts T_c durch eine Scherung (sog. Martensitbildung) in eine monokline Struktur mit V-Ketten über [10]. Die tightbinding-Theorie ergibt, daß die d-Elektronen in diesen eindimensionalen Inseln konzentriert sind. Wie in der Molekültheorie nennt man auch diese durch die Aufhebung einer mit einer hochsymmetrischen Struktur verknüpften Entartung von Atomfunktionen hervorgerufene „Distortion" einen Jahn-Teller-Effekt.

f) Eine teilweise Heteropolarität kommt außer durch d) auch durch starke Unterschiede in der Elektronegativität der legierten Atome zustande. So sind viele intermetallische Verbindungen der Alkali- und Erdalkalimetalle als teilweise heteropolar anzunehmen, was sich u.a. darin äußert, daß sie nur selten dichteste Kugelpackungen, statt dessen oft

CsCl-Struktur haben. Stark heteropolar aus den genannten „chemischen Gründen" sind Verbindungen nur, wenn ihr Anionenbildner rechts von der „Zintlgrenze", d.h. bis zu vier Stellen vor dem Edelgas im periodischen System steht. Sehr wichtig ist, daß nach W. Bilz (vgl. [4]) in allen heteropolaren Legierungen das Volumen um 10–34% kleiner ist als das der Bestandteile in ihren metallischen Modifikationen, während in sonstigen Legierungen das Volumen bis auf etwa 3% konstant bleibt (vgl. auch 3.1. und 3.3.). Diese Kontraktion findet sich auch bei den durch „Elektronenrücktritt" aus s- und d-Bänder heteropolar gewordenen Hume-Rothery-Phasen, z.B. beträgt sie bei NiAl 18%, CoAl 15%, CoSn 13%. In allen unter f) genannten Fällen werden Elektronen aus dem Elektronengas in eine schon teilweise aufgefüllte Elektronenschale eines Atoms eingebracht, verlieren also potentielle wie auch kinetische Energie, was die dabei eintretende Volumabnahme qualitativ leicht verstehen läßt.

1.7. Leitfähigkeit und Galvanomagnetismus

Bekanntlich hat man in der Quantenmechanik einzelne Elektronen durch Wellenpakete darzustellen, deren Gruppengeschwindigkeit $\mathrm{d}\,\nu/\mathrm{d}\,(1/\lambda)$ gleich der Elektronengeschwindigkeit v ist. Da nun $\nu = E/h$ sowie $|\boldsymbol{k}| = 2\pi/\lambda$, wird

$$v = \frac{1}{\hbar}\,\mathrm{grad}_k\,E\,,$$

wobei der Gradient der Energiefunktion im k-Raum zu bilden ist. Da am Rand des Bandes E einen Extremalwert hat, ist dort $v = 0$. Für die Wirkung einer Kraft $\boldsymbol{K}$, die z.B. ein elektrisches Feld $\boldsymbol{E}$ und ein magnetisches Feld $\boldsymbol{H}$ auf das Elektron ausübt, gilt nach dem Newtonschen Grundgesetz:

$$\boldsymbol{K} = -e\left(\boldsymbol{E} + \frac{1}{c\,\hbar}\,\mathrm{grad}_k\,E \times \boldsymbol{H}\right) = \dot{\boldsymbol{p}} = \hbar\,\dot{\boldsymbol{k}}\,.$$

Der von dem Elektron getragene Strom ist $e\,v$.

Die Beschleunigungskomponente in der x-Richtung kann damit als Funktion der Kraft ausgedrückt werden:

$$\dot{v}_x = \frac{\partial v_x}{\partial k_x}\,\dot{k}_x + \frac{\partial v_x}{\partial k_y}\,\dot{k}_y + \frac{\partial v_x}{\partial k_z}\,\dot{k}_z = \frac{1}{\hbar^2}\left(\frac{\partial^2 E}{\partial k_x^2}\,K_x + \frac{\partial^2 E}{\partial k_x\,\partial k_y}\,K_y + \frac{\partial^2 E}{\partial k_x\,\partial k_z}\,K_z\right).$$

Die Beschleunigung ist also eine lineare Vektorfunktion der Kraft, die Masse wird ein Tensor 2. Stufe, der zum Tensor

$$T_{rs} = \frac{1}{\hbar^2}\,\frac{\partial^2 E}{\partial k_r\,\partial k_s}$$

reziprok ist. Nur wenn der Fermikörper kugelsymmetrisch (sphärisch)

3*

ist, wird $\dot{\boldsymbol{v}} \parallel \boldsymbol{K}$ und die Masse ein Skalar, effektive Masse genannt:

$$m^* = \hbar^2 \frac{3}{\operatorname{div}\operatorname{grad}_k E}\,.$$

Im Fall freier Elektronen ist $E = \dfrac{\hbar^2}{2\,m}\,(k_x^2 + k_y^2 + k_z^2)$ und demnach $m^* = m$. Als Freiheitszahl wird $f = m^*/m$ bezeichnet. Wie man leicht sieht, ist die über ein vollbesetztes Band gemittelte Freiheitszahl Null, da $\operatorname{grad}_k E$ am oberen und unteren Ende Null wird. Somit werden die Elektronen eines solchen Bandes durch ein äußeres elektrisches Feld nicht beschleunigt. Nur teilweise besetzte Bänder zeigen Leitfähigkeit, ein Kristall, der ausschließlich ganz besetzte und ganz unbesetzte Bänder besitzt, ist ein (kovalent oder rein ionogen) gebundener Isolator, den man Halbleiter nennt, wenn die Energielücke (verbotene Zone) oberhalb des tiefsten Bands klein ist!

In einem idealen, störungsfreien Kristall bei $T = 0$ kann diese Elektronenbewegung ohne Widerstand vor sich gehen. Der Widerstand entsteht dadurch, daß die Elektronenwellen an den von der strengen Periodizität abweichenden Störungen des Gitters gestreut werden, analog zur Rayleighstreuung optischer Wellen. Daher kann man den Verunreinigungsgrad durch das Verhältnis des Widerstands bei 293 °K zum „Restwiderstand" bei 4,2 °K kennzeichnen. Durch Zonenreinigung kommt man auf 8000 für Cu. Die freie Weglänge der Streuung an Fremdatomen ist dann 0,3 mm. Da man die gequantelten Gitterschwingungen, welche die thermische Bewegung des Kristalls und den temperaturabhängigen Teil des Widerstands ausmachen, als Phononengas betrachten kann, spricht man auch vom Stoß eines Elektrons auf ein Phonon. Wenn dieses die Kreisfrequenz ω_q und den Ausbreitungsvektor $\boldsymbol{q}$ besitzt und wenn dabei das Elektron vom Zustand $\boldsymbol{k}$ in $\boldsymbol{k}'$ übergeht, gilt der Satz von der Erhaltung des Impulses und der Energie:

$$\boldsymbol{k}' - \boldsymbol{k} = \boldsymbol{q} + Q^{(l)},$$
$$E_{\boldsymbol{k}} - E_{\boldsymbol{k}'} = \hbar\,w_q\,.$$

Dabei ist $Q^{(l)}$ ein Vektor des reziproken Bravaisgitters, der so bestimmt ist, daß $\boldsymbol{q}$ in die Grundzelle des reziproken Gitters fällt, auch wenn $\boldsymbol{k} - \boldsymbol{k}'$ außerhalb der ersten Brillouinzone zu liegen kommt. Wenn $Q \neq 0$, spricht man nach PEIERLS von Umklappprozessen. Diese Stöße beenden die Strecke, auf der das Elektron vom äußeren Feld beschleunigt wird, und übertragen den Zuwachs seiner kinetischen Energie auf die Phononen, die sich dann unter wesentlicher Beteiligung der Umklappvorgänge wieder ins thermische Gleichgewicht setzen. So wird die Arbeit des äußeren Feldes bei jedem Stoß in Joulesche Reibungswärme verwandelt, die Elektronenbewegung ist demnach eine schleichende, die Boltzmanngleichung beschreibt stets irreversible Vorgänge.

Den Gesamtzustand der Elektronen beschreibt man durch die in 1.4. definierte Verteilungsfunktion $f(\boldsymbol{k})$. Ohne elektrisches oder magnetisches Feld sei $f = f_0 = \mathrm{const}(t)$. Bestehen solche Felder, dann gilt im statistischen Gleichgewicht

$$\left(\frac{\partial f}{\partial t}\right)_{\mathrm{Felder}} + \left(\frac{\partial f}{\partial t}\right)_{\mathrm{Stöße}} = 0 \, .$$

Um das erste Glied zu bestimmen, gehen wir aus von der Gleichung

$$f(\boldsymbol{k}, \varDelta t) = f(\boldsymbol{k} + \dot{\boldsymbol{k}}\,\varDelta t) \approx f_0\left(\boldsymbol{k} + \frac{e}{\hbar}\,\boldsymbol{E}\,\varDelta t\right).$$

Daraus durch Differentiation nach t:

$$\left(\frac{\partial f}{\partial t}\right)_{\mathrm{Felder}} = -\operatorname{grad}_k f_0\,\frac{e\,\boldsymbol{E}}{\hbar} = \frac{\partial f_0}{\partial E_k}\operatorname{grad}_k E_k\,\frac{e\,\boldsymbol{E}}{\hbar} \, .$$

Dabei ist $\partial f/\partial E_k$ nur für $E_k = \zeta$ wesentlich von Null verschieden, d.h. an der Leitung wirken fast nur die Elektronen der Fermigrenze mit.

Für magnetische Felder erhält man mit der Lorentzkraft:

$$\left(\frac{\partial f}{\partial t}\right)_{\mathrm{Felder}} = -\operatorname{grad}_k f_0\,\frac{e}{c\,\hbar^2}\operatorname{grad}_k E \times \boldsymbol{H} \, .$$

Sei $W(\boldsymbol{k}, \boldsymbol{k}')$ die quantenmechanisch zu berechnende Wahrscheinlichkeit, daß in der Zeiteinheit durch einen Stoß ein Elektron vom Zustand $\boldsymbol{k}$ in $\boldsymbol{k}'$ übergeht, dann wird

$$\left(\frac{\partial f}{\partial t}\right)_{\mathrm{Stöße}} = \frac{V_0}{(2\,\pi)^3}\int \{W(\boldsymbol{k}', \boldsymbol{k})\,f(\boldsymbol{k}')\,[1 - f(\boldsymbol{k})] - W(\boldsymbol{k}, \boldsymbol{k}')\,f(\boldsymbol{k})\,[1 - f(\boldsymbol{k}')]\}\,\mathrm{d}\tau_k \, .$$

Darin ist V_0 das dem Volumen des k-Raums, über das integriert wird, entsprechende Volumen des Kristalls. Die Faktoren $[1 - f(\boldsymbol{k})]$ drücken das Pauliprinzip der Fermistatistik aus. Die aus beiden Gliedern zusammengesetzte Integralgleichung heißt · Boltzmannsche Transportgleichung. Solange wir im Gültigkeitsbereich des linearen Ohmschen Gesetzes bleiben, wird sie gelöst durch den Näherungsansatz:

$$f(\boldsymbol{k}) = f_0 - \frac{\partial f}{\partial \zeta}\,\varPhi(\boldsymbol{k}) \, .$$

Die Ausrechnung ergibt dann für $\varPhi$:

$$\frac{1}{KT}\int V(\boldsymbol{k}, \boldsymbol{k}')\,[\varPhi(\boldsymbol{k}) - \varPhi(\boldsymbol{k}')]\,\mathrm{d}\tau_{k'}$$

$$= \frac{e}{\hbar}\,\boldsymbol{E}\operatorname{grad} f_0 - \frac{e}{\hbar^2 c}\,\frac{\partial f_0}{\partial \zeta}(\operatorname{grad} E \times \boldsymbol{H})\operatorname{grad}\varPhi \, .$$

Darin ist

$$V(\boldsymbol{k}, \boldsymbol{k}') = W(\boldsymbol{k}, \boldsymbol{k}')\,f_0(\boldsymbol{k}')\,[1 - f_0(\boldsymbol{k})] \equiv W(\boldsymbol{k}', \boldsymbol{k})\,f_0(\boldsymbol{k})\,[1 - f_0(\boldsymbol{k}')] \, .$$

Dabei folgt die Vertauschbarkeit von k und k' daraus, daß für $E = 0$ und $H \doteq 0$ $(\partial f/\partial t)_{\text{Stöße}} = 0$ sein muß. Dieses „Prinzip der detaillierten Balance" liegt bekanntlich dem Onsagertheorem der irreversiblen Thermodynamik zugrunde, das somit auch hier gilt.

Falls $V(k, k')$ sich nicht ändert, wenn k und k' gleichzeitig gedreht werden, also ebenso wie $W(k, k')$ nur vom Betrag $|k - k'|$ abhängt, und falls außerdem die Fermiflächen Kugeln sind, hat man Isotropie im k-Raum und kann mit einer „Relaxationszeit" τ ansetzen:

$$\left(\frac{\partial f}{\partial t}\right)_{\text{Stöße}} = -\frac{f - f_0}{\tau} \approx \frac{\partial f_0}{\partial \zeta} \frac{\Phi}{\tau}\,.$$

Dann wird

$$f = f_0 - \frac{e}{\hbar}\,\tau\,E\,\mathrm{grad}\,f_0\,.$$

Wie man sieht, wird damit die Verteilungsfunktion im k-Raum starr um den Vektor $\Delta k = -\dfrac{e\,E}{\hbar}\,\tau$ verschoben.

Die Leitfähigkeit σ ist zu definieren als ein Tensor, der E mit der Stromdichte $j = \varrho\,v$ verknüpft, wobei die elektrische Ladungsdichte ϱ sich differentiell berechnet als

$$\mathrm{d}\varrho_k = e\,\frac{\partial f_0}{\partial E_k}\,\mathrm{d}\tau_k\,.$$

Somit erhält man

$$\sigma_{ij} = -\frac{2}{2\pi^3}\,\frac{e^2}{h^2}\int \frac{\partial f_0}{\partial E_K}\,\frac{\partial E_k}{\partial k_i}\,\frac{\partial E_k}{\partial k_j}\,\tau\,\mathrm{d}\tau_k\,.$$

Im isotropen Fall wird (mit $|k| = k$)

$$\frac{\partial E_k}{\partial k_i} = \frac{\partial E_k}{\partial k}\,\frac{k_i}{k}\,,$$

beim Integrieren verschwinden die Terme mit $i \neq j$, und damit wird σ zu einer skalaren Größe:

$$\sigma = \frac{e^2}{3\pi h^2}\left(\tau\,K^2\,\frac{\mathrm{d}E_k}{\mathrm{d}k}\right)_{E_k = \zeta} \approx \frac{n\,e^2\,\tau}{2\,m}\,.$$

Oberhalb der Debyetemperatur ist die mittlere Energie der thermischen Schwingungen proportional T, somit ihre Amplitude $\approx \sqrt{T}$. Damit ist auch der Operator in der Schrödingergleichung der gestörten Elektronenwellen, dessen Quadrat (Matrixelement) $W(k\,k')$ ergibt, proportional $\sqrt{T}$ und $W \approx T \approx 1/\tau$. Also ist in diesem Temperaturgebiet $1/\sigma \approx T$. Bei tieferen Temperaturen ist $1/\sigma \approx T^5$ [15], jedoch ist die genaue, für Li, Na, K, Cu zahlenmäßig von H. Bross berechnete Abhängigkeit nicht geschlossen ausdrückbar [18].

Näherungsweise kann man τ als Stoßzeit betrachten, so daß $\bar{v} = \dfrac{e\,E}{2\,m}\,\tau$ die im Feld E zwischen zwei Zusammenstößen auf die Elektronen übertragene „Driftgeschwindigkeit" ist. Die Stromdichte ist, wenn n die Zahl der Leitungselektronen je Volumeinheit ist:

$$j = n\,e\,\bar{v}.$$

Somit ergibt sich als Leitfähigkeit $\sigma = \dfrac{e^2\,n}{2\,m}\,\tau$. Da die Bewegung der Elektronen eine schleichende ist, bei der die ganze elektrische Arbeit in Reibungswärme verwandelt wird, ergibt sich als Joulesche Wärme $\sigma\,E^2$.

Ein Beispiel für starke Anisotropie der elektrischen und thermischen Leitfähigkeit bietet Graphit [26].

Wenn außer den thermischen Bewegungen noch isotrope Gitterbaufehler anwesend sind, wird

$$\left(\frac{\partial \Phi}{\partial t}\right)_{\text{Stöße}} = -\frac{\Phi}{\tau_{th}} - \frac{\Phi}{\tau_F}.$$

Dann verhält sich der spezifische Widerstand $\varrho = 1/\sigma$ additiv. Somit wird durch die Baufehler ein temperaturunabhängiger Zustandswiderstand erzeugt (Matthiessensche Regel), den man in einzelnen Fällen als Streuvorgang zahlenmäßig berechnen konnte. Dabei gilt für punktförmige Streuzentren näherungsweise $\Delta\varrho = 1/n\,\tau_F$. So hat H. STEHLE (vgl. 4.3.) für Leerstellen in Cu einen Wert $\Delta\varrho = 1{,}64\ \mu\Omega\ \text{cm}/\%$ Leerst. berechnet.

Unter Halleffekt versteht man das Auftreten einer transversalen elektrischen Spannung, wenn senkrecht zu einem Strom ein Magnetfeld angelegt wird. Die Hallkonstante R_H ist in einem Rechtskoordinatensystem definiert durch

$$E_y = -R_H\,H_z\,j_x.$$

Die mit e multiplizierte Hallfeldstärke E_y ist gleich der Lorentzkraft auf die driftenden Elektronen:

$$e\,E_y = -\frac{e}{c}\,H_z\,\bar{v}_x.$$

In dem einfachen Modell wird somit

$$R_H = \frac{1}{c\,e\,n}.$$

Genauer ergibt sich im sphärischen Fall

$$R_H = \frac{3\,\pi^2}{e\,c}\,\frac{\displaystyle\int \frac{\partial f_0}{\partial E}\,\tau^2\,\hbar\left(\frac{\mathrm{d}E}{\mathrm{d}K}\right)^2 \mathrm{d}E}{\displaystyle\left[\int \frac{\partial f_0}{\partial E}\,\tau\,\hbar^2\,\frac{\mathrm{d}E}{\mathrm{d}K}\,\mathrm{d}E\right]^2}.$$

Allgemein ist R_H nach H. BROSS ein Tensor 3. Stufe, daher im kubischen

Gitter stets kugelsymmetrisch und damit ein Skalar, woraus auch folgt, daß in kubischen Metallen R_H denselben Wert im Ein- und im Vielkristall hat. Dagegen ist die Widerstandserhöhung im Magnetfeld ein Tensor 4. Stufe und nur im sphärischen Fall kugelsymmetrisch (s. dazu W. Voigt [6]).

In Elementen ist nach Bross bei tiefen Temperaturen ein von T unabhängiges R_H zu erwarten, weil die Temperaturabhängigkeiten im Zähler und im Nenner des Ausdrucks für R sich wegheben. Sein Wert ist abhängig von der Anisotropie der Gitterschwingungen, des Fermikörpers und der Wellenfunktionen. Bei etwa 2/3 der Debyetemperatur verschwindet der Anisotropieeinfluß, R_H durchläuft ein Maximum und wird dann wieder unabhängig von T [32].

Für Leitung durch Elektronen ist R_H negativ, bei überwiegender Löcherleitung, wenn nämlich ein Band nahezu voll besetzt ist, d.h. der Fermikörper die erste Brillouinzone nahezu füllt, dagegen positiv (so bei Ce, Ta, Mo, W, Fe, Co, Ir, Zn, Cd, Tl, Pb, As, Sb). Aus der vereinfachten Formel für R_H gewinnt man Werte von n, aus der für σ die Größe τ oder die „Beweglichkeit" $2\bar{v}/E = e\tau/m$. Man kann durch $\frac{1}{2}mu^2 = \zeta$ eine mittlere Elektronengeschwindigkeit u definieren und erhält dann die freie Weglänge $\lambda = u\tau$. So ist für Cu $\zeta = 7,04$ eV, somit $u = 1,6 \cdot 10^8$ cm/sec. Weiter ist n nahezu 1 Elektron je Atom ($8,5 \cdot 10^{23}$ cm^{-3}), und bei Zimmertemperatur ist $\tau = 2 \cdot 10^{-15}$ sec, also $\lambda = 3 \cdot 10^{-6}$ cm. In Bi ist $n \approx 10^{-3}$, in Graphit 10^{-4} je Atom, in üblichen Halbleitern 10^{-8} [3].

Die Änderung des elektrischen Widerstands in einem dem elektrischen parallelen Magnetfeld [27] ist Null für den Fall der Isotropie, solange $kT \ll \zeta$, was bei Metallen, nicht aber bei Halbleitern zutrifft. Das Magnetfeld wirkt hier nur auf die zum Magnetfeld senkrechten Komponenten der freien Wegstrecken der Elektronen. Es dreht diese um die Feldrichtung. Im Fall der Isotropie wird dadurch die räumliche Verteilung der Einzelgeschwindigkeiten der Elektronen nicht abgeändert, so daß auch kein zusätzlicher Widerstand entsteht. Bei Anisotropie aber entstehen neue Ströme senkrecht zur Feldrichtung, deren Hallspannung entgegen der elektrischen Feldrichtung steht und daher den Widerstand vermehrt. Nach der Theorie geht der Effekt mit H^2. Allgemein ist nach M. Kohler die relative Widerstandszunahme im Magnetfeld eine Funktion allein des Quotienten aus Feldstärke und feldlosem Widerstand.

Die oberhalb 10000 Gauß merkbar werdende anomale Widerstandsänderung ebenso wie der De-Haas-Van-Alphen- und der Schubnikow-De-Haas-Effekt sollen hier nicht besprochen werden.

Wenn in die Boltzmanngleichung als zusätzliche Kraft die Größe $-T\,\mathrm{grad}_k\,\xi/T - E_k\,\mathrm{grad}_k\,T/T$ eingeführt wird, erhält man aus ihr die elektronische Wärmeleitung sowie die galvanothermischen Effekte.

Näherungsweise kann man das erste Glied weglassen und im zweiten setzen $E_k = k\,T$, wodurch man erhält:

$$2\,m\,\overline{v} = \frac{k\,T}{T}\,\mathrm{grad}\,T \cdot \tau\,.$$

Damit wird die Wärmestromdichte:

$$k\,T\,\overline{v}\,n = \frac{n}{2\,m}\,k^2\,T\,\tau\,\mathrm{grad}\,T\,.$$

Somit wird die elektronische Wärmeleitfähigkeit $\lambda = \dfrac{n}{2\,m}\,k^2\,T\,\tau$. Wenn wir nun die oben abgeleitete Bedeutung von σ einsetzen, erhalten wir nach WIEDEMANN-FRANZ:

$$\frac{\lambda}{T\,\sigma} = \left(\frac{k}{e}\right)^2\,.$$

Die strenge Ableitung nach BLOCH ergibt rechts noch einen Faktor 3, so daß die „Lorentzkonstante" $\lambda/T\,\sigma$ den theoretischen Wert $2{,}23 \cdot 10^{-8}$ W Ω/grad^2 erhält. Der bei $0\,^{\circ}\mathrm{C}$ für Cu gemessene Wert ist $2{,}32$ Einheiten. Das Gesetz gilt näherungsweise oberhalb der Debyetemperatur, und zwar auch für die Änderung der Leitfähigkeiten durch Baufehler. So wird λ besonders klein in Mischkristallen aus Atomen verschiedener Valenz, in denen die Elektronen stark gestreut werden. Daher wirken bei tiefen Temperaturen Legierungen, z.B. rostfreie austenitische Stähle, thermisch wie Isolatoren.

In solchen Mischkristallen erscheint dann die thermische Gitterleitfähigkeit [25], getragen durch die Phononen. Gestreut werden diese im ungestörten Gitter durch die „Dreiphononenprozesse", wobei ein den Wärmestrom tragendes Phonon auf ein zweites stößt und unter Erhaltung des Gesamtimpulses und der Quantenenergie ein drittes entsteht. Ihre Wahrscheinlichkeit wächst mit der Anzahl der vorhandenen Phononen, die wie in der Debyeschen Theorie der spezifischen Wärme bestimmt wird und für $T \to 0$ zu Null geht. Daher wird die Wärmeleitfähigkeit eines ungestörten Gitters bei $T = 0$ zu Null. (Als Beispiel kann der Diamant angeführt werden, dessen Schwingungsspektrum bei $0\,^{\circ}\mathrm{C}$ bekanntlich noch nicht voll ausgebildet ist und der deshalb dort eine Gitterleitfähigkeit hat, die nur so groß ist wie die Elektronenleitfähigkeit von Al. Auch die thermische Ausdehnung ist noch klein, kleiner als die von Invarstahl.) Der somit meist entscheidende Einfluß von Baufehlern wurde in einer konsistenten, wenn auch experimentell noch nicht ganz bestätigten Theorie von H. BROSS, P. GRUNER und A. SEEGER erfaßt. Danach ist (Abb. 21) der Wärmewiderstand $1/\lambda$ von isotrop streuenden Punktfehlern proportional mit T, der von Versetzungen geht umgekehrt [29]. Es ergibt sich das in Abb. 22 gezeigte Maximum von λ, das

durch die Dreiphononenprozesse etwas erniedrigt wird und für Cu etwa
bei 1/30 der Debyetemperatur liegt. Bei sehr tiefen Temperaturen überlagert sich nach H. B. G. KASIMIR der Widerstand der äußeren Be-
grenzung des Präparats, der ein $1/\lambda \approx T^3$ ergibt, sowie eine Streuung von
Phononen an Elektronen.

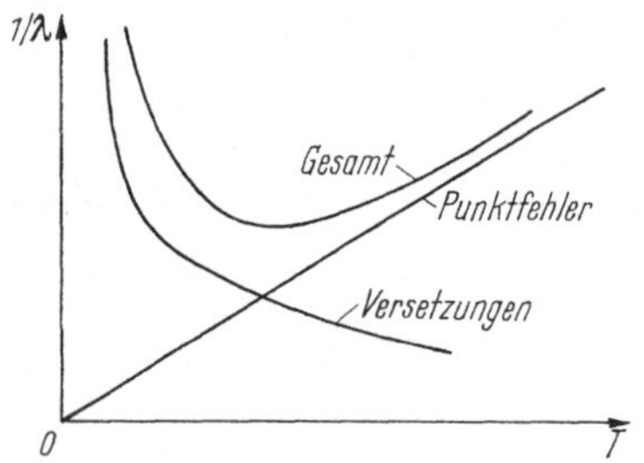

Abb. 21. Reziproke Wärmeleitfähigkeit des
Gitters bei tiefen Temperaturen, wo Dreiphononenprozesse keine Rolle spielen.

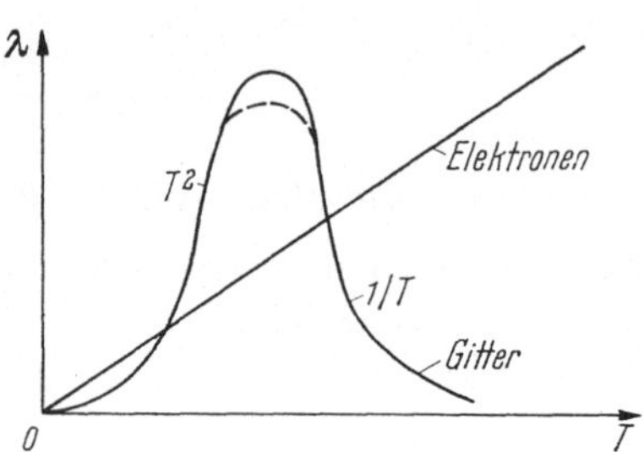

Abb. 22. Wärmeleitfähigkeit als Funktion
von T.

Als Thermokraft wird bezeichnet

$$e_{ab} = \frac{\mathrm{d}\,V_{ab}}{\mathrm{d}\,T},$$

wo $\mathrm{d}\,V_{ab}$ die zwischen den beiden Lötstellen der Metalle a und b bei einer
Temperaturdifferenz $\mathrm{d}\,T$ entstehende Spannung ist. Sie ist additiv, d.h.,
es ist $e_{ab} = e_{ac} - e_{cb}$. Danach kann man eine „absolute" und elektronentheoretisch zu berechnende Thermokraft definieren durch $e_{ab} = e_a + e_b$.

Nach H. BROSS und W. HÄCKER ergibt sich für e_a bei Cu ($\approx + 1{,}6$
µV/grad) nur dann das richtige Vorzeichen, wenn man in der Nähe der
Fermigrenze die Größe $\mathrm{d}^2 k^2/\mathrm{d}E^2$ nicht wie bei freien Elektronen gleich
Null setzt, sondern ihr einen positiven Wert zuteilt. Pt und Ni haben
dagegen negatives e_a, ebenso Al.

Peltierkoeffizient π_{ab} nennt man die an einer Lötstelle a, b beim
Durchgang einer Elektrizitätsmenge $\mathrm{d}q$ entstehende Wärmemenge $\mathrm{d}Q$:

$$\pi_{ab} = \frac{\mathrm{d}Q}{\mathrm{d}q} = \pi_{ac} - \pi_{eb}.$$

Auch hier ist ein absoluter Koeffizient definierbar. Nach dem Onsagertheorem gilt $\pi_a = e_a\,T$.

Unter Thomsonkoeffizient σ_{th} versteht man die in einem homogenen
Metallstück längs einer Temperaturdifferenz $\mathrm{d}\,T$ beim Durchschicken
einer Elektrizitätsmenge q entstehende Wärmemenge

$$\sigma_{th} = \frac{1}{q}\,\frac{\mathrm{d}Q}{\mathrm{d}\,T}.$$

Thermodynamisch gilt

$$\frac{\mathrm{d}\,e_{ab}}{\mathrm{d}\,T} = \frac{\sigma_{th,a}}{T} - \frac{\sigma_{th,b}}{T} \,.$$

Folgende thermisch-magnetischen Effekte [4] entfalten sich aus dem Halleffekt: Der Ettinghausenkoeffizient P gibt den Temperaturgradienten, der beim Durchgang einer Stromdichte j_x im Magnetfeld H_x entsteht:

$$\frac{\mathrm{d}\,T}{\mathrm{d}\,y} = -\,P H_z j_x \,.$$

Der Nernstkoeffizient Q (Ettinghausen-Nernst-Effekt) ist die Feldstärke E_y, die in einem Temperaturgefälle entsteht, wenn ein transversales Magnetfeld vorhanden ist:

$$E_y = Q\,H_z \frac{\mathrm{d}\,T}{\mathrm{d}\,x} \,.$$

Der Effekt entspricht bei Ersatz des elektrischen durch einen Wärmestrom dem Halleffekt (vgl. R. Lück und Th. Ricker [28]).

Der Righi-Leduc-Koeffizient S ist definiert durch

$$\frac{\mathrm{d}\,T}{\mathrm{d}\,y} = S\,H_z \frac{\mathrm{d}\,T}{\mathrm{d}\,x}$$

Literatur

[1] Wigner, E. P., u. F. Seitz: Solid State Phys. 1, 97 (1955).
[2] Fröhlich, H.: Elektronentheorie der Metalle, Springer-Verlag 1936.
[3] Kittel, Ch.: Introduction to Solid State Physics, New York und London 1953.
[4] Vogt, E.: Physikalische Eigenschaften der Metalle, Leipzig 1958.
[5] Wagner, D.: Einführung in die Theorie des Magnetismus, Braunschweig 1966.
[6] Voigt, W.: Lehrbuch der Kristallphysik, Teubner-Verlag 1910 (Neudruck 1928).
[7] Transition Elements, Herausgeber P. A. Beck, Interscience Publishers 1963.
[8] Metallic Solid Solutions, Herausgeber J. Friedel u. A. Guinier, W. Benjamin-Verlag 1963.
[9] Beiträge zur Theorie des Ferromagnetismus, Herausgeber W. Köster, Springer-Verlag 1956.
[10] Proc. Conf. Phase Stability of Metals and Alloys, Battelle Geneva 1966, Herausgeber J. Jaffee, MacGraw Hill 1967.
[11] Cottrell, A. H., u. A. Kelly: Endeavour 25, 27 (1966) [Reißfestigkeit].
[12] Glaubermann, A. E.: J. phys. Chim. USSR 23, 115 (1949) [Kohäsion und Oberflächen].
[13] Gubanow, A. J., u. V. K. Nikulin: Phys. stat. sol. 17, 815 (1966) [Pseudopotentialmeth. Cu].
[14] Mott, N. F., u. R. S. Allgaier: Phys. stat. sol. 21, 343 (1967) [Leitf.].
[15] Bross, H.: Z. f. Physik 193, 185 (1966) [El. Widerstand].
[16] Bross, H., u. U. Dehlinger: Z. Metallkde. 56, 607 (1965) [Bandstruktur Na, K, Li, Cu].
[17] Bross, H., u. A. Holz: Phys. stat. sol. 3, 1141 (1963) [Leitf. Na].
[18] Bross, H., u. G. Junginger: Phys. Letters 8, 240 (1964) [Cu].
[19] Segall, B.: Phys. Rev. 131, 121 (1963) [Fermifläche Al].

[20] LÜCK, G.: Phys. stat. sol. 18, 49, 59 (1966) [Fermifl. Al, Pb].

[21] MATTHEISS, L. F.: Phys. Rev. 139, 1895 (1965) [Bandstruktur W].

[22] STERNE, F.: Solid State Physics 15, 299 (1963) [Metalloptik].

[23] SUFFCZYNSKI, M.: Phys. stat. sol. 4, 3 (1964) [Optik Cu, Ag, Au].

[24] VOGT, E., u. E. OEHLER: Z. Physik 176, 351 (1963) [Mischkr. Cr–Pd].

[25] GRUNER, P.: Phys. stat. sol. 12, 679 (1965) [Wärmeleitung].

[26] BLACKMANN, L. C. F., P. H. DUNDAS u. A. R. UBBELOHDE: Proc. Roy. Soc. London A 255 (1960) [Leitf. Graphit].

[27] SEEGER, A.: Phys. Letters 20, 608 (1966) [Magn. Widerstandserh.].

[28] LÜCK, G., u. TH. RICKER: Phys. stat. sol. 7, 817 (1964) [Nernst-Koeff.]

[29] BROSS, H. et al.: Z. Naturf. 20 a, 1611 (1965) [Wärmeleitung von Versetzungen].

[30] HARRISON, W. A.: Pseudopotentials in the Theory of Metals, New York, Amsterdam 1966.

[31] TORNE, L. J. VAN: Phys. stat. sol. 19, 855 (1964) [Ladungsverteilung Zn in Al].

[32] SAEGER, K. E.: Z. Metallkde. 1967 [Halleff.]

2. Das thermodynamische Gleichgewicht

2.1. Die Phasenregel

Das bei gegebenem p und T sich einstellende thermodynamische Gleichgewicht eines Systems ist nach Definition unabhängig von seiner Vorgeschichte. Andererseits können den technisch zu verwendenden Legierungen durch geeignete thermische und mechanische Vorbehandlung gewünschte Eigenschaften in differenzierter Weise erteilt werden, denn sie sind meist sehr weit vom Gleichgewicht entfernt. Weil aber nach dem 2. Hauptsatz alle spontanen Zustandsänderungen in Richtung auf das Gleichgewicht erfolgen, muß man dieses kennen, um die technischen Zustände als Zwischenzustände von Reaktionen zu verstehen. Dazu kommt, daß in der metallischen Bindung keine Valenzen abgesättigt werden, so daß das chemische Gesetz der konstanten Proportionen kaum jemals gilt und die intermetallischen Verbindungen einen mehr oder weniger großen Homogenitätsbereich besitzen, der sie den Mischkristallen nahebringt. Daher läßt sich der Existenzbereich einer solchen „Mischphase" nur ungenau durch chemische Formeln, vollständig nur durch ihr Zustandsschaubild im Gleichgewicht als Funktion von c und T beschreiben.

Thermodynamisch gilt, daß ein System im Gleichgewicht entweder homogen ist oder aus Teilsystemen (Phasen) besteht, die homogen sind. Die freie Enthalpie G des Gesamtsystems (wie auch U, S und V) ist dann eine Summe aus den Werten G_i für die einzelnen Phasen. Dabei ist definiert:

$$G_i = U_i - T S_i + p V_i.$$

Die innere Energie U_i ist:

$$U_i = U_i^0 + \int_0^T C_{vi}\, \mathrm{d}T,$$

wo U_i^0 die in 1.2. definierte Bildungswärme bei $T = 0$, C_{vi} die Wärmekapazität der Phase i ist [2, 10]. Die Entropie S_i kann man meist zerlegen in einen von Gitterschwingungen herrührenden und mit der normalen spezifischen Wärme zusammenhängenden Anteil, der bei $T = 0$ auch im Nichtgleichgewicht stets Null ist, und die von Gitterbaufehlern und regelloser Verteilung der verschiedenen Atomarten stammende „Vertauschungsentropie", die nur dann von T abhängt, wenn sich die Verteilungen mit T ändern.

V_i ist das Volumen der Phase. Da die Änderungen des Gliedes pV_i meist klein sind gegenüber denen der andern Glieder, außerdem V_i noch kaum berechenbar ist, wird es meist vernachlässigt und damit die freie Energie $F = U - TS$ statt G benützt.

Man hat zu unterscheiden zwischen innerem und äußerem Gleichgewicht. Das erstere bezieht sich auf die Phasen im einzelnen und verlangt, daß für jeden in G_i noch enthaltenen Parameter α gilt (vgl. 2.3.):

$$\frac{\partial G_i}{\partial \alpha} = 0 \,.$$

Das äußere Gleichgewicht bezieht sich auf Übergänge der einzelnen Komponenten von einer Phase in die andere. Es sei M_i^k die Anzahl der Mole der Komponente k in der Phase i. Dann gilt für alle Kombinationen zweier Phasen i und i' und alle k:

$$\frac{\partial G_i}{\partial M_i^k} = \frac{\partial G_{i'}}{\partial M_{i'}^k} \,.$$

Die Differentialquotienten, die nur noch Funktionen der Konzentrationen (Molenbrüche) c, der Temperatur T und des Drucks p sind, heißen partielle molare freie Enthalpien.

Vergleicht man die Anzahl dieser äußeren Gleichgewichtsbedingungen mit der aller verfügbaren Variablen, so erhält man die (exakt gültige) Phasenregel, wonach im thermodynamischen Gleichgewicht für die Anzahl der Phasen J, der Komponenten K und der Freiheitsgrade f gilt:

$$K + 2 = J + f \quad (f \geqq 0) \,.$$

Systeme aus nichtflüchtigen Komponenten sind in weiten Druckbereichen vom Druck wenig abhängig, weshalb in ihren Zustandsdiagrammen oft p als Variable zugunsten von c und T nicht erwähnt sowie der Dampf als Phase nicht mitgezählt wird. In der Phasenregel wird dann $J' = J - 1$ als Anzahl der kondensierten Phasen eingeführt (Beispiel Cu–Zn, Abb. 17).

Wenn U_i und S_i als Funktion der Konzentrationen (in Atomprozent) bekannt sind, kann aus den Gleichgewichtsbedingungen das Zustandsdiagramm berechnet werden. Als Beispiel behandeln wir die Entmischung des einfachsten nichtidealen, aber regulären binären Mischkristalls, wodurch näherungsweise die Verhältnisse im festen Teil des

Zustandsdiagramms Au–Ni beschrieben werden. Wir setzen für den Mischkristall, der N_A Atome der Komponente A und N_B von B umfassen soll:

$$U = - u_A N_A - u_B N_B + w c_A c_B (N_A + N_B);$$

$$c_A = \frac{N_A}{N_A + N_B}; \quad c_B = \frac{N_B}{N_A + N_B} = 1 - c_A.$$

Dabei sei $-u_A$ die Energie je Atom der reinen Komponente A, $-u_B$ desgleichen für B, w eine positive oder negative Konstante. Wenn wir die Temperaturabhängigkeit von U nicht beachtet haben, so entspricht das der Neumann-Koppschen Regel, wonach die normale (d.h. von Gitterschwingungen herrührende) spezifische Wärme in einer Legierung sich häufig näherungsweise additiv verhält, so daß sich der Wärmeinhalt bei Umsetzungen nicht ändert. Die Größe $w c_A c_B$ ist die je Grammatom der Legierung genommene Bildungswärme. Sie verläuft parabolisch mit der Konzentration c_A. Für ideale Mischphasen ist $w = 0$. Mischphasen mit $w > 0$ nennt man unterideal, solche mit $w < 0$ überideal. Statistisch ist offensichtlich c_B die Wahrscheinlichkeit, daß ein von einem Atom A gezogener Bindungsstrich ein Atom B trifft, daher ist $c_A c_B$ die Wahrscheinlichkeit, daß irgendein herausgegriffener Bindungsstrich zwei Atome verschiedener Art verbindet. Auf jeden davon soll nun eine Wärmetönung w kommen. Wenn $w < 0$, rührt sie her von einer verbindungsbildenden Kraft zwischen A und B, wenn $w > 0$, von einer Gitterstörung im Zusammenhang mit dem Atomradienunterschied zwischen A und B.

In der Entropie lassen wir, entsprechend der Neumann-Koppschen Regel, den temperaturabhängigen Schwingungsanteil weg. Den Vertauschungsanteil von S berechnen wir nach dem Boltzmannschen Theorem unter der Annahme (regulärer Mischkristall), daß die A- und B-Atome vollkommen regellos verteilt seien, durch ihre Vertauschungen also der Makrozustand nicht geändert werde. Die Komplexionenzahl dieser Vertauschungen ist:

$$Z = \frac{(N_A + N_B)!}{N_A! N_B!},$$

woraus man durch Anwendung der Stirlingschen Formel auf $S = k \ln Z$ erhält:

$$S = - k (N_A \ln c_A + N_B \ln c_B).$$

Damit wird mit

$$G \approx F = U - T S$$

$$\frac{\partial F}{\partial N_A} = - u_A + w c_B^2 + k T \ln c_A,$$

$$\frac{\partial F}{\partial N_B} = - u_B + w c_A^2 + k T \ln c_B.$$

Nun fragen wir, ob sich der Mischkristall im Gleichgewicht in zwei Phasen spalten kann, d.h., ob es zwei Konzentrationen c_A^1 und c_B^2 gibt, für die gilt:

$$\left(\frac{\partial F}{\partial N_A}\right)_1 = -u_A + w c_B^{1^2} + kT \ln c_A^1 = \left(\frac{\partial F}{\partial N_A}\right)_2 = -u_A + w c_B^{2^2} + kT \ln c_A^2 ,$$

$$\left(\frac{\partial F}{\partial N_B}\right)_1 = -u_B + w c_A^{1^2} + kT \ln c_B^1 = \left(\frac{\partial F}{\partial N_B}\right)_2 = -u_B + w c_A^{2^2} + kT \ln c_B^2 .$$

Wie man sieht, haben diese transzendenten Gleichungen die verlangte Lösung nur für $w > 0$ und für $T \leqq T_h = w/2k$. Es entsteht dann eine symmetrisch im Zustandsdiagramm gelegene Mischungslücke ($c_A^1 = 1 - c_A^2$), für deren Grenzkurve man erhält:

$$\frac{c_A^1}{1 - c_A^1} = \exp\left(-\frac{w(1 - 2c_A^1)}{kT}\right) .$$

Für Au–Ni liegt T_k bei 1150 °K, somit ist je Grammatom $w = 4{,}6$ kcal. Daraus erhält man die bei $c_A = 1/2$ maximale Wärmetönung der endothermen Mischkristallbildung zu

$$\frac{w}{4} = 1{,}15 \text{ kcal} .$$

Wenn $c_A^1 \ll 1$, wird die Grenzkurve des ein- und zweiphasigen Gebiets im Zustandsdiagramm, auch Löslichkeitsgrenze genannt:

$$c_A^1 = \exp\left(-\frac{w}{kT}\right) ,$$

w nennt man auch (molare) Lösungswärme.

Als weiteres Beispiel behandeln wir eine Komponente A mit zwei, durch die Indizes 1 und 2 unterschiedenen Modifikationen, deren Umwandlungspunkt T_u und deren Umwandlungswärme Δu sei. Dann wird mit $i = 1, 2$ die freie Energie der beiden Mischphasen

$$F_i = -f_{Ai} N_{Ai} - f_{Bi} N_{Bi} + w_i c_{Ai} c_{Bi} (N_{Ai} + N_{Bi}) + + N_{Ai} kT \ln c_{Ai} + N_{Bi} kT \ln c_{Bi} .$$

Dabei ist $f_{A2} - f_{A1} = \Delta u(1 - T/T_u)$, somit ist die reine Modifikation 1 bei $T < T_u$, Modifikation 2 bei $T > T_u$ im Gleichgewicht. Außerdem setzen wir

$$-f_{B1} + f_{B2} + w_1 - w_2 = L_{12} .$$

Somit ist L_{12} die beim Übergang eines Atoms B aus Modifikation 1 in 2 abgegebene Wärme. Damit werden die beiden Gleichgewichtsbedingungen für den Übergang von 1 nach 2 bei kleinen Werten von c_{B1} und c_{B2}:

$$u(1 - T/T_u) - kT(c_{B2} - c_{B1}) = 0 ,$$

$$kT \ln c_{B2}/c_{B1} = L_{12} .$$

Daraus folgen die Gleichgewichtskonzentrationen

$$c_{B2} = \frac{\Delta u}{kT}\,(1 - T/T_u)\,[1 - \exp(-L_{12}/kT)]^{-1}\,,$$

$$c_{B1} = c_{B2}\exp(-L_{12}/kT)\,.$$

Ist also $L_{12} > 0$, dann ist stets $c_{B1} < c_{B2}$, und mit zunehmendem c_{B2} wird T kleiner. Durch die Mischung wird also das Zustandsfeld der Modifikation 2 erweitert, für $L_{12} < 0$ ist es umgekehrt (vgl. Abb. 13).

Das volle Gleichgewicht verlangt eine Strukturänderung beim Übergang von 1 nach 2 sowie eine Entmischung. Ist die letztere unterdrückt, so hat man $c_{A1} = c_{A2} = c_{A0}$ zu setzen und erhält als metastabile Gleichgewichtskurve mit $F_1 \equiv F_2$ (vgl. die Martensitbildung 5.5.):

$$\Delta u\,(1 - T/T_u)\,(1 - c_{A0}) + L_{12}c_{A0} = 0\,.$$

Eine graphische Methode für binäre Gleichgewichte erhält man wenn man als Funktion der Konzentration $c_A = 1 - c_B$ die Größe

$$g = \frac{G}{N_A + N_B} = \frac{\partial G}{\partial N_A}c_A + \frac{\partial G}{\partial N_B}c_B = g(c_A)$$

aufträgt. Die Gleichung

$$g = \left(\frac{\partial G}{\partial N_A}\right)_{c_A = c_A^1}c_A + \left(\frac{\partial G}{\partial N_B}\right)_{c_A = c_A^1}(1 - c_A)$$

in den Variablen g und c_A stellt eine Gerade dar, die die Kurve $g(c_A)$ im Punkt $g = g^1$, $c_A = c_A^1$ berührt. Sind nun zwei Konzentrationen 1 und 2 miteinander im Gleichgewicht, so daß gilt

$$\left(\frac{\partial G}{\partial N_A}\right)^1 = \left(\frac{\partial G}{\partial N_A}\right)^2\,;\quad \left(\frac{\partial G}{\partial N_B}\right)^1 = \left(\frac{\partial G}{\partial N_B}\right)^2\,,$$

so fallen, wie man sieht, die im Punkt 1 und die im Punkt 2 berührende Tangente zusammen. Man findet also die im zweiphasigen Gleichgewicht befindlichen Zustände durch Aufsuchen der an zwei Punkten berührenden Tangenten an die g-Kurve (Abb. 23).

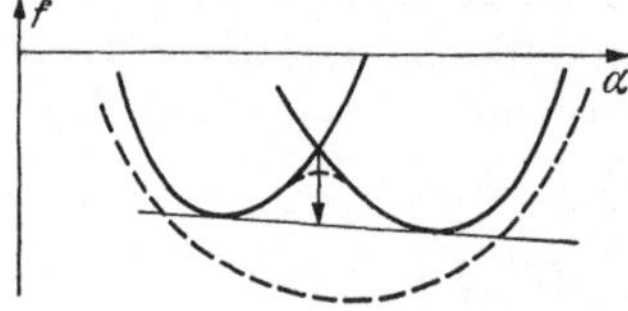

Abb. 23. Freie Energie je Grammatom als Funktion der Konzentration. Gestrichelt: Fall einer exothermen, ausgezogen: einer endothermen Mischphase. Der Pfeil gibt die bei isothermer Entmischung zu gewinnende freie Energie.

Auffallend große und theoretisch deutbare Abweichungen von der Neumann-Koppschen Regel sind die in 2.4. erwähnte anomal große spezifische Wärme und Schwingungsentropie raumzentrierter Gitter. Ähnliches tritt auf im k.fl. Mischkristall Al–Zn, wo es vermutlich herrührt von der Anlagerung von Leerstellen an die substituierenden Fremdatome, die dabei anomal große Schwingungsamplituden erhalten.

2.2. Metastabile Gleichgewichte und Zwischenzustände

Metastabile thermodynamische Gleichgewichtszustände sind vorhanden, wenn einzelne der Reaktionen, die zum vollen Gleichgewicht führen würden, unterdrückt sind, weil sie eine eigene, wenig wahrscheinliche Keimbildung im festen oder flüssigen Zustand erfordern. Dann besteht neben dem stabilen ein metastabiles Zustandsdiagramm, das so lange anzuwenden ist, als die fragliche Reaktion gehemmt bleibt. So verlangt im System Fe–C das volle Gleichgewicht, daß der in der Schmelze gelöste Kohlenstoff sich als Graphit ausscheidet. Bei kleineren C-Gehalten ist diese Reaktion gehemmt, statt dessen scheidet sich der Zementit Fe_3C aus, der auch gegen einen Zerfall in Graphit und Fe metastabil ist und daher ein eigenes, metastabiles Diagramm ausmacht. Auch die fl. k. Fe–Ni-Legierungen (die austenitischen rostfreien Stähle) sind vielfach metastabil, insofern als die Umwandlung ins rz. k. Gitter gehemmt ist.

Die Guinier-Preston-Zonen der Kaltaushärtung sind Zwischenzustände des Ausscheidungsvorgangs, der eintritt, wenn ein zunächst homogener Mischkristall in ein zweiphasiges Gebiet des Zustandsdiagramms hinein abgeschreckt und dadurch übersättigt wird. Nach den Messungen der Röntgen-Kleinwinkelstreuung an Einkristallen von V. GEROLD und R. BAUR [7] bilden sich dabei in Al–Ag und Al–Zn innerhalb des Mischkristalls kohärente rundliche Komplexe, sog. Guinier-Preston-Zonen, von 20–200 Å Durchmesser,

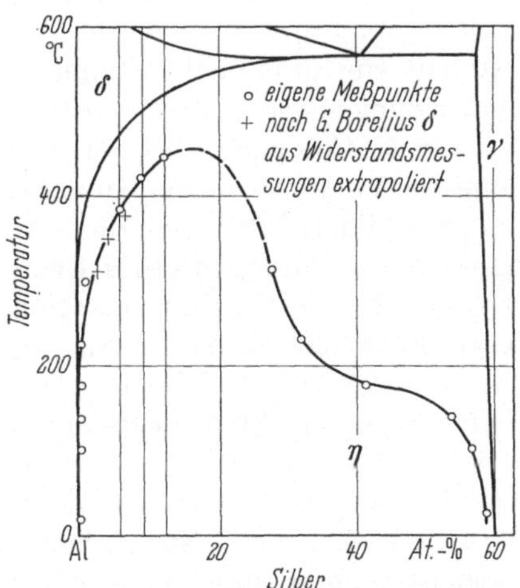

Abb. 24. In das Gleichgewichtsdiagramm Al–Ag eingetragen ist die metastabile, für die Guinier-Preston-Zonen maßgebende Mischungslücke im übersättigten Mischkristall. Auf ihrer rechten Seite liegt die Konzentration der in diesem Mischkristall entstehenden Guinier-Preston-Zonen, die bei $T = 200\,°C$ eine regelmäßige Verteilung haben (nach GEROLD u. BAUR).

in welchen schon nach kurzer Anlaßzeit eine von der Vorgeschichte unabhängige Konzentration, mithin das in Abb. 24 dargestellte metastabile Gleichgewicht herrscht. Die zum vollen Gleichgewicht führende Reaktion, nämlich die Bildung der Phasen Al_3Ag_2 bzw. Zn mit einem von dem des kubischen Mischkristalls stark verschiedenen Gitter ist dabei gehemmt und setzt erst bei höheren Temperaturen und längerem Anlassen ein.

Bei der Ableitung der Phasenregel und Aufstellung der Zustandsdiagramme muß angenommen werden, daß die Energie der Oberflächen und elastischen Verspannungen der Phasen Null ist. Daher gilt Abb. 24 grundsätzlich nur für unendlich große Zonen. Da aber der Atomradienunterschied zwischen Al und Ag bzw. Zn und damit auch der Anteil der genannten Energien klein ist, ist die Kopplung zwischen der jeweiligen Zonengröße (die als Versetzungshindernis für die Härtesteigerung verantwortlich ist) und ihrer Konzentration unmerklich gering. Zum Beispiel nimmt bei Temperatursteigerung die letztere nach Abb. 24 ab, während der Zonendurchmesser dabei wächst.

Auch die einer Überstrukturphase ähnliche Verbindung Ni_3Al mit $AuCu_3$-Struktur scheidet sich aus dem Ni–Al-Mischkristall in rundlichen, kohärent eingelagerten Komplexen aus. Weil die Grenzflächenenergie auch hier klein ist, ist ein Zustand mit vielen kleinen Komplexen praktisch beständig. Er besitzt nach E. HORNBOGEN eine hohe Schubfestigkeit (vgl. 8.5.), wobei wichtig ist, daß die Komplexe ferngeordnet sind, weshalb eine große Fehlordnungsarbeit aufzubringen ist, wenn sie durch Versetzungen geschnitten werden.

Bei Al–Cu dagegen ist der Atomradienunterschied etwa 10%, daher sind die entsprechenden Guinier-Preston-Zonen (hier G.P.I. genannt) so ausgebildet, daß sie minimale Eigenspannungen erzeugen, nämlich als einatomare Platten in {100}-Ebenen regellos verteilt. Aus dem gleichen Grund wird die Cu-Konzentration innerhalb der Zonen sehr bald gleich eins. Auch hier ist das metastabile Gleichgewicht erst bei unendlicher Zonengröße erreicht. Nun aber zeigt sich experimentell, daß beim Halten einer abgeschreckten Legierung auf bestimmter Temperatur in dem durch die Menge des Cu in den Zonen und die Seitenlänge der nahezu quadratisch angenommenen Zonen l (in Gitterkonstanten) definierten zweidimensionalen Zustandsraum eindimensionale Folgen von Nicht-Gleichgewichtszuständen durchlaufen werden, die zum Gleichgewicht hinstreben.

V. GEROLD und R. BAUR [7] konnten einen Ausdruck für G (bzw. F) mit Einschluß der Spannungs- und Oberflächenenergie aufstellen und daraus diese Folgen nach dem Prinzip (vgl. 5.2.) ableiten, daß jeweils die größte Abnahme von F eintritt: Es sei c die jeweilige Cu-Konzentration der Matrix, c_0 ihr Wert im abgeschreckten Zustand, dann ist der Molenbruch der Al in der Matrix $(1 - c_0)$, der der Cu in der Matrix $c_m = c\dfrac{1 - c_0}{1 - c}$, der Cu in den Zonen $c_z = \dfrac{c_0 - c}{1 - c}$. Da eine Zone $\approx 2\,l^2$ Cu-Atome enthält, ist $\dfrac{1}{2\,l^2}\,c_z$ die relative Anzahl der Zonen und $\dfrac{2\,c_z}{l}$ die ihrer Randatome. Mit den schon in 2.1. gebrauchten Voraussetzungen ergibt sich dann die „chemische" Energie je Grammatom der Matrix:

$$\frac{6}{z}\,\frac{1 - c_0}{1 - c}\left[- u_a(1 - c) - u_b c + 2\,w' c(1 - c)\right];$$

die der Zonen:

$$- \frac{2}{z} \frac{c_0 - c}{1 - c} u_b \, .$$

Dazu kommt die Energie der Grenze zwischen Zonen und Matrix, d.h. der dort vorhandenen Cu–Al-Bindestriche:

$$\frac{c_0 - c}{1 - c} (1 - c)^2 \frac{2 w'}{z} \left(4 + \frac{2}{l} \right) .$$

Die Vertauschungsentropie wird für die Matrix:

$$R \frac{1 - c_0}{1 - c} \left[- (1 - c) \ln (1 - c) - c \ln c \right] .$$

Die Zonen können in drei Orientierungen vorkommen, ihre Anzahlen seien n_1, n_2, n_3, so daß

$$n_1 + n_2 + n_3 = \frac{1}{2 l^2} c_z \, .$$

Wenn sie sich nicht überschneiden sollen, braucht jede Zone $4 c_z$ Plätze im Gitter. Daher ist die Komplexionenzahl einer Verteilung $n_1 n_2 n_3$ (L Loschmidtsche Zahl)

$$Z_{n_1 n_2 n_3} = (4 c_z)^{n_1 + n_2 + n_3} \frac{\left(\dfrac{L}{4 c_z} \right)!}{\left(\dfrac{L}{4 c_z} - \dfrac{c_z}{2 l^2} \right)! \, n_1! \, n_2! \, n_3!} \, .$$

Nach der Statistik ist das Maximum der Summe aller $Z_{n_1 n_2 n_3}$ unter Berücksichtigung der Nebenbedingung zu nehmen. Näherungsweise ergibt sich hierfür nach R. Baur an Stelle des Nenners $n_1! \, n_2! \, n_3!$ ein solcher $\left(\dfrac{n_1 + n_2 + n_3}{3}! \right)^3$. Damit wird die Vertauschungsentropie der Zonen nach dem Boltzmannschen Prinzip:

$$s_v = \frac{R}{L} \ln Z \approx \frac{R}{8 l^2} \left[\frac{c_0 - c}{1 - c} \ln \left(3{,}8 \, l^2 \frac{1 - c_0}{c_0 - c} \right) + \ln \frac{1 - c}{1 - c_0} \right] .$$

Es erweist sich als notwendig, auch noch eine durch die Zonen veränderte Schwingungsentropie zuzufügen. Hierfür wird angesetzt:

$$s_s = R s_{10} \frac{1 - c_0}{1 - c} c + R s_{20} \frac{c_0 - c}{1 - c} \, .$$

Die Energie der von der Atomradiendifferenz zwischen Al und Cu herrührenden Eigenspannungen wird in der Matrix, wo die Cu-Atome isoliert sind, nach J. Eshelby proportional der mittleren Anzahl von Bindestrichen Al–Cu gesetzt, ist also mit einer als Wirkung eines elastischen Dipols zu verstehenden Konstanten K_1 (wobei die Konstante ω in 2.1. gleich $K_1 + \omega'$ ist):

$$K_1 (1 - c_0) c \, .$$

Die eine Zone umgebenden Eigenspannungen werden nach H. FRANZ und E. KRÖNER als die eines berandenden Versetzungsrings mit einem Burgersvektor b gleich der Differenz der Atomradien von Al und Cu berechnet. Sei r sein Radius, dann ist die elastische Energie des Spannungsfelds einer Zone

$$\frac{1}{2} \frac{G\mu}{\mu - 1} b^2 r \left(\ln \frac{r}{b} + \frac{5}{3} \right).$$

Für ein Grammatom Legierung ergibt sich zahlenmäßig

$$\frac{c_0 - c}{1 - c} \frac{k_2}{l} (3{,}22 + \ln l), \quad \text{wo} \quad k_2 = 0{,}55 \,\text{kcal}.$$

Die gesamte freie Energie je Grammatom wird somit

$$f(c, l, T) = -6(1 - c_0)\frac{U_a}{z} - 6 c_0 \frac{U_b}{z} + 12(1 - c_0) c \frac{w'}{z} +$$

$$+ \frac{2(c_0 - c)}{z(1 - c)} (1 - c)^2 w' \left(4 + \frac{3}{l^2} \right) + k_1 (1 - c_0) c +$$

$$+ \frac{c_0 - c}{1 - c} \frac{k_2}{l} (3{,}22 \ln l) -$$

$$- R T \left[c_0 s_{20} + (s_{10} - s_{20}) \frac{(1 - c_0) c}{1 - c} \right] +$$

$$+ R T \frac{1 - c_0}{1 - c} [(1 - c) \ln (1 - c) + c \ln c] -$$

$$- R T \frac{c_0 - c}{c_0} \frac{1}{8 l^2} \left[c_0 \ln 3{,}8 \, l^2 \frac{1 - c_0}{c_0} + \ln \frac{1}{1 - c_0} \right].$$

Das metastabile Gleichgewicht, das $\frac{\partial f}{\partial c} = 0$ und $\frac{\partial f}{\partial l} = 0$ erfordert, kann nur für $l \to \infty$ bestehen, wie man leicht sieht. Dann gilt mit $\Delta s = s_{10} - s_{20}$

$$\frac{\partial f}{\partial c} = 0 = \frac{4 w'}{z} (1 - 5 c_0 + 4 c) + k_1 (1 - c_0) -$$

$$- R T \Delta s \frac{1 - c_0}{(1 - c)^2} + R T \frac{1 - c_0}{1 - c} \ln c.$$

Durch Extrapolation ihrer experimentellen Kurven auf große l konnten GEROLD und BAUR die metastabilen Gleichgewichtswerte von c als Funktion von T bestimmen. Sie erhielten so je Grammatom:

$$w' \approx 0{,}5 \,\text{kcal},$$

$$k_1 \approx 0{,}6 \,\text{kcal},$$

$$\Delta s \approx -1{,}65 \,\text{cal/grad}.$$

w' ergibt sich also positiv, d.h., auch die chemische Kraft wirkt entmischend, nicht nur die durch k_1 gegebene Gitterstörung.

In Abb. 25 sind in dem Zustandsraum von c und l die theoretischen Kurven gleicher f-Werte eingetragen, außerdem die nach verschiedener Vorbehandlung bei konstanter Auslagerungstemperatur experimentell gemessenen Zustandsfolgen. Die links oben beginnende Folge stellt sich unmittelbar nach dem Abschrecken ein, die übrigen nach vorherigem Tempern. Wie man sieht, stehen diese Folgen innerhalb der Fehlergrenzen

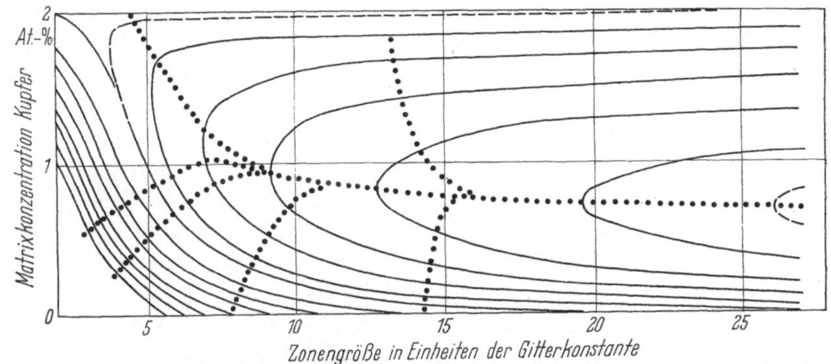

Abb. 25. Die unter Einschluß der Spannungen berechnete freie Energie des inhomogenen abgeschreckten Mischkristalls nimmt während der Aushärtung maximal ab (nach GEROLD u. BAUR).

senkrecht zu den Höhenlinien, also in Richtung des stärksten Gefälles von f. Eine ganze Folge wird (in Einkristallen) bei 75 °C in etwa 100 min durchlaufen, bei 20 °C in etwa 1 Std.

2.3. Fern- und Nahordnung in Mischphasen

Im Bereich der reinen Ionen- und kovalenten Bindung ist das Bestehen einer Fernordnung (regelmäßigen Verteilung) der verschiedenen Atomarten fast selbstverständlich. Zum Beispiel liegen im CsCl alle Cs an der Stelle $0\,0\,0$, alle Cl in $\frac{1}{2}\,\frac{1}{2}\,\frac{1}{2}$ der Basis des raumzentrierten Gitters. Abweichungen davon sind meist nur von der Größenordnung der Leerstellenzahl. Man spricht auch von Überstruktur und nennt Überstrukturlinien die von der Ordnung herrührenden, der Differenz der Streuvermögen der verschiedenen Atomarten proportionalen Interferenzen.

In den Legierungen ist eine solche vollständige Fernordnung eine auf Verbindungen mit großem Atomradienunterschied (z. B. viele Lavesphasen, Fe_3C) oder starker Heteropolarität (vgl. 3.2.) beschränkte Ausnahme. Bei tiefer Temperatur allerdings verbietet das Nernstsche Theorem, nach dem für $T \rightarrow 0$ nur Zustände mit $S = 0$ im Gleichgewicht sein können, daß regellose Verteilungen, denen ja eine positive Vertauschungsentropie zukommt, im Gleichgewicht auftreten. In der Tat ist die Atomverteilung stark von T abhängig: Bei hohen Temperaturen hat man vollständig regellose Verteilung (oft reguläre Mischphase genannt), bei tiefen hat man entweder Entmischung (zweiphasiges Gleichgewicht, entsprechend $\omega > 0$) oder strenge Fernordnung, die mit zunehmendem T aufgelockert wird, bei einer kritischen Temperatur T_λ verschwindet, worauf die zuerst theoretisch (von H. BETHE) aufgefundene Nahordnung erscheint.

Die aufgelockerte Fernordnung wird durch den „Ordnungsgrad" r gekennzeichnet, der folgendermaßen definiert ist [3, 4, 5]: Wir unterscheiden a- und b-Lagen. Jede a-Lage besitze z benachbarte b-Lagen, und wenn wir uns hier auf Zusammensetzungen 1:1 beschränken, so gilt auch das Umgekehrte. Nun sei die Zahl der A-Atome auf den N a-Plätzen Nr, somit die auf b-Plätzen $N(1 - r)$, und es müssen Nr B-Atome auf b und $N(1 - r)$ auf a-Plätzen sein. Der vollkommen regellosen Verteilung entspricht $r = 1/2$.

Die Nahordnung kennzeichnen wir nach F. A. GUGGENHEIM [3] durch p_1, insofern als zNp_1 die Zahl der A–A- sowie der B–B-Paare sei, infolgedessen $zN(r - p_1)$ die Zahl der A–B-Paare mit A in der a-Lage, $zN(1 - r - p_1)$ die Zahl dieser Paare mit B in der a-Lage. Im Fall des β-Messings CuZn, den wir im einzelnen betrachten, entspricht $p_1 = 0$ und $r = 1$ der vollständigen Fernordnung. Vollständig regelloser Verteilung entspricht $r = 1/2$ und $p_1 = r(1 - r) = 1/4$. Für $z = \infty$ würde nach dem Gesetz der großen Zahlen die mittlere Zahl der Kombinationen eines A-Atoms auf einem a- und eines B-Atoms auf einem in 1. Sphäre benachbarten b-Platz genau gleich $zr(1 - r)$, somit $p_1 = p_{10} = r(1 - r)$ sein. Dies würde auch bei endlichem z gelten, wenn die Verteilung der A- und B-Atome auf die a- bzw. b-Plätze vollkommen regellos wäre. In Wirklichkeit trifft dies nur zu für $\omega = 0$, während $\omega > 0$ die A–A- und B–B-Paare, $\omega < 0$ die A–B-Paare bevorzugt. Im ersteren Fall ist also $p_1 > p_{10}$, und man spricht auch von Nahentmischung. Den letzteren, wo $p_1 < p_{10}$, bezeichnet man als Nahordnung im engeren Sinn.

In beiden Fällen muß der Zustand atomistisch inhomogen sein, so daß die Koordinationszahlen der Atome von ihrem Ort im Kristall abhängen. Zum Beispiel erhält man bei gegebenem r ein sehr kleines p_1, wenn man streng ferngeordnete Blöcke (Komplexe) mit „Phasenverschiebung" zusammenfügt, ein $p_1 \approx 1/2$ entsteht durch Komplexe aus A- und B-Atomen allein. Eine solche atomistische Inhomogenität kann auch im thermodynamischen Gleichgewicht vorhanden sein, obwohl der 2. Hauptsatz verlangt, daß eine Gleichgewichtsphase homogen sei, denn diese Aussage der phaenomenologischen Thermodynamik gilt nur für zeitliche Mittelwerte atomistischer Zustände. Man hat demnach zu erwarten, daß im Lauf der Zeit infolge der Selbstdiffusion Komplexe sich auflösen und neu entstehen, ein Vorgang, der meist lange Zeit beansprucht. Man hat übrigens Gründe, zu vermuten, daß auch in Flüssigkeiten solche atomistische Inhomogenitäten der Koordination im Gleichgewicht vorhanden sind und sich wenig oberhalb des Schmelzpunkts erst in Stunden ausgleichen.

Diese Inhomogenität beeinflußt besonders die Streuung von Röntgen- und Elektronenwellen, und damit auch den elektrischen Widerstand der Mischphase. Da der inhomogene Zustand, wenn die Komplexe, wie zu erwarten, unscharf begrenzt sind, durch die Angabe von p_1 allein nicht genügend definiert ist, wird er nach J. B. GIBSON [12] sowie A. J. DAMASK bestimmt durch die Wahrscheinlichkeiten

$$p^{A\,B}_{n_1 n_2 n_3}\,;\quad p^{A\,A}_{n_1 n_2 n_3}=1-p^{A\,B}_{n_1 n_2 n_3}\,;\quad p^{B\,A}_{n_1 n_2 n_3}=1-p^{B\,B}_{n_1 n_2 n_3}\,,$$

an der Stelle $n_1 n_2 n_3$ von einem Atom A aus ein Atom B usw. anzutreffen. Als Nahordnungsgrad bezeichnet man die Größen

$$\alpha_{n_1 n_2 n_3}=1-\frac{p^{A\,B}_{n_1 n_2 n_3}}{c_B}=1-\frac{p^{B\,A}_{n_1 n_2 n_3}}{c_A}\,.$$

Da bei regelloser Verteilung alle $p^{A B}=c_B$ usw. werden, sind dann die $\alpha=0$. In einer vollständigen Fernordnung sind die α positiv und negativ ganzzahlig. Das oben gebrauchte p_1 ist im Fall des CuZn gleich $r\,p^{A\,A}_{1/2,\ 1/2,\ 1/2}$.

Um die Verteilung im Gleichgewicht aufzusuchen, setzen wir die Gültigkeit der Neumann-Koppschen Regel voraus und nehmen an, daß die spezifischen Kräfte zwischen A- und B-Atomen nur im Abstand 1. Sphäre wirken. Wir bezeichnen die auf einen A–A- bzw. B–B-Bindestrich fallende Energie mit $-2u_A/z$ und $-2u_B/z$. Die Energieänderung bei der Bildung einer A–B-Bindung aus A–A und B–B sei w (vgl. 2.1., dabei ist $N_A+N_B=2N$), so daß die gesamte Energie eines AB-Paares $w-(u_A+u_B)/z$ ist. Die Energie des Zustands wird:

$$U=N(w-u_A-u_B)-2\,p_1 N w\,.$$

In der Vertauschungsentropie vernachlässigen wir zunächst die Nahordnung, setzen also $p_1=p_{10}$. Dann wird

$$S=-2Nk[r\ln r+(1-r)]\ln(1-r)$$

und damit

$$G\approx F=-N(u_A+u_B-w)+$$
$$+2NkT[r\ln r+(1-r)\ln(1-r)]-2Nr(1-r)w\,.$$

Das innere Gleichgewicht ergibt sich aus $\dfrac{\partial G}{\partial r}=0$, und man erhält den zuerst von W. GORSKY und W. L. BRAGG berechneten Temperaturverlauf von r:

$$\frac{r}{1-r}=\exp\left(\frac{-w(2r-1)}{kT}\right)\,.$$

Für tiefe Temperaturen kommt entsprechend dem zu Anfang von 2.3. Gesagten nur $w < 0$ in Frage. Die Größe $w(2r - 1)$ nennt man Fehlordnungsarbeit. Damit nimmt der Ordnungsgrad r ab vom Wert eins auf $r = \dfrac{1}{2}$ bei $T = T_\lambda = - \dfrac{w}{2k}$. Oberhalb dieses „$\lambda$-Punkts" bleibt $r = \dfrac{1}{2}$ für alle T. Der Parameter r und damit auch G haben also am λ-Punkt nicht wie bei gewöhnlichen allotropen Phasenänderungen (Umwandlungen 1. Ordnung) einen Sprung, sondern nur der erste Differentialquotient der Kurven $r = r(T)$ und $G = G(T)$, damit auch die Entropie $S = - \dfrac{dG}{dT}$. Der zweite Differentialquotient von $G(T)$ und mit ihm die spezifische Wärme $C_v = T \dfrac{dS}{dT}$ besitzen bei T_λ einen Sprung (während sie bei Umwandlungen 1. Ordnung unendlich werden, was zu einer endlichen Wärmetönung führt). C_v wächst bis T_λ ständig an und ist für $T > T_\lambda$ Null. Man nennt dies eine Umwandlung 2. Ordnung, jedoch sei bemerkt, daß eine kleine Änderung im Energieausdruck die Spitze der spezifischen Wärme ins Unendliche bringen und damit die Ordnung der Umwandlung erhöhen kann, wichtiger ist wohl, daß es sich stets um eine Umwandlung mit Vorbereitung handelt.

Zum Beispiel ist für Cu_3Au $T_\lambda = 370\,°C$, C_v (je Grammatom) hat dort einen Spitzenwert von 0,194 und fällt unmittelbar darauf auf 0,008 kcal/grad ab. Die von $T = 0$ bis T_λ integrierte Umwandlungswärme ist je Grammatom etwa $\omega/4 = 0,5$ kcal. Für $CuZn$ ($\beta \to \beta'$) ist $T_\lambda = 420\,°C$, die integrierte Wärme 11 cal je Gramm oder 0,7 kcal je Grammatom (vgl. auch Ni_3Al [11]).

Wenn wir nun nach H. A. BETHE und F. A. GUGGENHEIM [3] neben r auch p_1 bei der Gleichgewichtseinstellung variieren, wird die Komplexionenzahl für die vier verschiedenen Paare:

$$Z = \frac{zN!}{zN(r - p_1)!\, zN p_1!\, zN p_1!\, zN(1 - r - p_1)!}$$

Weil dieser Ansatz voraussetzt, daß es unabhängige Paare gibt, was geometrisch unmöglich ist, ist auch er nicht exakt. Es muß gelten

$$\sum_{p_1} Z(N, r, p_1) = Z(N, r).$$

Dies wird durch den Näherungsansatz erreicht:

$$Z(N, r, p_1) = Z(N, r) \frac{[zN(r - p_{10})]!\, [zN p_{10}]!}{[zN(r - p_1)]!}.$$

Bildet man daraus die Entropie $S = k \ln Z$, so wird die freie Energie

$$F \approx G = - N(u_A + u_B - w) - 2N p_1 w - kT \ln Z(N, r, p_1).$$

Die Ableitung nach p_1 Null gesetzt, ergibt für den Gleichgewichtswert

$\bar{p}$ die Beziehung:

$$\bar{p}^2 = (r - \bar{p})(1 - r - \bar{p}) \exp(2\,w/k\,T).$$

Setzt man dies ein, so erhält man für die freie Energie:

$$F = -N(u_A + u_B - w) + 2\,N\,k\,T \times$$
$$\times \left[r \ln r + (1 - r) \ln(1 - r) + \frac{1}{2}\,z\left(r \ln \frac{r - \bar{p}}{r^2} \right) + (1 - r) \ln \frac{1 - r - \bar{p}}{(1 - r)^2} \right].$$

Die Null gesetzte Ableitung nach r ergibt für den Gleichgewichtswert von r:

$$\frac{\bar{r} - \bar{p}}{1 - \bar{r} - \bar{p}} = \frac{\bar{r}}{1 - \bar{r}}^{\frac{2(z-1)}{z}}.$$

Eine für alle $\bar{p}$ geltende Lösung ist $r = 1/2$. Setzt man $\bar{p} = \bar{p}(r)$ ein, so erhält man für $\bar{r}(T)$ als weitere Lösung:

$$\frac{2\,\bar{r} - 1}{\bar{r}^{(1-1/z)}(1 - \bar{r})^{1/z} - (1 - \bar{r})^{1-1/z}\,\bar{r}^{1/z}} = e^{-w/z\,k\,T}.$$

Für $\omega < 0$ und bei dem oben berechneten Wert von T_λ wird auch hier $\bar{r} = 1/2$. Oberhalb T_λ existiert nur diese Lösung, bei $T = 0$ wird $\bar{r} = 1$, bis T_λ nimmt r auf $1/2$ ab. Die Fernordnung verschwindet also auch hier in einer Umwandlung 2. Ordnung. Dagegen bleibt nach Abb. 26, wo $\bar{p}(T)$ aufgetragen ist, eine Nahordnung bis zu hohen Temperaturen bestehen. Da sie mit wachsendem T langsam zurückgeht, ist sie auch oberhalb T_λ die Ursache einer anomalen spezifischen Wärme von etwa $0,2\,R$ je Mol, die z.B. bei CuZn von W. SYKES gemessen werden konnte.

AuCu hat nach C. H. JOHANSSON und J. O. LINDE eine Verwerfungsvariante (AuCu)$_{II}$, entstanden durch Verschiebung um $a/2$ entlang [001] in Intervallen von 5 Gitterkonstanten. Nach M. TACHIKI und K. TERAMOTO [16] kann ihre freie Energie berechnet werden, wobei die Verkleinerung der Brillouinzone durch die von der Verschiebung erzeugten neuen Interferenzen wesentlich ist. Danach liegt das Gebiet ihrer thermodynamischen Stabilität bei 650–680 °C, also zwischen normaler Fernordnung und regelloser Verteilung.

Durch eine plastische Verformung wird Fernordnung und Nahordnung zerstört, was ohne weiteres verständlich ist. Die dazu nötige Fehlordnungsarbeit erhöht die Schubspannung, was zum Teil die größere Schubfestigkeit der Mischkristalle (vor allem im Gebiet höherer Konzentrationen) erklärt.

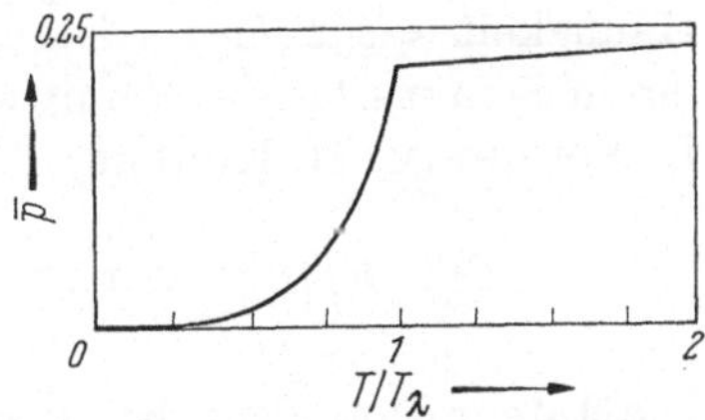

Abb. 26. Temperaturverlauf des Nahordnungsgrads nach GUGGENHEIM. Die Steigung der Kurve ist proportional der anomalen spezifischen Wärme.

Für $w > 0$, d.h. den unteridealen und daher nach 2.1. ausscheidungs-
fähigen Mischkristall wird bei allen Temperaturen $r = 1/2$, $\bar{p}$ wird $1/2$
für $T = 0$ und nimmt mit steigendem T ab bis auf $1/4$. Man hat also
Nahentmischung, was auch noch für den metastabilen, über die Gleich-
gewichtslinie der Ausscheidung abgeschreckten Mischkristall gilt. Die
hier besonders wichtige mittlere Komplexgröße wird, wie oben bemerkt,
als statistischer Schwankungsparameter von den bisherigen Formeln
nicht erfaßt. Sie dürfte mit abnehmendem T zunehmen. Da aber nach
5.2. gezeigt werden kann, daß unterhalb der durch $\partial^2 g/\partial c^2 = 0$ definierten Kurve im Übersättigungsgebiet des Zustandsdiagramms die freie
Enthalpie mit zunehmender Komplexgröße immer weiter zunimmt, ist
zu schließen, daß die Komplexe an dieser Kurve im statistischen Gleichgewicht im Mittel unendlich groß werden.

Der elektrische Zusatzwiderstand der Mischphasen entsteht dadurch,
daß Elektronenwellen der Fermioberfläche k an den nicht periodischen
Streuzentren gestreut und in k' übergeführt werden. Die Wahrscheinlichkeit dafür ist proportional dem Quadrat des k und k' zugeordneten
Matrixelements des Störpotentials $(V - V_0)$ (wo V_0 das elektrostatische
Potential des streng periodischen Gitters ist), das in Mischphasen gleich
$(V_A - V_B)$ gesetzt werden kann. Damit werden als Streuzentren die
durch einen Gittervektor $r_{n_1 n_2 n_3}$ getrennten AB-Paare betrachtet, deren
Häufigkeit $\approx c_A c_B h_{n_1 n_2 n_3}$ ist. Die Streuwellen interferieren entsprechend
ihrem Strukturfaktor. Somit wird der spezifische Zusatzwiderstand nach
L. NORDHEIM, M. KOHLER, T. MURAKAMI und J. B. GIBSON [12]:

$$\approx \frac{c_A c_B}{N} \iint \left| V_A^{k\,k'} - V_B^{k\,k'} \right|^2 \sum_{n_1 n_2 n_3} \alpha_{n_1 n_2 n_3} e^{i(k-k')r_{n_1 n_2 n_3}} \,\mathrm{d}k\,\mathrm{d}k'.$$

Die Integration geht bei k und k' über die Fermifläche, die Summe
über alle N Gitterpunkte, einschließlich 000, wobei $\alpha_{000} = 1$ ist. Bei
regelloser Verteilung bleibt nur die interferenzlose Streuung durch
die einzelnen Atome über, daher ist ihr Zusatzwiderstand proportional
$c_A c_B$.

Die α werden meist aus Röntgeninterferenzen bestimmt. GIBSON erhielt so für das nahgeordnete $AuCu_3$ oberhalb $405\,°C$ Werte des Zusatzwiderstands, die um etwa 15% höher waren als bei regelloser Verteilung
(sog. K-Effekt). Da eine strenge Fernordnung gar keinen Zusatzwiderstand besitzt, gibt es aber zweifellos auch Fälle von Nahordnung (im
engeren Sinn), deren spezifischer Widerstand kleiner ist als der der regellosen Verteilung. Nach der obigen Formel ist dies dann zu erwarten,
wenn die Zahl der Elektronen je Atom, damit die Fermifläche und die
maximale Differenz $k - k'$ verhältnismäßig groß ist, z.B. in Cu–Zn. Bei
Nahentmischung ist stets ein Zusatzwiderstand zu erwarten, der kleiner
ist als der des regellos verteilten Mischkristalls [15].

Der nach 1.5. in einigen Übergangsmetallen auftretende Antiferromagnetismus beruht auf einer Fernordnung der an Atomen lokalisierten $+$- und $-$-Spins, die mit steigender Temperatur aufgelockert wird. Auch hier existiert ein λ-Punkt, oberhalb dessen sich in einer Umwandlung 2. Ordnung eine nahezu regellose Spinverteilung einstellt (Néeltemperatur). Ist A die negative Austauschenergie, also $2A$ die zum Umdrehen eines ferngeordneten Spins nötige Arbeit, so berechnet sie sich näherungsweise zu

$$T_N = \frac{2\,A\,z}{k}\,.$$

Die begleitende paramagnetische Suszeptibilität geht etwa wie die anomale spezifische Wärme, d.h., sie steigt mit T beträchtlich an, hat bei T_N ein Maximum und fällt von da $\approx 1/T$, d.h. näherungsweise nach einem Curiegesetz ab. Néelpunkte treten auf bei manchen Oxiden sowie bei AuMn ($T_N = 225\,°\mathrm{C}$), unter den Elementen bei Cr ($T_N = 38{,}5\,°\mathrm{C}$), allerdings ist das dabei wirksame magnetische Moment sehr klein, nur $0{,}5\,\mu_B$. Auch hier ist zu beobachten, daß die Schärfe des Néelpunkts durch eine plastische Verformung stark vermindert wird. Neutroneninterferenzen haben gezeigt [17], daß bei den seltenen Erden oberhalb ihres Curiepunkts (bei Dy $90\,°\mathrm{K}$) ein antiferromagnetisches Gebiet liegt. Allerdings sind dabei die Spins nicht in Paaren antiparallel, sondern spiralig um die hexagonale Achse angeordnet.

Wird die effektive Austauschenergie positiv, so sind bei $T = 0$ auch ohne äußeres Feld alle Spins parallel gestellt, das Material ist ferromagnetisch. Auch diese Ordnung wird mit steigendem T aufgelockert, weshalb das resultierende magnetische Moment (die sog. lokale Sättigungsmagnetisierung J_s) mit T abnimmt (Weisssche Kurve). Auch hier wird die Fernordnung an einem λ-Punkt (Curiepunkt) in einer Umwandlung 2. Ordnung zerstört. Dabei gilt nach W. Heisenberg, E. C. Stoner und P. R. Weiss näherungsweise:

$$T_c = C\,\frac{A\,z}{k}\,,$$

wobei der Zahlenfaktor C den Wert $1/2$ bis $1/6$ hat.

Besonders wichtig ist nun, daß oberhalb T_c noch eine Nahordnung (genauer Nahentmischung, d.h. Bildung von Komplexen gleichgerichteter Spins) existiert, die erst bei $T = \infty$ vollkommen regellos wird. Die paramagnetische Suszeptibilität oberhalb T_c wird dadurch größer als bei Regellosigkeit (die Suszeptibilität eines Ferromagnetikums ist als unendlich anzusehen) und geht erst asymptotisch in den vom Curie-Weiss-Gesetz für die letztere Verteilung geforderten Verlauf über:

$$\chi = \frac{\mathrm{const}}{T - T_c}\,.$$

Die der Fernordnung zukommende Vertauschungsentropie, die sich experimentell aus der anomalen spezifischen Wärme nach der Formel $\mathrm{d}S = C_v \mathrm{d}T/T$ ermitteln läßt, ist Null für $T = 0$, wächst von da an bis T_λ und ist im Temperaturgebiet der Nahordnung, wie man aus den Formeln erkennt, immer noch kleiner als bei regelloser Verteilung. In Abb. 27 ist für die allotropen Modifikationen des Fe α, β, γ (wobei γ ein fl. k., alle andern ein rz. k. G. haben und α ferromagnetisch ist) nach den kalorischen Messungen der Verlauf der Energie je Mol u und der freien Energie f aufgetragen (dabei muß man wissen, daß $C_v = \mathrm{d}u/\mathrm{d}T$ und $s = -\mathrm{d}f/\mathrm{d}T$, an einem Umwandlungspunkt T_u aber $\Delta s = \Delta u/T_u$ und $\Delta f = 0$ sein muß). Dabei ist die von Gitterschwingungen herrührende Entropiezunahme mit T für alle Phasen als gleich betrachtet und weggelassen worden. Jedoch ist zu beachten, daß nach 2.4. dem rz. k. G. eine oberhalb der Debyetemperatur konstante zusätzliche Schwingungsentropie zukommt.

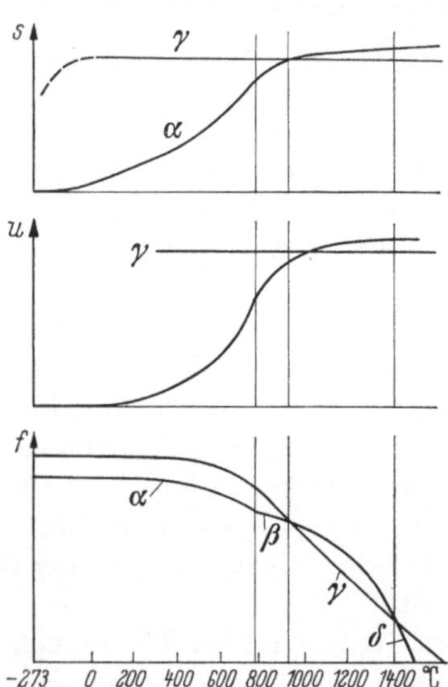

Abb. 27. Entropie (ohne Schwingungsanteil), Energie und freie Energie der Fe-Modifikationen. Die genauen Umwandlungstemperaturen sind: α–β (Curiepunkt) 768°, β–γ 906°, γ–δ 1401°.

Nach C. Zener [13] kann man nun die kennzeichnenden Züge der Abb. 27 darauf zurückführen, daß im rz. k. G. eine die Spins parallelrichtende Kraft vorhanden ist, die im fl. k. G. fehlt, was dort eine nahezu regellose Richtungsverteilung zur Folge hat. Daher fällt die paramagnetische Suszeptibilität in β- und δ-Fe stark mit T ab, während sie in γ von vornherein kleiner und nahe konstant ist (am Umwandlungspunkt $\chi_\beta = 200$, $\chi_\gamma = 26 \cdot 10^{-6}$ je Mol). Die auf die Spinverteilung zurückführende gesamte Entropieerhöhung von γ gegenüber α (bei tiefen Temperaturen) ist experimentell etwa $R \ln 2$, wie zu erwarten, wenn α geordnete, γ regellose Verteilung auf zwei Spinorientierungen hat. In β ist diese Entropie etwas größer als in α, jedoch wegen der Fernordnung immer noch kleiner als in γ, weshalb bei größerem T schließlich $\Delta f_{\beta\gamma} = \Delta u_{\beta\gamma} - T \Delta s_{\beta\gamma}$ zu Null wird, also die Umwandlung eintritt. Erst in δ ist die Nahordnung der Spins nahezu abgebaut, die Spinentropie ist jetzt etwa so groß wie in γ geworden. Wenn noch die oben erwähnte konstante Schwingungsentropie des rz. k. G. dazukommt, ist die Gesamtentropie in δ größer als in γ, so daß bei wachsendem T das rz. k. G. als δ wieder ins Gleichgewicht kommt. Die Energie von δ, in dem fast alle Spinbindungen aufgehoben sind, ist nach Abb. 27 höher als die von γ, woraus hervorgeht, daß bei Fe die Stabilität des rz. k. G. in der α-Modifikation ausschließlich der Spin-Wechselwirkung, d. h. der ferromagnetischen Energie zu danken ist.

2.4. Gitterschwingungen und spezifische Wärme

Eine Population von Oszillatoren der Frequenz ν hat für $T = 0$ die mittlere Energie je Oszillator $\frac{1}{2} h\nu$, bei der Temperatur T kommt nach der hier gültigen Bose-Einstein-Statistik dazu der Betrag

$$\bar{u}_\nu = \frac{h\nu}{e^{h\nu/kT} - 1},$$

und die spezifische Wärme je Oszillator wird $c_v' = \frac{\mathrm{d}}{\mathrm{d}T} \bar{u}_\nu$. Der gesamte Beitrag der Gitterschwingungen zur spezifischen Wärme wird

$$c_v = \frac{\mathrm{d}}{\mathrm{d}T} \int\limits_0^\infty \frac{h\nu}{e^{h\nu/kT} - 1} z(\nu)\, \mathrm{d}\nu,$$

wo $z(\nu)\mathrm{d}\nu$ den mittleren Entartungsgrad (Anzahl der Schwingungen) zwischen ν und $\mathrm{d}\nu$ bezeichnet. Schon von $T = 300\,^\circ\mathrm{C}$ ab gilt im allgemeinen der Gleichverteilungssatz der klassischen Statistik, wonach $u_\nu = kT$ und bei N Atomen im Kristallverband $c_v = \frac{6}{2} N k$ ist.

Frequenz und Form der Eigenschwingungen sind nach M. BORN für Bravaisgitter folgenderweise zu bestimmen [1]: Der Vektor der Verrückung bei der Schwingung des i-ten Atoms habe die Komponenten $u^i\, v^i\, w^i$. Die dabei entstehende Zunahme der potentiellen Energie kann in eine Reihe entwickelt werden, deren lineare Glieder wegfallen, weil $u^i,\, v^i,\, w^i = 0$ die Gleichgewichtslage ist:

$$\Phi = \frac{1}{2} \sum i \sum k \left(\Phi_{uu}^{ik} u^i u^k + \Phi_{vv}^{ik} v^i v^k + 2 \Phi_{uv}^{ik} u^i v^k + \cdots \right).$$

Die Kraftkomponenten auf das i-te Atom sind dann:

$$k_u^i = - \sum k \left(\Phi_{uu}^{ik} u^k + \Phi_{uv}^{ik} v^k + \Phi_{uw}^{ik} w^k \right) \quad \text{usw.}$$

Die Φ_{uu}^{ik} heißen Kopplungskonstanten. Aus der Translationsinvarianz der Gitter folgt $\Phi^{ik} = \Phi^{i-k,\,0}$. Weiter müssen bei starren Verschiebungen alle k_u^i verschwinden, woraus sich ergibt $\sum i \sum k \Phi^{ik} = 0$. Elektronentheoretisch können die Konstanten noch nicht berechnet werden, empirisch werden sie vor allem mittels Ausmessung thermischer Schwingungen durch Neutronenbeugung bestimmt. Wie man nach G. LEIBFRIED aus einer Betrachtung der aus hochsymmetrischen Verschiebungsvektoren entspringenden Kräfte erkennt, ist im rz. k. G. die Matrix der

Φ_{uv} für die beiden um $\frac{1}{2}$ [111] auseinanderliegenden Nachbarn erster Sphäre bzw. die um [100] getrennten zweiter Sphäre:

$$\Phi_{uv}^{111,0} = \begin{Bmatrix} \alpha & \beta & \beta \\ \beta & \alpha & \beta \\ \beta & \beta & \alpha \end{Bmatrix} ; \qquad \Phi_{uv}^{100,0} = \begin{Bmatrix} \alpha' & 0 & 0 \\ 0 & \beta' & 0 \\ 0 & 0 & \beta' \end{Bmatrix}.$$

Es treten also nur 4 verschiedene Konstante auf. Im fl. k. G. sind es in erster Sphäre 3, in zweiter 4 Konstanten:

$$\Phi_{uv}^{011,0} = -\begin{Bmatrix} \alpha & 0 & 0 \\ 0 & \beta & \gamma \\ 0 & \varphi & \beta \end{Bmatrix} ; \qquad \Phi_{uv}^{211,0} = -\begin{Bmatrix} \alpha' & \delta'' & \delta'' \\ \delta'' & \beta'' & \gamma'' \\ \delta'' & \gamma'' & \beta'' \end{Bmatrix}.$$

Die Φ^{00} erhält man daraus durch die Summenbedingung. Für Cu ergab sich (vgl. [22]): $\alpha = 0{,}48$, $\beta = 0{,}87$, $\gamma = 1{,}25 \cdot 10^4$ dyn/cm.

Als Randbedingung für die u, v, w benützt man eine Periodizitätsforderung (vgl. 1.1.). Die Lösungen der mit den k_u^i formulierten $3N$ Bewegungsgleichungen sind dann fortschreitende ebene Wellen, gekennzeichnet durch Wellenvektor $\boldsymbol{k}$ und Frequenz ν sowie den nur bis auf einen gemeinsamen skalaren Faktor bestimmbaren Amplitudenvektor $\boldsymbol{e}$. Die bekannten Methoden zur Berechnung von Eigenschwingungen ergeben für jedes $\boldsymbol{k}$ drei Wertepaare ν, $\boldsymbol{e}$, wobei die $\boldsymbol{e}$ nur bei sehr großen Wellenlängen (kleinen $|\boldsymbol{k}|$) sowie im Kontinuum parallel (longitudinal) oder senkrecht (transversal) zum zugehörigen $\boldsymbol{k}$ sind. Da die periodischen Randbedingungen wie in 1.1. nur N verschiedene $\boldsymbol{k}$ zulassen, erhält man $3N$ verschiedene Wellen, was der Zahl der Freiheitsgrade entspricht. Für die Statistik bildet jede dieser Wellen einen Oszillator. Abb. 28 zeigt die damit erhaltenen $z(\nu)$.

Die Eigenfrequenzen ν sind die Lösungen einer mit den Φ^{ik} gebildeten Säkulardeterminanten, und es gilt der allgemeine Satz, daß der Mittelwert der Quadrate der Eigenwerte gleich dem Mittelwert der Diagonalglieder in der Matrix der Φ^{ik} ist. Daraus:

$$\overline{(2\pi\nu)^2} = \frac{4\pi^2}{3N} \int\limits_0^\infty \nu^2 z(\nu)\, d\nu = \frac{1}{3NM} \sum i\,(\Phi_{uu}^{ii} + \Phi_{vv}^{ii} + \Phi_{ww}^{ii}).$$

und wegen der Translationsinvarianz weiterhin:

$$\overline{(2\pi\nu)^2} = \frac{1}{3M}\,(\Phi_{uu}^{00} + \Phi_{vv}^{00} + \Phi_{ww}^{00}).$$

Für ein anisotropes Kontinuum entstehen aus den $3N$ Bewegungsgleichungen die 3 partiellen Differentialgleichungen

$$\varrho\,u = \sum_1^3 l \sum_1^3 n\, C_{ulun} \frac{\partial^2 u}{\partial x_l\, \partial x_n} + C_{ulvn} \frac{\partial^2 v}{\partial x_l\, \partial x_n} + C_{ulwn} \frac{\partial^2 w}{\partial x_l\, \partial x_n}$$

usw., wo die C_{ulun} die in 3.2. definierten allgemeinen Elastizitätsmoduln sind. Als Lösungen erhält man auch hier ebene Wellen, und zwar für jedes k eine longitudinale und zwei transversale. Man kann ihre Phasengeschwindigkeit vergleichen mit derjenigen der im Gitter möglichen Wellen mit kleinem k und erhält so Beziehungen zwischen den Kopplungskonstanten und den Elastizitätsmoduln. Zum Beispiel ist für k.rz. Kristalle, die 3 Moduln besitzen, nach LEIBFRIED [1]:

$$a\,c_{11} = a\,C_{1111} = 2\,(\alpha + \alpha' + 4\,\beta'),$$

$$a\,c_{12} = a\,C_{1122} = 2\,(\alpha + \beta' + 2\,\alpha' + 2\,\beta'),$$

$$a\,c_{44} = a\,C_{1212} = 4\,\beta.$$

In einem isotropen Medium sind bekanntlich die Schallgeschwindigkeiten:

$$c_{\text{long}} = \sqrt{\frac{c_{11}}{\varrho}}\,; \qquad c_{\text{trans}} = \sqrt{\frac{c_{44}}{\varrho}}.$$

Um eine direkt von den elastischen Konstanten abhängende Näherungsformel für die spezifische Wärme bei tiefen Temperaturen zu finden, hat P. DEBYE 1912 den Kristall auch für große k als Kontinuum betrachtet, das Spektrum der Eigenschwingungen (Abb. 28) aber so abgeschnitten, daß ihre Gesamtzahl gerade $3\,N$ ist. Dann ergibt sich

$$z\,(\nu) = \frac{9\,N}{\nu_D^3}\,\nu^2.$$

Dabei gilt für die „Grenzfrequenz":

$$\nu_D^3 = \frac{4\,\pi\,V}{9\,N}\left(\frac{2}{c_{\text{trans}}^3} + \frac{1}{c_{\text{long}}^3}\right).$$

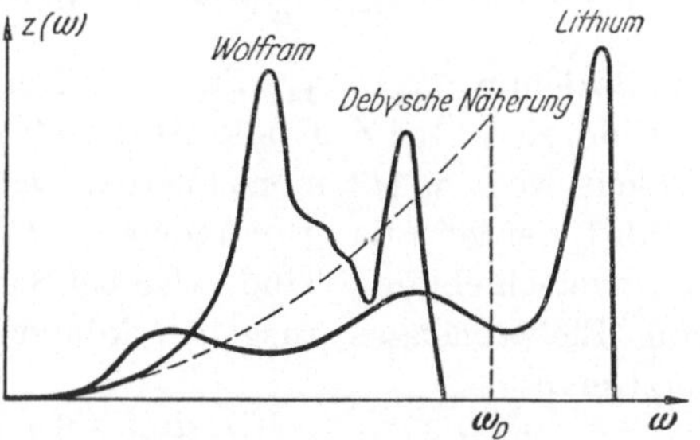

Abb. 28. Zahl der Eigenschwingungen je Frequenzbereich Eins als Funktion der Kreisfrequenz (nach LEIBFRIED u. BRENIG).

Aus ihr bestimmt sich die „Debyetemperatur": $\Theta = h\nu_D/k$. Die zugehörige Wellenlänge ist etwa gleich dem doppelten Atomabstand, nach Abb. 28 häufen sich die Eigenschwingungen in ihrer Nähe. Man erhält dann

$$c_v = \frac{12\,\pi^4}{5}\,N\,k\,\frac{T^3}{\Theta^3}.$$

Nach G. LEIBFRIED und W. BRENIG [14] gilt diese Näherung genau nur in einem Temperaturgebiet von wenigen Graden oberhalb $T = 0$. Mangels anderer Daten wird aber die Debyesche Theorie vielfach bis $T \approx 300°$ benützt. Die Debyeschen Temperaturen liegen für Metalle im Bereich von 150 (für Na) bis 370 °K (für Fe).

Eine bessere Näherung und eine anschauliche Deutung der $\Phi^{i-k,\,0}$ erhält man nach diesen Autoren mit der Annahme von Zentralkräften, d.h. Federn vom Nullatom zu den Atomen erster und zweiter Sphäre. Im k.fl. und k.rz. Gitter braucht man dazu zwei verschiedene Federn, deren Federkonstanten f und f' seien. Dann wird

$$\Phi^{1,\,0}_{uu} = \Phi^{1,\,0}_{vv} = \Phi^{1,\,0}_{ww} = -\frac{1}{3}\,f\,; \quad \Phi^{2,\,0}_{uu} = -\frac{1}{3}\,f'$$

und damit

$$\Phi^{0}_{uu}{}^{0} = \frac{1}{3}\,(z_1\,f + z_2\,f')$$

$$(2\,\pi\,\nu)^2 = \frac{1}{3\,M}\,(z_1\,f + z_2\,f')\,,$$

wo z_1 die Koordinationszahl erster und z_2 die zweiter Sphäre ist. Damit wird für das k.fl. Gitter:

$$c_{11} = \frac{2}{a}\,(f + 2\,f')\,; \quad c_{12} = c_{44} = f/a$$

und für das k.rz. Gitter:

$$c_{11} = \frac{2}{a}\,(f/3 + f')\,; \quad c_{12} = c_{44} = \frac{2}{3}\,f/a\,.$$

Die Beziehung $c_{12} = c_{44}$, die $\mu = 1/4$ ergeben würde, nennt man Cauchyrelation, sie ist bei Zentralkräften stets erfüllt, stimmt aber mit der Wirklichkeit, wo $\mu \approx 1/3$, nicht überein. Daher müssen zusätzliche Kräfte eingeführt werden, die proportional der Änderung des Volumens bei einer Atomverschiebung v_i sind, also bei Scherungen nicht auftreten, die aber vom Elektronengas ausgehen können. Nach Leibfried und Brenig setzt man:

$$\Phi_{\mathrm{vol}} = 2\,\alpha \sum i\,v_i\,.$$

Berechnet man die geometrischen Größen v_i, so erhält man im k.fl. bzw. k.rz. Gitter:

$$(2\,\pi\,\nu) = \frac{\alpha\,a}{8\,M} \quad \text{bzw.} \quad = \frac{\alpha\,a^4}{6\,M}\,,$$

und zu c_{11} und c_{12} ist ein Glied $a^3\alpha$ bzw. $2a^3\alpha$ zu addieren. Man bestimmt dann α zu

$$\alpha = \frac{1}{a^3}\,(c_{12} - c_{44}) \quad \text{bzw.} \quad = \frac{1}{2\,a_3}\,(c_{12} - c_{44})\,.$$

Für Ag ist $\Theta = 250\,^\circ$K, mit dem angegebenen Modell kann unterhalb $70\,^\circ$K der Verlauf von c_v gut wiedergegeben werden, wobei die Volumkräfte etwa $3{,}5\,\%$ ausmachen.

Wenn $f' \ll f$, wie es vor allem bei den Alkalimetallen der Fall ist, wird $\overline{\nu^2}$ für k.rz. G. wesentlich kleiner als für k.fl. G. Dann ist c_v für die ersteren besonders groß, damit haben sie bei höheren Temperaturen eine besonders große Schwingungsentropie, sind dort also stabiler als andre Modifikationen. Wie C. ZENER bemerkt hat, hängt dies damit zusammen, daß bei Federkräften im k.rz. G. ein Abschieben der (110)-Ebene in Richtung [1$\bar{1}$0] ohne Beanspruchung von Kräften möglich ist, entsprechende Gitterschwingungen also sehr kleine Eigenfrequenzen besitzen („weiche Schwingung" nach W. DE SORBO).

Die Zahlenwerte des Elastizitätsmoduls, die nach W. KÖSTER sowie E. Vogt von 0,36 (für K) bis $53,8 \cdot 10^3$ kp/mm^2 (für Ir) gehen, konnten elektronentheoretisch bisher nicht gedeutet werden. Dagegen hat P. GOMBAS [8] erfolgreich versucht, den Kompressionsmodul aus der mittleren Bindungsenergie des Elektrons und dem Atomabstand abzuleiten. Dessen Werte gehen von 31 (für W), 13 (für Be) bis $0,14 \cdot 10^3$ kp/mm^2 (für Cs). Der Kompressionsmodul von Cu, Ag, Au ist etwa 20mal so groß wie der der Alkalimetalle.

Zwischen den Elastizitätsmoduln E und G, dem Kompressionsmodul K und der Poissonschen Querkontraktionszahl μ bestehen in einem isotropen Stoff folgende beiden Beziehungen:

$$E = 2\,(1 + \mu)\,G$$
$$K = E/3\,(1 - 2\,\mu)\,.$$

Da $\mu \approx 0,3$, gilt $E \approx 2,6\,G$ und $K \approx E$.

Nach E. BRANDENBERGER [6] sind die Elastizitätsmoduln der Verbindungen Cu$_2$Al und CuAl, Cu$_5$Zn$_8$, Mg$_2$Sn beträchtlich größer, die von Mg$_3$Sb$_2$ und Mg$_3$Bi$_2$ kleiner als aus einer Additivitätsregel folgen würde.

Durch eine Neutronenbestrahlung, bei der hauptsächlich eine Frenkelfehlordnung entsteht, wird nach W. SCHILLING der Elastizitätsmodul merkbar verkleinert. Dies rührt her von der starken elastischen Verrückung der den Fehlstellen benachbarten Atome, die damit auf der σ-ε-Kurve aus dem linearen Anfang in den flacheren, nach unten gekrümmten Teil gelangen.

Für die Temperaturabhängigkeit der Elastizitätsmoduln erhält man thermodynamisch nach C. ZENER [13] folgende Beziehung: Es ist, etwa bei einer elastischen Scherung $\mathrm{d}\gamma$, die Arbeit $\mathrm{d}A = \tau\,\mathrm{d}\gamma = G\,\gamma\,\mathrm{d}\gamma$. Da nun $\mathrm{d}S = (\mathrm{d}U - \mathrm{d}A)/T$ ein totales Differential ist, ist auch $\mathrm{d}(U - TS + \tau\gamma) = -\,S\,\mathrm{d}T + \tau\,\mathrm{d}\gamma$ ein solches, deshalb gilt

$$\left(\frac{\partial S}{\partial \gamma}\right)_T = -\left(\frac{\partial \tau}{\partial T}\right)_\gamma .$$

Somit ist

$$\frac{1}{G}\frac{\partial G}{\partial T} = \frac{1}{\tau}\frac{\partial \tau}{\partial T} = -\frac{1}{\tau}\frac{\partial S}{\partial \gamma} = -\left(\frac{\partial S}{\partial A}\right)_T .$$

Der relative Temperaturkoeffizient des Schubmoduls ist also bestimmt durch die negative, die isothermen Scherungen begleitende Entropie-

zunahme. Und zwar rührt diese her von einer Zunahme der Gitterschwingungen bei der Scherung.

Empirisch nimmt der Schubmodul G zwischen $T = 0$ und dem
Schmelzpunkt T_s auf etwa die Hälfte ab. Somit gilt

$$\frac{T_s}{G_0}\frac{\partial G}{\partial T} = -\frac{T_s \partial S}{\partial A} \approx \frac{1}{2}\,.$$

Somit ist in der Nähe des Schmelzpunkts ein Drittel der elastischen
Energie gebundene Energie, zumeist in Form von Gitterschwingungen.
Vermutlich gilt ähnliches auch für die Schmelzen.

2.5. Der supraleitende Zustand

Wie H. Kamerlingh Onnes 1911 gefunden hat, geht der Widerstand
vieler Metalle und Legierungen (vielleicht sogar aller mit Ausnahme der
ferromagnetischen) bei einer bestimmten „Sprungtemperatur" T_c um
einen Faktor von mindestens 10^{14} zurück und wird $< 10^{-23}\ \Omega$ cm. Da
nach einem Satz von Bloch der tiefste Gleichgewichtszustand der Me-
tallelektronen stets stromlos ist, muß auch für Supraleitungsströme eine
kleine Vernichtungswahrscheinlichkeit, also ein Widerstand bestehen,
der aber noch nicht erfaßt werden konnte. Der Sprungpunkt ist unter
den Elementen am höchsten bei Nb mit 9,2 °K, der von W ist 0,01 °K,
die Verbindung Nb_3Sn (β–W-Struktur) hat nach B. T. Matthias das bisher höchste T_c von 18,1 °K. Übersteigt das äußere Magnetfeld eine kritische Größe H_c, so wird die Fähigkeit zur Supraleitung zerstört. Dabei
gilt mit guter Näherung $H_c(T) = H_{co}(1 - T/T_c)^2$, wobei $H_{co} \approx 200$ Oe
für die sog. Supraleiter I. Art ist, dagegen bis 190000 Oe für die der
II. Art (Nb_3Sn) gebracht werden kann. Supraleiter I. Art sind alle supraleitenden Elemente mit Ausnahme des Nb [20], das ein solcher II. Art ist.

W. Meissner und R. Ochsenfeld fanden 1933, daß unabhängig von
der Vorgeschichte im Innern eines Supraleiters (nicht in der dünnen,
stromführenden Oberflächenschicht) stets $B = 0$, somit der Supraleiter
ein idealer Diamagnet ist. In den Definitionsgleichungen $4\pi J = B - H$,
$B = \mu H$ kann also die Permeabilität $\mu = 0$ gesetzt werden. Die Magnetisierung $J = -H/4\pi$ rührt, wie ein Einstein-de-Haas-Versuch zeigt, von
den Suprasrömen selbst her. Diese magnetischen Phänomene haben gezeigt, daß auch, wenn kein Suprastrom fließt, ein supraleitender Zustand vorliegt. Seine Thermodynamik ist durch die folgenden Gleichungen für die freie Enthalpie G_s als Funktion der äußeren Feldstärke H_a
gegeben, die bei homogener Verteilung der Magnetisierung J im Innern
(Ellipsoid, H_a antiparallel mit J) gelten:

$$G_s(H_a) = G_s(0) - V\int_0^{H_a} J(H_a)\,\mathrm{d}H_a = G_s(0) + V\frac{H_a^2}{8\pi}\,.$$

Da bei $H_a = H_c$ Supra- und Normalzustand ineinander übergehen, gilt $G_s(H_c) = G_n(H_c)$. Im Normalzustand ist J und damit die magnetische Energie wesentlich kleiner, damit $G_n(H_c) \approx G_n(0)$. Somit

$$\Delta G = G_n(0) - G_s(0) = V\,\frac{H_c^2(T)}{8\pi}\,.$$

Diese Beziehung gilt auch für Supraleiter I. Art nur dann, wenn die Umwandlung reversibel vor sich geht, d.h. keine Hysterese auftritt, wie sie durch Inhomogenitäten der Zusammensetzung und durch Versetzungen hervorgerufen wird. Die zugehörige Entropieänderung wird

$$\Delta S = -\,\frac{\partial \Delta G}{\partial T} = -\,V\,\frac{H_c}{4\pi}\,\frac{\mathrm{d}H_c}{\mathrm{d}T}\,.$$

Entsprechend dem Nernstschen Theorem wird sie Null für $T = 0$, außerdem auch für $T = T_c$, weil dort $H_c = 0$. Das gleiche gilt für die Wärmetönung der Umwandlung $Q = T\Delta S$, während die anomale spezifische Wärme

$$\Delta c = T\,\frac{\partial}{\partial T}\,\Delta S = V\,\frac{T_c}{4\pi}\left(\frac{\mathrm{d}H_c}{\mathrm{d}T}\right)^2$$

bei $T = T_c$ einen Sprung macht. Wenn also die Umwandlung bei $T = T_c$ (d.h. im Feld $H_a = 0$) eintritt, ist sie von 2. Ordnung (dagegen ist sie für $H_a \neq 0$ von 1. Ordnung), wobei die Entropie des Normalzustands größer ist als die des Suprazustands. Beides läßt darauf schließen, daß ein mit T abnehmender und bei $T = T_c$ Null werdender Anteil der Elektronen als Träger der Supraströme in einem geordneten Zustand ist (Zweiflüssigkeitsmodell von H. B. G. Kasimir und C. J. Gorter). Die Ordnung besteht nach H. Fröhlich sowie J. Bardeen, L. N. Cooper und J. R. Schrieffer [18, 19] in der Bindung von je zwei Elektronen der Fermioberfläche zu „Cooperpaaren", wobei die Bindungsenergie von der Gitterverzerrung durch die Elektronen herrührt, was man als Übergang eines virtuellen Phonons zwischen ihnen auffassen kann (ebenso wie man die Coulombsche Bindung durch ein virtuelles Photon deuten kann). Infolgedessen ist die Ausdehnung der Paare wesentlich größer als 10^{-7} cm, die Reichweite der Coulombkräfte. So entsteht zwischen gebundenen und nicht gebundenen Elektronen eine Energielücke von der Größe $\Delta\varepsilon = kT_c \approx 10^{-4}$ eV. Am größten ist sie, wenn das Paar den Gesamtimpuls Null besitzt. Der Zusatzimpuls des Suprastroms muß für beide Elektronen des Paares der gleiche sein, daher fließt die Energielücke mit diesem Strom mit, und man erkennt, daß eine Störungsenergie ihn nur dann beeinflussen kann, wenn sie größer als die Bindungsenergie des Paares, d.h. als die Lücke ist. So sind die Paare Träger von widerstandslosen Strömen.

5*

Die Umwandlung 2. Ordnung kommt wie in 2.3. dadurch zustande, daß die Energielücke mit zunehmender Temperatur und somit abnehmender Zahl der Paare bis auf Null abnimmt.

Der Zweiflüssigkeitshypothese entsprechend ist in der Maxwellschen Gleichung

$$\text{rot}\,\boldsymbol{H} = \frac{1}{c}\left(\frac{\partial \boldsymbol{E}}{\partial t} + 4\,\pi\,j\right) \tag{I}$$

die Stromdichte j als eine Summe $j_s + j_n$ anzusetzen, weiter ist im Suprazustand $\boldsymbol{H} = -\,4\,\pi\boldsymbol{J}$. Für den Normalstrom hat man $j_s = \sigma\boldsymbol{E}$, also nach 1.6. eine mit dem Auftreten Joulescher Wärme verknüpfte schleichende Bewegung der Elektronen. Dagegen wird

$$j_s = -\,\frac{1}{c}\,\text{rot}\,\boldsymbol{J},$$

und wenn man damit den Energiesatz formuliert, so erhält man eine nicht dissipierende Energiedichte $\dfrac{1}{c}\,j_s^2$. Außer den auch hier geltenden Gleichungen (mit $\varepsilon = 1$):

$$\text{rot}\,\boldsymbol{E} = -\,\frac{1}{c}\,\frac{\partial \boldsymbol{B}}{\partial t}, \tag{II}$$

$$\text{div}\,\boldsymbol{B} = 0, \tag{III}$$

$$\text{div}\,\boldsymbol{E} = 4\,\pi\,(\varrho_n + \varrho_s), \tag{IV}$$

$$\text{div}\,j_s = -\,\frac{\partial \varrho_s}{\partial t}\,; \quad \text{div}\,j_n = -\,\frac{\partial \varrho_n}{\partial t} \tag{V}$$

braucht man noch eine Beziehung für j_s. Man erhält sie nach F. und H. London durch Anwendung des Newtonschen Grundgesetzes auf den Ladungsträger des Suprastroms mit der Ladung e_s und der effektiven Masse m_s:

$$m_s\,\dot{\boldsymbol{v}} = e_s\boldsymbol{E}.$$

Wenn N_s die Zahl der Träger des Suprastroms je Volumeinheit ist, wird

$$j_s = N_s e_s \boldsymbol{v}_s,$$

und man erhält die „erste Londonsche Gleichung":

$$\frac{\partial}{\partial t}\,(\Lambda\,j_s) = \boldsymbol{E}, \tag{VI}$$

wo die Materialgröße $\Lambda = \dfrac{m_s}{N_s e_2^s}$. Durch Einsetzen in II ergibt sich die „zweite Londonsche Gleichung", bei der außerdem beachtet ist, daß für $j_s = 0$ auch $\boldsymbol{B} = 0$:

$$\text{rot}\,(\Lambda\,j_s) = -\,\frac{1}{c}\,\boldsymbol{B}. \tag{VII}$$

Schließlich wird hier die Magnetisierung J ganz auf die Supraströme j_s zurückgeführt, damit werden die rein magnetischen Größen B und H gleich, also wird $\mu = 1$ gesetzt.

Als erste Anwendung berechnen wir im stationären Fall (also $E = 0$) das Eindringen des Feldes in die Oberfläche einer ebenen Platte, deren Normale die z-Richtung sei, während H ebenso wie im Außenraum (Randbedingung $H_{ya} = H_y$) nur eine y-Komponente habe. Aus I und VII ergibt sich mit III:

$$\operatorname{rot}\operatorname{rot}\boldsymbol{H} = \varDelta\,\boldsymbol{H} + \operatorname{grad}\operatorname{div}\boldsymbol{H} = \varDelta\,\boldsymbol{H} = -\frac{4\,\pi}{c^2\varLambda}\,\boldsymbol{H} = -\frac{1}{\lambda^2}\,\boldsymbol{H}.$$

Die Lösung für den angegebenen Spezialfall ist:

$$\boldsymbol{H}_y = \boldsymbol{H}_{ya}\,e^{-z/\lambda}\,;\qquad j_x = -\frac{c}{4\,\pi}\,\frac{\partial\,\boldsymbol{H}_y}{\partial\,z} = \frac{\lambda\,c}{4\,\pi}\,\boldsymbol{H}_{ya}\,e^{-z/\lambda}.$$

$\lambda = \sqrt{\dfrac{\varLambda}{4\,\pi}}$ ist also die Eindringtiefe. Sie geht gegen Unendlich für $|\boldsymbol{H}| = H_c$. $\lambda(0)$ ist für Al 490, Cd 1360, In 640, Pb 390 Å.

Zweitens erhalten wir durch Integration von II und VII und Anwendung des Stokesschen Satzes für eine Kurve C, die eine normalleitende Röhre in einem Supraleiter umgibt, aber selbst im Supraleiter verläuft (wobei F die von C eingeschlossene Fläche sei):

$$\frac{\mathrm{d}}{\mathrm{d}t}\int_F \boldsymbol{H}\,\mathrm{d}f = -c\oint_C \boldsymbol{E}\,\mathrm{d}s = -c\,\frac{\mathrm{d}}{\mathrm{d}t}\oint \varLambda j_s\,\mathrm{d}s.$$

Somit ist die Fluxoid genannte Größe

$$\varPhi' = \int_F \boldsymbol{H}\,\mathrm{d}f + c\oint_C \varLambda j_s\,\mathrm{d}s = \varPhi + c\oint \varLambda j_s\,\mathrm{d}s$$

zeitlich konstant. Verändert werden kann sie durch „Flux trapping“, d.h. Erwärmen über T_c, Erzeugen eines Flusses $\varPhi$ und Wiederabkühlen, oder auch, in irreversiblen Supraleitern, durch magnetische Wechselfelder.

Als sie dies an supraleitenden Röhren von $10\,\mu$ Durchmesser ausführten, fanden B. S. Deaver und W. M. Fairbank sowie R. Doll und M. Näbauer, daß $\varPhi'$ gequantelt ist. Wenn man durch $\boldsymbol{H} = \operatorname{rot}\boldsymbol{A}$ ein Vektorpotential einführt, dann ist $\boldsymbol{p} = m_s\boldsymbol{v}_s + e_s\boldsymbol{A}/c$ der kanonische Impuls des Teilchens mit der Masse m_s und der Ladung e_s, und nach Bohr und Sommerfeld gilt die Quantenbedingung ($n = 0, 1, 2 \ldots$):

$$\oint \boldsymbol{p}\,\mathrm{d}s = \frac{e_s}{c}\oint\left(\boldsymbol{A} + \frac{m_s c}{N_s e_s^2}\,N_s\boldsymbol{v}_s e_s\right)\mathrm{d}s = \frac{e_s}{c}\,\varPhi' = n\,h.$$

Somit ist

$$\varPhi' = \frac{n\,h\,c}{e_s} = n\,\varphi_0.$$

Für das Quant des Fluxoids ergab sich experimentell

$$\varphi_0 = 2 \cdot 10^{-7} \text{ Gauß cm}^2 ,$$

woraus folgt, daß e_s zwei Elektronenladungen beträgt.

Das dritte Beispiel sei der in Abb. 29 dargestellte „Transformator" nach J. BARDEEN. Für die Gesamtflüsse durch die beiden Röhren mit den Flächen F_1 und F_2 gilt:

$$\Phi_1 + \Phi_2 = \text{const}\,(t) = 0 .$$

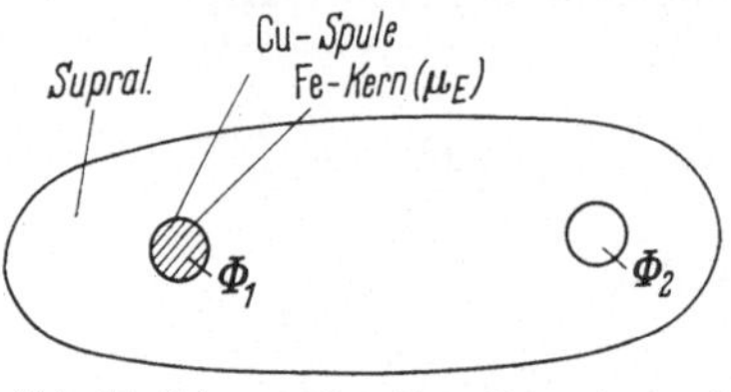

Abb. 29. Schema eines Transformators mit Supraleiter.

Aus I ergibt sich bekanntlich $\Phi = \mu SF$, wo S die umschlungene Stromstärke ist. Also mit $\mu_s = 1$, dagegen sehr großem μ_E:

$$F_2 S_s + \mu_E F_1 (S_1 + S_2) = 0 .$$

Somit $S_s \approx - S_1$.

Die Londonschen Gleichungen versagen für Felder in der Nähe von H_c und kritische Stromstärken, weil die dann auftretenden „Zwischenzustände", in denen supra- und normalleitende Gebiete aneinandergrenzen, nicht mehr widerspruchsfrei darstellbar sind. Sie gelten aber genauer für Supraleiter II. Art als für solche I. Art.

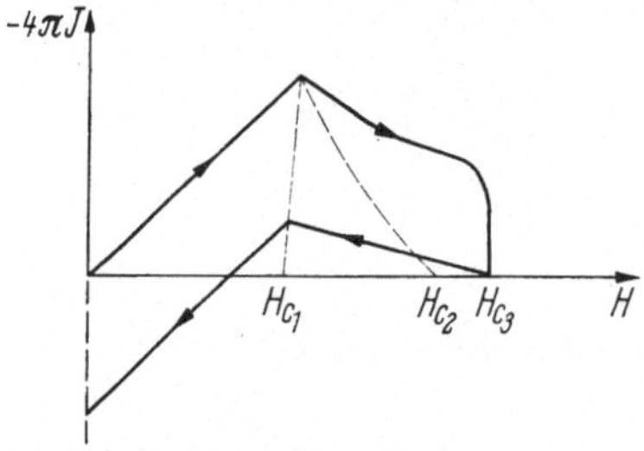

Die Verhältnisse in Supraleitern II. Art werden meist in der schon oben gebrauchten summarischen Weise dargestellt. Dann ist auch bei ihnen wie in solchen I. Art bis zu einer Feldstärke $H = H_{c1}$ die Induktion $B = 0$, $4\pi J = - H$, also $\mu = 0$ zu setzen. Von da ab sinkt aber J nur langsam ab und wird Null erst bei einer wesentlich höheren Feldstärke H_{c2}. Dies gilt zunächst nur für „weiche" Supraleiter

Abb. 30. Magnetisierungskurve von Supraleitern II. Art. Gestrichelt die reversible Kurve eines weichen, ausgezogen die irreversible eines harten Leiters.

II. Art. Wenn Gitterbaufehler, vor allem Versetzungen vorhanden sind, bekommt man irreversible mit Hysterese behaftete Kurven nach Abb. 30, die außerordentlich von Einzelheiten im Aufbau, auch von der Größe, Form und Orientierung des Präparats abhängen.

Wie sich zeigt und wie man nach dem Verfahren von H. TRÄUBLE und U. ESSMANN [21] im Elektronenmikroskop direkt sehen kann, liegt oberhalb H_{c1} ein „Mischzustand" vor, bei dem das Feld H tief in den Supraleiter eindringt. Um dies zu erklären, hat A. B. PIPPARD eine „Kohärenzlänge" ξ eingeführt, innerhalb der die Cooperpaare sich noch gegenseitig stabilisieren. Dabei ist $\xi \Delta p \approx \hbar$, $\Delta p = kT/v_F$ (v_F die Elektronengeschwindigkeit an der Fermigrenze). ξ ist für Pb 1500, für

Sn 2300 und für Al 16 500 Å. Solange $\varkappa = \lambda/\xi$ kleiner als 0,77 ist, hat man einen Supraleiter I. Art, größere $\varkappa$ machen den Supraleiter II. Art aus. Nach V. L. GINZBURG und L. D. LANDAU [18] ist genauer $\varkappa = \dfrac{\sqrt{2}\,e_s}{\hbar c}$. $H_c \lambda_0^2 = \dfrac{0,96\,\lambda_0}{\xi}$ (λ_0 Grenzwert von λ für $H = 0$) gleich dem Verhältnis der zwei Flußquanten $\sqrt{2}\,2\pi\,H_c \lambda_0^2$ und φ_0. Mit abnehmender Temperatur nimmt $\varkappa$ langsam, etwa um den Faktor 1,3 zu, während φ_0 unabhängig von T ist. In Legierungen erhält $\varkappa$ einen positiven Zusatz, der proportional dem spezifischen Zusatzwiderstand ist und der zur Folge hat, daß Legierungen und intermetallische Verbindungen meist Supraleiter II. Art sind.

Nach A. A. ABRIKOSOV enthält der Mischzustand mehr oder weniger gleichmäßig verteilte „Vortexlinien", d. h. normalleitende zylindrische Röhren in Richtung von H vom Durchmesser $\approx \xi$, die von einem nach außen abnehmenden H umgeben sind und deren Fluxoid gequantelt ist. Bei $H_{c\,2}$ sind sie so dicht, daß sie überlappen. Die Störungsempfindlichkeit der Mischzustände rührt von einer im einzelnen noch wenig bekannten Wechselwirkung zwischen diesen Flußlinien und den Versetzungslinien sowie von Keimbildungsschwierigkeiten der Flußlinien. Erzeugt man in einem weichen Supraleiter II. Art, in dem die Flußlinien nicht durch die Versetzungen festgehalten werden, Ströme, deren äußeres Feld den Betrag H_{c1} übersteigt, so ziehen sich die den ringförmigen Feldlinien entsprechenden Flußlinienringe nach innen zu ständig zusammen und lösen sich im Kern des Supraleiters auf, wobei die dem Übergang vom Supra- zum Normalzustand entsprechende Wärmetönung auftritt. Dieses „Flußkriechen", das einen endlichen Widerstand hervorruft, wird in harten Supraleitern durch die Kräfte zwischen Versetzungen und Flußlinien verhindert. Man nennt kritischen Zustand das mechanische Gleichgewicht dieser Kräfte mit der die Bewegung der Flußlinien hervorrufenden Lorentzkraft. Allerdings wird bei $T > 0$ auch dieser kritische Zustand durch thermisch aktiviertes Kriechen langsam abgebaut.

Literatur

[1] Handbuch der Physik, Bd. VII, 1. Berlin/Göttingen/Heidelberg: Springer 1955.

[2] WEIBKE, F., u. O. KUBASCHEWSKI: Thermodynamik der Legierungen. Berlin: Springer 1943.

[3] GUGGENHEIM, F. A.: Mixtures, Oxford 1952.

[4] KRIVOGLAZ, M. A., u. A. SMIRNOW: The Theory of Order-Disorder. London 1964.

[5] MUTO, T.: Solid State Phys. 1, 3 (1955) [Atomverteilung].

[6] BRANDENBERGER, E.: Allgemeine Metallkde. München/Basel 1952.

[7] BAUR, R., u. V. GEROLD: Z. Metallkde. 52, 671 (1961); 57, 275 (1966) [Ausscheidung].

[8] GOMBAS, P.: Statistische Theorie des Atoms. Wien 1949.

[9] SCHÜRMANN, E., u. A. KANNE: Z. Metallkde. 56, 575 (1965) [Thermodyn. der Mischungslücken].

[10] Robinson, P. M., u. M. B. Bever: Trans. AIME **236**, 814 (1966) [Calorimetrie von Verbindungen].

[11] Gleiter, H., u. E. Hornbogen: Phys. stat. sol. **12**, 251 (1965) [Ni_3Al].

[12] Gibson, J. B.: J. Phys. Chem. Solids **1**, 27 (1956) [Widerstand von Nahordnungen].

[13] Vgl. [10] von Kapitel 1.

[14] Leibfried, G., u. W. Brenig: Z. Phys. **134**, 451 (1953) [Spez. Wärme].

[15] Dehlinger, U.: Z. Metallkde. **53**, 577 (1962) [Widerstand in Mischkrist.]

[16] Tachiki, M., u. K. Teramoto: J. Phys. Chem. Solids **27**, 335 (1966) [$AuCu_{II}$].

[17] Belov, K. P., R. Z. Levitin u. S. A. Nikitin: Sov. Phys. Uspekhi **7**, 179 (1964) [Dy].

[18] Gauster, W. F., G. D. Cody u. B. Mühlschlegel: Bericht Physikertagung Düsseldorf, Köln 1964 [Supraleitung].

[19] Bardeen, J., u. J. R. Schrieffer: Progr. in Low Temp. Phys. **3**, 170 (1961) [Supraleitung].

[20] Nembach, E.: Phys. stat. sol. **13**, 543 (1966) [Supral. von Nb].

[21] Träuble, H., u. U. Essmann: Phys. stat. sol. **18**, 813 (1966); **20**, 95 (1967) [Elektronenmikr. von Supraleitern].

[22] Bross, H.: Phys. Kondens. Mat. **3**, 119 (1964) [Kopplungskonstanten].

3. Kristallchemie

3.1. Kristallchemische Kennzeichen der Strukturen

Die Anisotropie der kristallinen Materie wird eingeschränkt durch die die einzelne Gitterstruktur, oft sogar ihre Bausteine kennzeichnende Symmetrie des Kristalls, die Gesamtheit der Symmetrieoperationen, welche „identische", d.h. gleiche Eigenschaften zeigende Richtungen ineinander überführen (zwei-, drei-, vier- und sechszählige Drehachsen, Spiegelebenen und Inversionszentren). Es gibt nur 32 mögliche Kombinationen dieser Operatoren, die man Punktgruppen nennt, da sie dem punktförmig gedachten Kristall oder den Einzelpunkten seines Gitters sowie den dort sitzenden Atomen zukommen. Entsprechend der Grundzellenform ordnet man die Punktgruppen sieben Kristallsystemen zu (kubisch, tetragonal, hexagonal, rhomboedrisch, orthorhombisch, monoklin und triklin).

Man kann nun weitergehend auch die vom Gitter zugelassenen Translationen als Operatoren betrachten und mit den obigen kombinieren, wobei man noch Schraubenachsen und Gleitspiegelebenen zufügen und die Symmetrieelemente an Gitterpunkten lokalisieren muß (vgl. Abb. 31). So erhält man 230 mögliche „Raumgruppen", deren Operationen, immer wiederholt, aus wenigen, mit Atomen besetzten Punkten das unendliche Gitter herstellen. Sie, und nicht die Punktgruppe allein, charakterisieren die aus einem einzigen Punkt ableitbaren Bravaisgitter, deren es danach 14 verschiedene gibt: das einfach kubische, hexagonale, tetragonale, rhombische, monokline und trikline (mit P bezeichnet), das raumzentriert kubische, tetragonale und rhombische (J), das allseitig flächenzentriert kubische und rhombische (F), das einfach rhomboedrische (R) und das basiszentrierte monokline und rhombische Gitter (C).

Vielfach wichtiger als die Symmetrie sind die im folgenden zu beschreibenden Koordinationsverhältnisse. Insel nennt man einen mehrere Atome umfassenden Bezirk des Kristalls, der dadurch definiert ist, daß die Abstände benachbarter Atome in seinem Innern kleiner sind als jeder Abstand von Insel zu Insel.

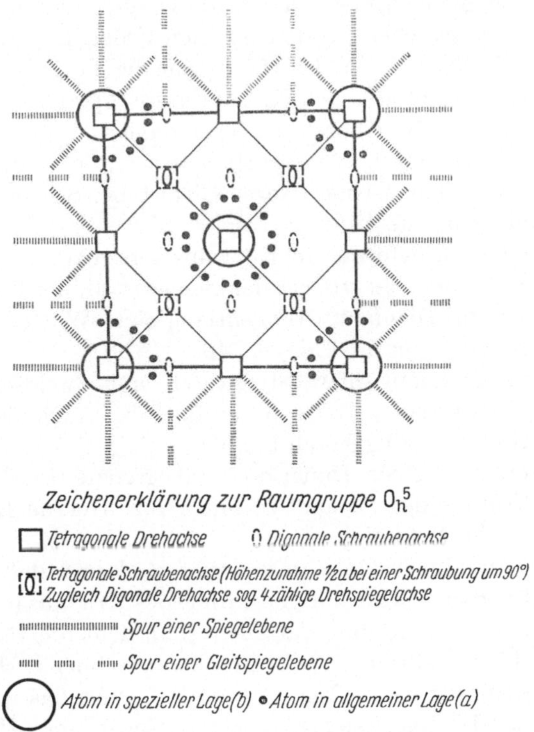

Abb. 31. Symmetrieelemente und die von ihnen vervielfältigten speziellen und allgemeinen Punktlagen einer kubisch-holoedrischen Raumgruppe (nach P. NIGGLI).

Gitter, deren kleinste Insel den ganzen Kristall umfaßt, nennt man Koordinationsgitter. Es muß dann jedes Atom gleicher Art von mehreren Nachbarn in gleichem Abstand umgeben sein. Ihr wichtigstes Kennzeichen sind die Koordinationszahlen z, d.h. die Anzahl der nächsten Nachbarn gleicher und verschiedener Art. Zum Beispiel ist im kubisch raumzentrierten Gitter $z = 8$, ebenso groß ist z in der CuZn-Struktur.

Spezielle Koordinationsgitter sind die dichtesten Packungen von Kugeln mit gleichem Radius. In einer Ebene (der „dichtest belegten") bilden deren Mittelpunkte stets ein Netz von regulären Sechsecken. Eine zweite ebensolche Ebene kann über die Lücken der ersten gestapelt werden. Für die dritte Schicht gibt es nun zwei Möglichkeiten: senkrecht über der ersten oder aber senkrecht über den von der zweiten Schicht nicht bedeckten Lücken der ersten, so daß die Mittelpunkte der zweiten Lage Symmetriezentren sind. Die beiden „Stapelfolgen" werden dargestellt durch $ABAB$ bzw. $ABCABC$. Die erste ist nur mit hexagonaler Grundzelle zu beschreiben, die zweite hat kubische Symmetrie (fl. k. G.), wobei der hexagonalen „Basisebene" (00.1) die kubischen „Oktaederebenen" {111} entsprechen. In den seltenen Erden La, Pr, Nd sowie in Am herrscht die Stapelfolge $ABAC$, in Sm die Folge $ABABCBCAC$. Analoge „Stapelvarianten" nach K. Schubert [1] gibt es auch bei komplizierteren Typen, z. B. gehören die hexagonalen $MgZn_2$ und $MgNi_2$ zu dem kubischen Typ $MgCu_2$. „Verwerfungsvarianten" entstehen in ähnlicher Weise durch Translation ganzer Gitterteile. So entsteht z. B. der Typ $TiAl_3$ und $ZrAl_3$ aus $AuCu_3$.

Häufig sind auch deformierte Koordinationsgitter, z. B. hexagonale Kugelpackungen, deren c/a größer oder kleiner ist als der Idealwert 1,633. Durch Stauchen des Diamantgitters entlang einer Würfelkante entsteht das Gitter des weißen Sn mit $c/a = 0{,}546$.

Schichtengitter nennt man Strukturen mit zweidimensional unbegrenzten ebenen Inseln, z. B. Graphit und MoS_2. Auch die hexagonalen Zn und Cd mit $c/a = 1{,}89$ gehören hierher.

Fadenförmige, in einer Dimension unbegrenzte Inseln besitzt die (kovalente) Struktur des Se und Te mit $z = 2$. Gerade Ketten der Ni sind ausgebildet im NiAs-Typ.

Inseln, die dreidimensional unbegrenzt sind und daher ein gitterartiges Gerüst bilden, das die übrigen Atome des Kristalls in regelmäßiger oder aufgelockerter Anordnung umgeben, sind nicht nur für die Silikate, sondern auch für metallische Strukturen kennzeichnend. Hierher gehört das Diamantgitter der Cu im $MgCu_2$ nach F. Laves, das von den Tetraedersternen nach K. Schubert [1] gebildete Gerüst im α-Mn, Cr_3Si usw.

Allseitig begrenzte Inseln treten auf in den Molekülgittern, aber auch in metallischen Stoffen. Zum Beispiel bilden im Karbid CaC_2 die C_2 Paare (Abstand 2,8 Å). Im Gitter des Elements Ga bildet ein Teil der Atome solche molekülartigen Paare, der Diamagnetismus des Ga zeigt die Spinabsättigung in diesen Paaren.

Neben den Koordinationszahlen kennzeichnet die Raumerfüllungszahl Φ die Strukturen [8]. Man versteht darunter das Verhältnis des Raums, der von den als Kugeln betrachteten Atomen eingenommen wird, zum ganzen Volumen der Grundzelle. Φ ist eine Funktion der Atomradien und hat für einen bestimmten Gittertyp bei gewissen Radienverhältnissen ein Maximum. Dieser optimale Wert ist für exakte dichteste Kugelpackungen 0,74, dagegen nur 0,60, wenn das hexagonale

Achsenverhältnis $c/a = 1{,}60$ ist (z.B. Tl), wenn $c/a = 1{,}856$ (Zn), ist $\Phi_{\max}$ nur 0,65, für As 0,38, für das raumzentrierte kubische Gitter 0,685, für das Diamantgitter 0,34. Für die Lavesphasen ist $\Phi_{\max} = 0{,}71$, für NiAs bei $c/a = 1{,}632$ wird $\Phi_{\max} = 0{,}796$, also größer als in dichtesten Kugelpackungen der Elemente.

Allerdings könnte nach G. R. SCHULZE [11, 12] das in 1.2. erwähnte Prinzip, wonach in Metallstrukturen eine hohe Packungsdichte energetisch bevorzugt ist, nur dann auf die Raumerfüllungszahl angewandt werden, wenn die Atome sich wie starre Kugeln verhalten würden. Es zeigt sich hier, daß man mit rein geometrisch definierten Begriffen in der Kristallchemie keine auch nur nahezu eindeutigen Aussagen machen kann. Daher hat SCHULZE die Bindungszahl z_b definiert, das ist eine mit Gewichten, die einem Bindungspotential entnommen sind, versehene Summe über die Koordinationszahlen aller Sphären i:

$$z_b = \sum i\, z_i \frac{e\,(r_i)}{e\,(r_1)}\,.$$

Als Potential der bindenden Kraft eines Atoms auf ein anderes im Abstand r wird folgender isotroper Ansatz gemacht, der aus einem exponentiellen Faktor nach M. BORN und A. J. MAYER sowie dem Beginn einer Potenzreihe in r besteht:

$$e\,(r) = -\,C\,[1 + b\,(r - r_0)]\,e^{-b(r - r_0)}\,.$$

Darin ist r_0 der Gleichgewichtsabstand (näherungsweise der doppelte Atomradius) und b eine Konstante, die von VARSHNI und BLOORE [10] aus Kompressibilität und Wärmeausdehnung zahlenmäßig bestimmt wurde.

Wie man sieht, ist dann die Bildungswärme des Gitters als Funktion der Gitterkonstanten proportional $z_b e\,(r_1)$. Durch Minimalisieren erhält man die Gleichgewichtskonstante und -energie in der dem Potentialansatz entsprechenden Näherung. Die numerische Berechnung zeigte nach G. E. R. SCHULZE [12] in der Tat, daß die „weichen" Atome Rb, Na, Cs, K, für die $b r_0$ etwa 4,6 beträgt, im rz.k. Gitter eine etwa um 5% größere Bildungswärme ergeben als im fl.k. Gitter. Für Ba mit $b r_0 = 5{,}1$ sind beide Beträge nahezu gleich, für Ca, Sr, Al, Cu, Fe, Ni, Ag, Cr, W, Pb, Mo mit $b r_0 = 5{,}2\text{--}6{,}3$ sind die des fl.k. Gitter um 0,1–1% größer. (Die Stabilität des rz.k. G. bei Cr, W, Mo ist also zweifellos auf die Spinabsättigung der d-Elektronen nach 1.3. zurückzuführen).

Besonders bemerkenswert ist ein weiteres Ergebnis der Zahlenrechnung: Das aus der Gleichgewichtskonstanten zu bestimmende Dichteverhältnis der beiden Gitter ergibt sich als innerhalb der Fehlergrenzen unabhängig von $b r_0$ gleich eins. Damit übereinstimmend ändert sich bei der entsprechenden Umwandlung β–γ-Fe die Dichte um weniger als 1%, dagegen der Atomabstand um 2,5%.

Auch in Legierungen zeigt sich letzten Endes, daß diejenige geometrische Größe, die der resultierenden Bildungswärme am nächsten steht, das von G. E. R. Schulze definierte Volumverhältnis ist:

$$\varphi = \frac{c_A v_A + c_B v_B}{v_{\text{Leg}}}.$$

Die hierbei in Frage kommenden Volumina je Atom v_A der metallischen Elemente sind in Tab. 2 aufgeführt.

In Mischkristallen mit regelloser Verteilung und Strukturen, die auch bei Elementen vorkommen, scheint meist nur der Größeneinfluß auf das Volumen einzuwirken. Er ist eine Folge der „Auflockerung des Mischkristalls" und abhängig von dem Verhältnis v_A/v_B. An den Grenzen $v_A/v_B = 0{,}6$ bzw. $1{,}5$, wo erfahrungsgemäß der Größeneinfluß den Mischkristall instabil macht, wird das maximale $\varphi \approx 0{,}9$. Dagegen ist in intermetallischen Verbindungen infolge der dort wirkenden legierungsbildenden Kräfte meist eine Kontraktion ($\varphi > 1$) vorhanden, die in einer Heteropolarität wie auch in einer Lokalisierung der Elektronen (1.6.) ihre Ursache haben kann.

Als kristallchemische Kennzeichen des k. rz. Gitters sind auch anzusehen einmal die in 2.4. erwähnte erhöhte Schwingungsfähigkeit der $[1\bar{1}0],(110)$-Scherungen. Sie vergrößert die Entropie und trägt zu einem Teil zu der Stabilität der k. rz. Modifikationen bei den Alkalimetallen bei. Bei den Übergangsmetallen ist ein weiteres Kennzeichen dieses Gitters wichtig, die in 1.5. erwähnte Möglichkeit, eine Verteilung zweier entgegengesetzter Spinrichtungen so zu bilden, daß jedes Atom mit +- von lauter —-Spins in erster Sphäre umgeben ist.

3.2. Die Grenze zwischen metallischer und kovalenter Bindung

Vollkommen kovalent gebunden ist ein Stoff, wenn er bei $T = 0$ und stöchiometrischer Zusammensetzung (d.h. ohne Dotierung) ein Isolator ist. Nach 1.3. müssen dazu alle Spins nächster Nachbarn im Gitter gegenseitig abgesättigt sein (auch die hier nicht zu erörternde vollkommene Ionenbindung ebenso wie die Van-der-Waals-Bindung fordern eine solche Absättigung, in diesen Fällen innerhalb der Ionen bzw. Atome selbst). Daher muß die Koordinationszahl bestimmten, durch die kovalenten Wertigkeiten gegebenen Valenzgesetzen gehorchen, deren einfachstes beim Diamant (vgl. 1.3.) gilt. Im Bereich der Elemente sind immer s- und p-Elektronen beteiligt, die nach 1.3. höchstens sechs Bindungsstriche je Atom im Sinn des tight binding betätigen und mit entgegengesetzten Spins absättigen können. Daher ist bei kovalent gebundenen Elementen eine Koordinationszahl von höchstens sechs zu erwarten.

In dem periodischen System Tab. 3 ist die empirische Grenze eingetragen zwischen metallisch leitenden Elementen und solchen, die Isolatoren bzw. elektronische Halbleiter sind. Die „Halbmetalle" As, Sb, Bi, deren Koordinationszahl näherungsweise sechs, genauer drei ist, sind dabei als Halbleiter mit verschwindender verbotener Zone zu betrachten. Auf der Grenze liegt Sn, das eine kovalente Modifikation mit Diamantstruktur (graues α-Sn) und eine metallische, bei höherer Temperatur stabile, mit $z = 6$ besitzt. Ebenso hat C außer der Diamantstruktur die des Graphits, die drei kovalente Bindungsstriche mit einei stark anisotropen metallischen Leitfähigkeit kombiniert. Wie man aus Tab. 3 sieht, wird die kovalente Bindung durch eine größere Zahl von s–p-Elektronen je Atom und durch eine größere Hauptquantenzahl begünstigt. Das letztere hängt zweifellos mit der Schärfe der in 1.3. beschriebenen Vorzugsrichtungen in aus s und p kombinierten Funktionen, die mit zunehmender Hauptquantenzahl der Funktionen stark abnimmt, zusammen.

Auch in den Strukturen der Elemente ist die scharfe Grenze der Tab. 3 ausgeprägt. Alle bekannten Strukturen kovalenter Elemente haben eine Koordinationszahl kleiner als sechs. Bei den metallischen Elementen dagegen überwiegen die dichtesten Kugelpackungen. Allerdings haben die Alkalimetalle bei Normaltemperatur durchweg rz. k. Gitter, Li und Na gehen aber bei sehr tiefen Temperaturen in eine hexagonale Kugelpakkung über, Sr wird fl. k. Ausschließlich rz. k. sind K, Ba, V, Nb, Ta, Cr, M, W, ausschließlich fl. k. Ca, Sr, Rh, Ir, Ni, Pd, Pt, Cu, Ag, Au, Al, Pb. Metallische Strukturen mit mehr oder weniger starker Inselbildung (Distortion) haben Mn, Zn, Cd, Hg, Ga (Struktur mit Paaren und anomal tiefem Schmelzpunkt) und In. Bei Be wurde außer der hexagonalen eine dicht unter dem Schmelzpunkt stabile k. rz. Modifikation gefunden.

Im Gegensatz zu den Elementen kann man bei Verbindungen die Strukturen nicht eindeutig der kovalenten oder metallischen Bindung zuordnen, in vielen Strukturen kristallisieren sowohl metallische wie halbleitende Verbindungen. Wie komplex die Verhältnisse sein können, zeigt das Beispiel [20] des kubischen Ce_2S_3, dessen Homogenitätsbereich sich bis Ce_3S_4 ausdehnt und dessen Koordinationszahlen und Atomabstände für eine stark heteropolare Bindung sprechen. Nach Suszeptibilitätsmessungen ist das Ce stets dreifach positiv ionisiert und sein Elektronenzustand $(4f)^1$. Genaue Dichtemessungen zeigen, daß im Teilgitter des Ce Leerstellen (mit V bezeichnet) auftreten, sobald die Zusammensetzung von Ce_3S_4 abweicht. Um elektrische Neutralität herzustellen, müssen dann überschüssige Elektronen vorhanden sein, die ein metallisches Leitungsband, ursprünglich aus $5d$-Elektronen des Ce, besetzen und eine metallische, d.h. mit T abnehmende Leitfähigkeit erzeugen. Formelmäßig ist also $Ce^{3+}_{3-x} V_x S^{2-}_4 e^-_{1-3x}$ zu schreiben. Für $x = 1/3$ besteht in der Tat keine metallische, sondern eine mit T zunehmende Leitfähigkeit. Die $(4f)^1$-Elektronen des Ce sättigen somit ihre Spins gegenseitig ab, nach 1.3. wohl wegen des großen Ce-Abstands.

Ähnlich wie die 5d-Elektronen des Ce, können auch 3 d-Elektronen von Übergangsmetallen ein Leitungsband bilden. Zum Beispiel ist TiC, ebenso das kubische Sc_2O_3 metallisch leitend. Verbindungen mit NiAs-Struktur sind so lange metallisch, wie $c/a < 1,63$ bleibt. Dagegen ist das hierher gehörende FeS mit $c/a = 1,67$ nach W. B. PEARSON [4] ein Halbleiter. Die komplexen Oxide der Übergangsmetalle sind im allgemeinen nicht metallisch leitend, so die Ferroelektrika, z.B. $BaTiO_3$ (dagegen ist $SrTiO_3$ mit Ti dotiert metallisch supraleitend bis 0,25 °K), ebenso die oft ferromagnetischen (genauer ferrimagnetischen) Ferrite mit Spinellstruktur, z.B. die Reihe $NiMn_2O_4$–Mn_3O_4. (Wenn aber durch Substitution regellos eingebauter Atome kleinerer Valenz sog. Löcher im Valenzband entstehen, d. h. Valenzelektronen zur Absättigung aller Spins fehlen, tritt metallische „Löcherleitung" auf, z.B. in $Fe^{3+}[Fe^{3+}Ni^{2+}]O_4^{2+}$.) Auch das Sulfid MoS_2 ist ein Halbleiter und diamagnetisch. Daher sind auch durchsichtige Ferromagnetika möglich.

Wenn die Verbindungen keine Übergangsmetalle oder Atome der seltenen Erden enthalten, gilt die sehr wichtige, bisher gut bestätigte Regel von F. HULLIGER und E. MOOSER [9]. Sie geht davon aus, daß sich in Verbindungen mit s- und p-Valenzelektronen stets, wenn auch nur formal, Anionen und Kationen unterscheiden lassen. Dann heißt die Regel, daß nichtmetallische Bindung, d.h. die Eigenschaft eines elektronischen Halbleiters, dann und nur dann auftritt, wenn die Gleichung erfüllt ist:

$$\frac{n_e}{N_a} - \frac{N_c}{N_a} b_c + b_a = 8 \,(\text{bzw. } 2)\,.$$

Darin ist n_e die gesamte Zahl aller an der Bindung beteiligten Elektronen, N_a die Zahl der Anionen, b_c und b_a die mittlere Zahl direkter Bindungen von Kationen an Kationen bzw. Anionen an Anionen, N_c die Zahl der Kationen. In Hydriden, Auriden und Platiniden, wo nur s-Elektronen beteiligt sind, ist 8 durch 2 zu ersetzen.

Das einfachste Beispiel einer solchen vollkommen kovalenten Bindung sind die der Regel von R. BRILL und A. SOMMERFELD folgenden Stoffe mit Diamant- und Zinkblendestruktur, wo (je Atom) $n_e = 4$, $N_a = 1/2$, $b_c = b_a = 0$ ist. Auch $GeAs_2$ (ebenso $SiAs_2$) gehört hierher, hier ist jedes Ge von 4 As tetraedrisch umgeben, die Hälfte der As hat 3 Ge-Nachbarn, die übrigen haben nur ein Ge und 2 As in kürzestem Abstand. Somit ist $b_c = 0$, $b_a = 1$ (je Formel), $N_a = 2$, $n_e = 4 + 2,5$, wodurch die Regel erfüllt ist. Ebenfalls halbleitend sind GeAs, SiAs, weiter HgCl, HgBr, HgJ, deren Struktur Inseln Cl–Hg–Hg–Cl enthält, die Sulfide PS, BaS, die Karbide Be_2C, CaC_2 (woraus $b_a = 3$ also eine Dreifachbindung innerhalb der Insel C_2 folgt), ebenso das Aurid CsAu mit CsCl-Struktur.

Unter Zintlphasen versteht man meist die valenzmäßig zusammengesetzten, stark heteropolaren Verbindungen von Metallen. Sie sind grundsätzlich nichtmetallisch, z.B. die CaF_2-Strukturen von Mg_2Si, Mg_2Ge, Mg_2Sn (Mg_2Pb hat wie Bi eine unendlich kleine Bandlücke), ebenso Mg_3Bi, $CrSi_2$. Eine Fernordnung (Überstruktur) im fl. k. Gitter haben die halbleitenden Li_3Bi und Li_6MgPb.

Denselben Gittertyp besitzt das metallische, weil nicht valenzmäßig zusammengesetzte Li_3Pb. Das CdJ_2 mit Schichtengitter ist halbleitend, metallisch dagegen das gleich gebaute Ag_2F. Im CaF_2-Typ ist metallisch das gelbgefärbte $PtAl_2$ und das purpurfarbene $AuAl_2$, nicht dagegen UO_2. Das letztere kann unter Umladung überschüssige O in den $\frac{1}{2}$ 0 0-Lücken einbauen. Im metallischen $AuAl_2$ ist die Umladung wegen der Leitfähigkeit nicht möglich, daher existiert kein Homogenitätsbereich. Metallisch sind auch die folgenden, ebenfalls als stark heteropolar anzunehmenden Stoffe: LiBi und NaBi mit AuCu-Struktur, $SrBi_3$ und $BaBi_3$ mit kubischem Gitter, $CaPb_3$, $CaSn_3$, $NaPb_3$ mit $AuCu_3$-Struktur, NaTl, LiPb (mit bei tiefer Temperatur rhomboedrisch verzerrter NaCl-Struktur), BiTe mit NaCl-Struktur.

Die Boride der dreiwertigen Metalle, wie YB_6 sind metallisch, wahrscheinlich auch CaB_6. Die Leitfähigkeit einzelner Boride von Übergangsmetallen, wie TiB_2, ist größer als die des entsprechenden reinen Metalls, ebenso metallisch sind die Karbide der Übergangsmetalle, z.B. TiC.

Schließlich sind metallisch alle in 3.3. und 3.4. aufgezählten Stoffe.

3.3. Baugesetze metallischer Strukturen

Stoffe mit metallischer Bindung existieren im Dampfzustand gar nicht, in Schmelzen nur mit wenig ausgeprägter Struktur, die Legierungsgesetze müssen deshalb im Kristall studiert werden. Da auch Valenzregeln nicht in Frage kommen, versagen die meisten experimentellen und theoretischen Methoden der klassischen Chemie in der Legierungschemie. Hier verschmelzen die allgemein chemischen Probleme mit denen der Kristallchemie, so daß die Frage nach der stöchiometrischen Zusammensetzung einer Verbindung und die nach ihrem Kristallbau nicht mehr getrennt behandelt werden können. Ähnlich ist es z.B. bei den Silikaten. Während aber dort mit einigen wenigen Bauprinzipien auszukommen ist, überlagern sich in metallischen Mischphasen die allgemein metallische Bindung, die nach 1.2. und 3.1. hohe Packungsdichte anstrebt, und die in 1.6. aufgeführten sechs Wechselwirkungen zwischen Atomen verschiedener Art.

Die Aufgabe dieser Kristallchemie ist einmal die Konstitutionsanalyse an Hand der zweckentsprechend geordneten Strukturtypen, zweitens die Aufstellung von Legierungsklassen nach dem periodischen System, die voraussagen lassen, welche Strukturen von bestimmten Elementkombinationen gebildet werden. Trotz vieler Versuche sind zu den in 3.4.

aufgezählten, schon um 1930 erkannten Klassen keine neuen dazugekommen, weil die Variabilität auch der chemisch ähnlichen Elemente beim Eintritt in metallische Verbindungen komplizierteren Typs zu groß ist, um genügend eindeutige Abgrenzungen zuzulassen.

Die Konstitutionsanalyse wird hier erstmalig auf eine Unterscheidung zwischen Strukturen ohne Inseln, deren Verhältnisse meist einfacher sind, und solchen mit den sehr variablen Inseln begründet. Unter den ersteren sind zahlreiche „Überstrukturen" (Fernordnungen 2.3.), deren Bau für die Analyse der Bindung in Mischkristallen wichtig ist. Die Lokalisation der Elektronen in den Inseln nach 1.6. scheint empirisch eine hohe Koordination zu verlangen. Bemerkenswert ist auch, daß Ag im Unterschied zu Cu und Au nicht zur Inselbildung zu neigen scheint (es ist kein B-Atom in Lavesphasen und bildet keinen NiAs-Typ), vielleicht weil es angesichts seiner Härte zu wenig Bindungselektronen hergibt. Besonders gute Inselbilder sind die Übergangsmetalle. Erwünscht wäre eine gruppentheoretische Suche nach Prinzipien der Inselgeometrie, so wie sie für Lavesphasen vorliegt. Im folgenden sind nur die Strukturen aufgeführt, die einigermaßen verstanden werden können, im übrigen vgl. K. Schubert [1].

A. Strukturen ohne Inseln

a) $AuCu_3$, ebenso (vgl. 3.4. A) Au_3Cu, Au_3Pt, $CoPt_3$, Cu_3Pd, Cu_3Pt, Fe_3Pt, $FePt_3$, $MnNi_3$, $MnPt_3$, Mn_3Rh, Ni_3Pt sowie u.a. $AlNi_3$, Al_3U, $AlZn_3$, $CaPb_3$, $CeSn_3$, $NaPb_3$, Co_3V, $CrJr_3$, Cr_3Pt, $GaNi_3$, Ga_3U, Ge_3U, Hg_3Zr, $InPu_3$, Ni_3Si, Pt_3Sn, Pt_3Ti, $TiZn_3$, Tl_3U. Überstruktur im fl. k. Gitter. Jedes Au ist von 12 Cu umgeben. Da auch Au_3Cu vorkommt, ist eine allseitige und isotrope Anziehung zwischen Au und Cu anzunehmen, die meist auf Polarisation nach 1.6. zurückzuführen ist. Der Atomradienunterschied darf 10 % nicht überschreiten. In $AgZr_3$ und $CuTi_3$ ist die Struktur tetragonal gestaucht mit $c/a = 0{,}86$. $TiAl_3$ sowie $ZrAl_3$ können nach Schubert als Stapelvarianten der Struktur betrachtet werden.

b) AuCu, ebenso CoPt, FePd, FePt, NiPt sowie u.a. AgTi, CdPt, HgPt, HgZr, InMg, PdZn, NiZn. Tetragonal gestauchtes ($c/a = 0{,}83$ bis 0,99) k. fl. Gitter. Nur TiAl hat $c/a = 1{,}02$. Schichten von Cu- und Au-Atomen. Die ebenfalls hierher gehörenden LiBi, NaBi sind teilweise heteropolar, im übrigen ist eine auf Polarisation beruhende spezifische Anziehung zwischen Cu und Au anzunehmen, da jedes Cu 8 Au- und nur 4 Cu-Nachbarn hat.

Ähnlich die durch rhomboedrische Verzerrung (Rhomboederwinkel 90,9°) aus dem fl. k. Gitter entstandene Überstrukturphase CuPt, in der die Cu und Pt Schichten mit Sechseckeinteilung bilden.

c) CuZn, ebenso zahlreiche andere β-Hume-Rothery-Phasen, vgl. 3.4. Weiter die nach 1.6. heteropolaren AgLi, HgLi, PbLi, TlLi, schließlich

u. a. AuMn, BaCd, BaHg, CdCe, CuPd, GaNi, HgMg, MgSr, SrTl, TeTh. Einfachste Überstruktur im rz. k. Gitter, jedes Cu von 8 Zn umgeben und umgekehrt. In den ebenfalls hierhergehörenden CoFe, RuTi, OsTi, MnPd vielleicht Absättigung von Spins benachbarter Atome wie in Cr nach 1.3.

d) $AlCu_2Mn$ (Heuslerlegierung), ebenso u. a. Al_2NiTi, Co_2MnSn, (Cr, Ni) Cu_2Sn, $JnCu_2Mn$. Überstruktur des rz. k. Gitters mit doppelter Zellkante. Jedes Al hat 8 Cu-Nachbarn, jedes Mn 8 Cu, so daß die Mn durch Al und Cu getrennt sind. Jedes Cu hat 4 Al und 4 Mn-Nachbarn. Es ist also Anziehung zwischen Al und Cu, ebenso Mn und Cu, dagegen eine, wegen des Ferromagnetismus der Heuslerlegierung wahrscheinlich magnetisch verursachte Abstoßung zwischen Mn und Mn anzunehmen.

e) NaTl, ebenso LiAl, $MgLi_2Al$, Cs_3Sb. Überstruktur des k. rz. Gitters. Die Na und Tl bilden für sich Diamantgitter, somit ist jedes Na von 4 Na und 4 Tl umgeben und umgekehrt. Aus chemischen Gründen ist Heteropolarität anzunehmen. Damit aber erhalten die Tl bzw. Al-Atome je 4 s- und p-Elektronen, was eine Spinabsättigung innerhalb ihres Teilgitters vermuten läßt. Die hierher gehörenden LiCd und LiZn sind stark gefärbt, wahrscheinlich weil d-Elektronen von Zn und Cd an der Bindung mitwirken und dadurch ihre Terme angehoben werden (vgl. 1.4.).

f) Fe_3Al, ebenso u. a. Fe_3Si, Cu_3Al (metastabil), Ni_3Sn, $LaMg_3$, $CeCd_3$ sowie das polare Li_3Hg. Überstruktur des rz. k. Gitters. Jedes Al hat 8 Fe-Nachbarn, jedes Fe_I 8 Nachbarn Fe_{II}, jedes Fe_{II} 4 Al- und 4 Fe_I-Nachbarn ($Al\ Fe_I\ Fe_{II2}$). Eine Stapelvariante ist die Struktur von Na_3As, ebenso Mg_3Au u. a.

g) Cu_5Zn_8, ähnlich Fe_7Zn_{10}, Cu_8Al_4 (vgl. 3.4. F) sowie Cr_5Al_8. Leerstellenvariante des rz. k. Gitters.

h) $CdMg_3$, ebenso Cd_3Mg. Überstruktur der hexagonalen Kugelpackung, ebenso u. a. Ni_3Sn, Ti_3Al, $MoCo_3$, UPt_3. Jedes Cd hat 12 Nachbarn Mg, jedes Mg 4 Cd und 8 Mg. Für $CdMg_3$ ist $c/a = 1{,}62$, für Cd_3Mg 1,88, im übrigen geht es von 1,44 ($SmAl_3$) bis 2,05 ($ThAl_3$).

i) MgCd, ebenso AuCd, TiAu, VPt, $NiCuAl_2$ orthorhombische Überstruktur der hexagonalen Kugelpackung (4 Atome in der Grundzelle). Jedes Mg hat 8 Cd- und 4 Mg-, jedes Cd 4 Cd-Nachbarn.

k) AlB_2, ebenso u. a. CrB_2, UGa_2, $TlBi_2$, $CeHg_2$. In ein einfach hexagonales Gitter von Al mit $c/a = 0{,}59$ (TiU_2) bis 1,08 (AlB_2) bzw. 1,27 (UB_2) sind graphitartige Schichten von B eingelagert. Jedes Al hat 12 B-Nachbarn, jedes B 3 B-Nachbarn innerhalb der Schicht sowie 6 Al. Ähnlich, aber orthorhombisch verzerrt $CeCu_2$, ebenso Ag_2Sr, Ag_2Eu.

B. Gitter mit Inseln

a) Zn. Tritt unter den Elementen nur noch bei Cd auf. Flächenhafte Insel ist die hexagonale Basisebene, in der der Abstand um 10 % kleiner, daher eine Lokalisierung von Elektronen nach 1.6. anzunehmen ist. Dieselben gleichseitigen Dreiecke aus Zn-Atomen finden sich in der folgenden Struktur.

b) $NaZn_{13}$, ebenso KCd_{13}, $MgBe_{13}$, außerdem als einziges Beispiel BCu_{13}. Die Zn bilden reguläre Ikosaeder aus 12 Atomen, in deren Mitte ein zentrierendes Zn sitzt. Auf dem Ikosaeder hat jedes Zn 5 Nachbarn. Jedes Na ist von 8 Molekülen Zn_{13}, somit 22 Zn umgeben. In den molekülartigen Inseln sind zweifellos die Elektronen des Zn lokalisiert, wobei mehr als ein Elektron je Atom und die (etwa in Mg nicht vorhandene) Mitwirkung der d-Elektronen nötig zu sein scheint.

c) WAl_{12}, anstelle von W auch Mo, Re, (Cr, Mn). Ikosaeder Al_{12} umgeben die W und schließen sich in raumzentriert kubischer Packung zusammen. Den Übergang zwischen den Al_{12} bilden Al-Oktaeder. Ähnlich VAl_{10}, V_7Al_{45}, $CoAl_5$.

d) FeSi, ebenso u. a. CrSi, CrGe, PtAl, PtMg, AuBe (stets ein Übergangsmetall oder Au, kombiniert mit einem mehr als einwertigen Metall). Das kubische Gitter ist aufgebaut aus Dipolinseln FeSi, die zweifellos in sich heteropolar sind, in den dreizähligen Achsen liegen und als solche dichtest gepackt sind. Man kann das Gitter auch als heteropolare NaCl-Struktur verstehen, in der die in Richtung der dreizähligen Achsen benachbarten Fe und Si durch lokalisierte Elektronen einander genähert sind, wobei die Raumerfüllungszahl größer wird. Die genannte Annäherung variiert und ist am kleinsten bei PtAl.

e) $FeSi_2$, ebenso $CuGa_2$. Im raumzentrierten Fe-Gitter sind Si_2-Paare auf (100)-Ebenen substituiert, so daß Tetragonalität entsteht. Zweifellos Lokalisierung mit Spinabsättigung innerhalb der Si_2. Bemerkenswert geringe Raumerfüllung.

f) NiAs, ebenso andere Übergangsmetalle, sowie Cu und Au (nicht aber Ag) mit Elementen der Gruppen IV B bis VI B (sog. Anionenbildnern), z. B. auch AuSn. Hexagonale Kugelpackung der As, deren c/a oft stark vom Normalwert abweicht, darin eingelagerte Ketten der Ni. Verlangt man als Bauprinzip, daß innerhalb der Kette Kontakt besteht, so bleibt als einziger Ort für die Ni die Oktaederlücke der As-Packung. Die Oktaederkoordination ist also nicht als besonderes Bauprinzip zu betrachten. Die Auswahl der die Kette bildenden Atomarten und der oft stark verkürzte Abstand in der Kette beweist eine Lokalisation, vor allem von d-Elektronen auf die Bindestriche der Kette. Wie der Diamagnetismus von NiSb zeigt, kann sie mit Spinabsättigung verbunden sein. Eine gewisse Heteropolarität im Sinn von Ni^+As^- kann vorhanden sein. Man kann den Bindungszustand der As vergleichen mit dem des geschmolzenen Sb und Bi, die nach Interferenzuntersuchungen eine Koordinationszahl nahe 12 haben. Die Stabilisierung, die dort von der Schmelzentropie ausgeht, wird hier durch die eingebaute Kette bewirkt.

Die Kette kann Lücken aufweisen, andrerseits können zusätzliche Ni in Tetraederlücken eingebaut werden, bei Ni_2Zn sind diese gefüllt.

g) Lavesphasen nennt man die „homöotypen" drei Stapelvarianten $MgCu_2$, ebenso u. a. $CaAl_2$, UCo_2, $CeAl_2$ sowie die hexagonalen $MgZn_2$, ebenso u. a. KNa_2, $CrBe_2$, $CdCu_2$ und $MgNi_2$, ebenso u. a. $HfCr_2$, UPt_2, $U(Mn_1Ni)_2$. Nach M. N. Nevitt [5] sind bisher 223 binäre Beispiele dieser AB_2-Strukturen gefunden. Darin bilden die A ein Diamant- bzw. Zinkblendegitter, in das die B so eingefüllt sind, daß jedes B 6 Nachbarn B in sehr engem, 6 A in einem etwas weiteren Kontakt hat. Jedes A hat außer den 4 A auch 12 B-Nachbarn, so daß die mittlere Koordinationszahl $13^1/_3$ ist. Die Bindungszahl ergibt sich mit plausiblen Potentialen für die A und B nahezu gleich, nämlich zu 17. Wenn man nach einem Gittertyp und einer Zusammensetzung fragt, bei der 1. die Gesamtkoordinationszahl 12, 2. die Abstände $d_{AB} : \frac{1}{2}(d_{AA} + d_{BB}) = 1{,}05 : 1$, 3. die Umgebung jedes Atoms hochsymmetrisch ist, führt nach U. Dehlinger und G. E. R. Schulze [15] die Raumgruppentheorie eindeutig auf die Lavestypen und die Zusammensetzung AB_2. Wenn die Abstände $A-A$ und $B-B$ gerade den Atomradien entsprechen sollen, müssen diese sich wie $1{,}22 : 1$ verhalten ($v_A : v_B = 1{,}84$). In Wirklichkeit kommen Verhältnisse zwischen 1,05 und 1,68 vor, die dann entsprechende Deformationen der Atome zur Folge haben. Nun zeigt sich, daß Beispiele, nämlich Th- und La-Metalle als A und Übergangsmetalle als B existieren, deren gemessene Atomdeformationen genau gleich den berechneten sind, nämlich linear mit dem Atomradienverhältnis gehen und bei 1,22 Null werden. In diesen Fällen wird nach U. Dehlinger und G. E. R. Schulze sowie M. V. Nevitt die legierungsbildende Kraft parallel gehen mit der Überhöhung der Koordinationszahl, wobei eine Wechselwirkung $A-B$ keineswegs auszuschließen, sondern so wie in insellosen Mischkristallen nach 1.6. sein wird. In allen andern Fällen finden Schulze wie auch Nevitt eine der nach dem obigen berechneten Deformation sich überlagernde Kontraktion, die bei A und B $\approx 0{,}1\,A$ beträgt und zur Folge hat, daß das Volumverhältnis φ mit v_A/v_B im Mittel linear ansteigt, so daß es für $v_A/v_B = 3{,}0$ etwa 1,2 wird, während bei $v_A/v_B = 1{,}8$ etwa $\varphi = 1$ ist. Damit übereinstimmend fanden R. C. King und O. J. Kleppa [14], daß die Bildungswärme von Lavesphasen (ohne Übergangsmetalle) mit zunehmender Abweichung vom Radienverhältnis 1,22, also auch mit zunehmender Atomdeformation anwächst. Dies läßt darauf schließen, daß die mit der Inselbildung in den Teilgittern der A und B einhergehende Lokalisation der Elektronen nach 1.6. einen beträchtlichen Einfluß besitzt. (Nach G. E. R. Schulze ist in den Verbindungen vom AlB_2-Typ, in denen ja keine Inseln gebildet werden, $\varphi \approx 1$, während φ im $CuAl_2$-Typ stärker streut, aber im Mittel kleiner als in den Lavesphasen ist.)

6*

Der Homogenitätsbereich der Lavesphasen ist nur selten, z. B. bei $TiFe_2$, groß.

h) $CaZn_2$, ebenso $CeCu_2$, $CaAg_2$, orthorhombisch mit 20 Atomen je Zelle [11]. Jedes Ca ist von 4 Ca und 12 Zn, jedes Zn von 6 Ca und 4 Zn nahezu gleichmäßig umgeben, wobei beide Atome kleiner werden. Nach G. E. R. Schulze (11) müßte in einer Lavesphase das Zn größer werden, was·es anscheinend (ebenso wie Cu) nicht kann, weshalb statt dessen die vorliegende Struktur auftritt.

i) Cr_3Si (irrtümlich β–W-Struktur genannt), ebenso u. a. V_3As, Nb_3Os, Mo_3Al, Ti_3Au. Jedes Si ist ikosaedrisch von 12 Cr umgeben. Jedes Cr hat insgesamt 14 Nachbarn, von denen zwei oben und unten in Richtung der kubischen Achsen liegen, und je sechs ein ebenes Sechseck bilden, wobei die beiden Sechsecke gegeneinander um 90° verdreht sind. Nach Abb. 32 kann man die Struktur auch aufbauen aus parallelen Cr_4-Tetraedern, die durch Si verknüpft durchgehende Ketten bilden (Tetraederstern nach K. Schubert). Diese hier senkrecht aufeinander stehenden, miteinander verknüpften Ketten durchziehen das Gitter. Da die Tetraedersterne auch in andern Strukturen erscheinen, ist eine Lokalisation von Elektronen in ihnen anzunehmen. Die Koordination ist hoch, da jedes Si 12 Cr-, jedes Cr 14 Nachbarn hat.

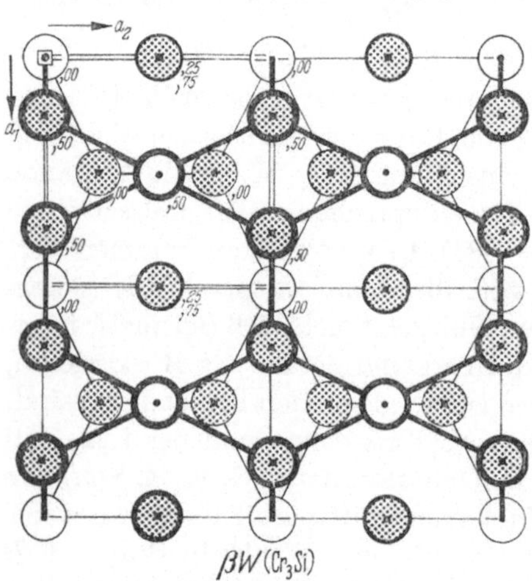

Abb. 32. Tetraederstern in der Struktur von Cr_3Si (nach Schubert).

k) β-U (zwischen 600 und 775 °C), ebenso u. a. FeV, FeCr, Ta_2Au, V_2Ni_3 (sog. σ-Phasen). Die tetragonale Zelle enthält 30 Atome mit derselben quasihexagonalen Koordination wie in i). Die auch hier sichtbaren Tetraedersterne bilden keine geraden Ketten, sondern sind durch Tetraeder zu gewinkelten Ketten verknüpft. Ähnlich die μ-Phasen W_6Fe_7, Mo_6Co_7, weiterhin die ternäre Struktur $Cr_{18}Mo_{42}Ni_{40}$. Die aus einer Kombination von regulären Drei- und Sechsecken gebildete Anordnung der Atome in den Basisebenen heißt nach F. C. Frank Kagoma-Fliesenmuster.

l) α-Mn, ebenso $Cr_{12}Mo_{10}Fe_{36}$ sowie Mg_3Al_2. Die 58 Atome in der kubischen Grundzelle verteilen sich auf drei ihrer Punktsymmetrie nach verschiedenen Lagen, nämlich 12 Paare von Mn- bzw. Al-Atomen (Abstand 2,24 Å, sonstige Abstände 2,38–2,96 Å), außerdem eine Lage von 24 (darin die Mg) und eine weitere von 10 Atomen. Wenn man die naheliegende Annahme macht, daß die Lokalisierung in den Paaren dann am stabilsten ist, wenn 5 d- bzw. 4 s–p-Elektronen je Atom daran teilnehmen, kommt man zu einer Heteropolarität, die im Extremfall den Formeln $(Mn_2)_{12}^{++} Mn_{24}^- Mn_{10}$ bzw. $(Al_2)_{12}^{--} Mg_{24}^+ Mg_{10}$ entspricht. Die beiden Phasen sind demnach antiisomorph. Im einzelnen enthält die Struktur dieselbe quasihexagonale Koordination mit schiefliegenden Tetraedersternen wie k). Ebenso wie dort, aber anders als bei Cr_3Si sind nicht alle Atome an diesen Sternen beteiligt. Die Koordination ist wenig regelmäßig. Wenn die Symmetrie dennoch kubisch, nicht nur wie in ähnlich komplexen Fällen von Silkaten pseudokubisch ist, dann kann das nur den s-Elektronen der Atome zugeschrieben werden, die einen hochsymmetrischen Fermikörper anstreben, wozu, wie man leicht sieht, auch noch die Atomabstände höherer Sphären beitragen.

m) β-Mn (zwischen 727 und 1095 °C), ebenso u. a. CoZn, Cu_5Si, Ag_3Al, $Cr_9W_2Fe_{10}C$, $Ni_{15}Cu_{65}Ge_{20}$. Die kubische Zelle enthält 20 Atome. Acht von diesen bilden isolierte Tetraeder, innerhalb deren der Abstand nur 2,36 Å ist und die nach den dreizähligen Achsen orientiert sind. Tetraedersterne sind aber nicht vorhanden. Jedes Atom hat zwölf nahezu gleich weit entfernte Nachbarn im Abstand 2,53–2,67 Å. Die Struktur tritt auch in der Hume-Rotheryschen Legierungsklasse auf und hat dann eine Valenzelektronenkonzentration $\approx$ 1,5 (wobei die aus den Ebenen (221) und (310) gebildete Brillouinzone 1,61, die tangierende Kugel 1,41 Zustände je Atom umfaßt). In Mn-haltigen ternären Legierungen, z. B. Mn–Fe–Si wurde von P. A. BECK et al. gefunden, daß ein ausgedehnter aber schmaler Bereich im ternären Zustandsdiagramm, in dem die Zahl der Außenelektronen je Atom gerade 7 ist, bei höherer Temperatur diesen Typ besitzt. Hierher gehört auch Cr_6Ni_3Si mit derselben mittleren Elektronenzahl. Eine Erklärung bietet die Annahme, daß wie im α-Mn als Bauelemente eine Heteropolarität in Verbindung mit einer Absättigung durch 5 d-Elektronen je Atom sowie ein s-Elektron je Atom notwendig sind, wozu man 6 d- und 1 s-Elektronen je Atom braucht (übrigens ist eine Heteropolarität auch in den Hume-Rothery-Phasen vorhanden). Nach H. NOWOTNY [4] sind die Strukturen nur stabil, wenn sie Sauerstoff oder andere Metalloide in Spuren enthalten.

n) $CuAl_2$, ebenso u. a. $AuNa_2$, $AgJn_2$, $FeSn_2$, $PdPb_2$. Im System Al–Cu gibt es zwei instabile Zustände, die in $CuAl_2$ übergehen, nämlich G. P. I (vgl. 2.2) und die CaF_2-Struktur von Θ'–$CuAl_2$. In beiden Fällen ist das Cu von 8 Al in Form eines Würfels umgeben, was auf eine Heteropolarität im Sinn von $Cu^- Al_2^+$ deutet. In der tetragonalen Struktur (c/a = 0,75–0,88) des stabilen $CuAl_2$ ist jedes Cu ebenfalls von 8 Al umgeben, jedoch ist durch die Tetragonalität sowie durch eine Verschränkung des oben erwähnten Würfels erreicht, daß sich Cu-Ketten entlang der tetragonalen Achsen bilden mit einem Abstand, der $\approx$ 5 % kleiner ist als der doppelte Atomradius, und daß jedes Al außer mit 4 Cu auch mit 11 andern Al metallischen Kontakt hat. Einer dieser Al-Nachbarn hat einen Abstand, der um 5% kleiner ist als dem Atomradius entsprechen würde, so daß Al_2-Paare vorhanden sind, in denen ebenso wie in den Cu-Ketten Elektronen lokalisiert anzunehmen sind. Ähnlich gebaut ist das ebenfalls tetragonale $CoGa_3$, $PdGa_5$, U_3Si_2, Cr_5B_3 sowie das monokline Co_2Al_9.

o) Fe_3C, ebenso u. a. Ni_3B, Al_3Ni, $Fe_3(Si, B)$. In Fe–C existiert eine instabile Phase ε-$Fe_{2,4}C$, die beim Anlassen des Martensits auf 160 bis 200 °C entsteht. In ihr ist C in die prismatischen Lücken eines einfach hexagonalen Fe-Gitters eingebaut. Im stabilen „Zementit" Fe_3C bleibt diese Koordination wenig verzerrt erhalten, jedoch sind die Fe-Schichten in sich verdreht, so daß nunmehr jedes Fe außer 2 C noch 11–12 Fe-Nachbarn in einem Abstand von 2,49–2,68 Å (Atomradius 1,27 Å) hat. Die orthorhombische Zelle enthält 16 Atome. Ähnlich wie in n) ist also durch die inhomogene Deformation ein Kontakt der Fe untereinander und eine Gesamtkoordinationszahl von nahezu 12 erreicht. Die dabei aufrechterhaltene kleine Koordinationszahl zwischen C und Fe konnte bisher nicht gedeutet werden, ist aber wohl auf das elastische Dipolmoment des C zurückzuführen, zweifellos nicht auf die Absättigung von Valenzen.

3.4. Legierungsklassen

In den folgenden, nach C. D. Bernal, U. Dehlinger, G. Hägg, W. Hume-Rothery, W. Klemm, F. Laves, A. Westgren, E. Zintl, u. a. aufgestellten Klassen legierungsbildender Elemente [2, 3] werden meist Mischkristalle und andere Mischphasen ohne Inseln gebildet, die technisch vielfach wichtig und deren Bildungsbedingungen etwas besser durchschaubar sind als die der Inselstrukturen. Auch die im zweiten Teil des Buchs zu besprechenden Vorgänge spielen sich in Stoffen aus diesen Klassen ab.

A. Legierungen der rz. k. Alkalimetalle untereinander. Die in Tab. 4a eingetragenen relativen Atomradiendifferenzen bestimmen offensichtlich die Verhältnisse vollständig. Beträgt die Differenz 25%, so bildet sich die hexagonale Lavesphase Na_2K, ist sie kleiner, hat man lückenlose Mischkristallreihen, bei etwas größeren Differenzen Entmischung im festen und auch im flüssigen Zustand.

B. Mischungsklasse fl. k. Metalle (I. Art). Enthält alle Übergangsmetalle mit fl. k. Modifikation sowie Cu, Ag, Au. Die Atomradien sind hier weniger entscheidend, daher stärker legierungsbildende Kräfte tätig als in A. Eine Ausnahme macht Ag, das fast wie ein Alkalimetall nur mit Au, Pd und Pt, wo die Atomradiendifferenz höchstens 3% ist, lückenlose Mischkristalle bzw. in Ag–Pt Verbindungen mit Überstrukturcharakter bildet, im übrigen aber schlecht mischbar ist. Auch Cu und Au sind weniger gut legierbar als die Übergangsmetalle. Vermutlich stammen die legierungsbildenden Kräfte hier von einer „Polarisation" nach 1.6., d. h. Übertritt metallischer Elektronen zwischen zwei Atomen verschiedener Art, wobei die effektive Anzahl solcher Elektronen am kleinsten bei Ag (vgl. 1.4.), größer bei Cu und Au und in den Übergangsmetallen ist. Die dabei entstehenden anziehenden Kräfte zwischen den Atomen verschiedener Art sind meist kugelsymmetrisch, nur selten, z. B. bei Cu–Pt einseitig gerichtet, wie die zugehörigen Überstrukturen (Fernordnungsgitter) beweisen.

Im Zustandsdiagramm des Fe wird nach 2.1. der Bereich des fl. k. γ-Fe dann erweitert, wenn die Zusätze im fl. k. Gitter eine stärkere Legierungskraft entwickeln (vgl. Abb. 13 nach F. WEVER).

C. Mischungsklasse der k. rz. Übergangsmetalle. Nach Tab. 4c tritt lückenlose Mischbarkeit, oft auf hohe Temperaturen beschränkt, nur bei kleinen Atomradiendifferenzen ein. Unter den Verbindungen sind Lavesphasen häufig. Wie zu erwarten, erweitern alle Metalle der Tab. 4c das Gebiet des k. rz. α-Fe.

D. Weitere lückenlose Mischkristallreihen. Mg–Cd, Al–Zn, Os–Jr–Re, Co–Re, Th–Zn, U–Zr, U–Nb, U–Ta sowie As–Sb, Sb–Bi, Si–Ge.

E. Die Häggsche Legierungsklasse [18]. Legierungen der Übergangsmetalle mit Atomen von kleinem Radius, wie C, N, B und H. Wenn das Radienverhältnis Metalloid–Metall den Wert 0,59 nicht übersteigt, treten die kleinen Atome in Lücken eines – oft schwach verzerrten – rz. k., fl. k., hexagonal dicht gepackten oder einfach hexagonalen Gitters ein. Als Radius ist dabei einzusetzen für B 0,97, C 0,77, N 0,71 und H 0,46 Å. Ist das Radienverhältnis größer, so erscheinen die einfachen Gitter nur bei kleineren Konzentrationen, bei höheren treten Strukturen mit Inseln von der Art des Fe_3C auf, die ein wesentlich kleiners Homogenitätsgebiet besitzen als die oben genannten Mischkristalle. Es ist bemerkenswert, daß weder Cu noch Au, noch weniger Ag, zu der Legierungsklasse gehören, offensichtlich sind unbesetzte d-Terme der Übergangsmetalle zur Bindung, vermutlich durch Elektronenübergang aus dem Metalloid, notwendig. Auch O löst sich in Übergangsmetallen, z. B. in α-Fe etwa ebenso stark wie C.

Beispiele sind: Cr_2H, hexagonales Cr, H wahrscheinlich in einer Tetraederlücke, CrH, k. fl. Cr, die H in Tetraederlücke. NiH hexagonal, PdH k. fl. und diamagnetisch. In Pd $H_{0,66}$ ist der Paramagnetismus des Pd eben verschwunden, woraus nach E. VOGT zu schließen ist, daß Pd 0,66 d-Löcher je Atom und ebenso viel s-Elektronen enthält, während das H als Proton H^+ eintritt. (Dagegen ist in den besonders stark gebundenen Hydriden der unedlen Metalle LiH und CaH_2 sowie in UH_3, das H ein Anion H^-.)

TiC sowie VC haben NaCl-Gitter, Cr_2N ein hexagonales, CrN ein NaCl-Gitter, Fe_4N–Fe_2N sind hexagonal, wobei die N nicht regellos auf die Lücken verteilt, sondern geordnet sind. In Fe–C ist das Atomradienverhältnis 0,66, daher ist z.B. die ε-Phase (3,3 B, n) instabil, das k. rz. α-Fe baut in seinen Würfelflächen- und Kantenmitten im Gleichgewicht nur außerordentlich wenig C ein. Dagegen löst das k. fl. γ-Fe bei 1150 °C bis 1,6 Gew.-% C, die Atome sind in den Zentren und Kantenmitten der Würfelzelle oktaedrisch eingebaut, haben aber tetragonale Punktsymmetrie. Der freie Abstand der Fe-Atome an diesen Stellen ist etwa dreimal so groß wie in α. Ähnlich sind die Verhältnisse bei Fe–N, hier existieren die hexagonalen Phasen Fe_3N und Fe_2N. Nach W. REXER lösen W und Cr höchstens 0,1 ppm C, O, N, die statt dessen als Karbide usw. eintreten, im Unterschied zu Ta, V, Nb. Es sei bemerkt, daß nach Untersuchungen von H. WITTE et al. [19] an ternären Lavesphasen das Lösungsvermögen für H im System Mg–Ni–Zn wesentlich größer ist als in Mg–Cu–Zn. Im letzteren geht es mit der Anzahl freier Elektronen, wie sie durch den Kontakt der Fermifläche mit der Brillouinzone bestimmt wird. Also auch hier scheint ein Elektronenübergang die Bindungskraft für H auszumachen.

Die kleinen Metalloide weiten das Gitter aus, so H in Pd um 1,73, in Ta um 9,4 cm³/Mol. Das vollständig hydrogenisierte Pd verhält sich nach E. DANIEL [6] magnetisch und in bezug auf Zusätze wie Ag mit 0,5 s-Elektronen je Atom.

F. Hume-Rothery-Legierungen. In den Legierungen von Cu, Ag Au und γ-Fe, Co, Ni, Rh, Pt, Pd mit den zwei- bis fünfwertigen Metallen (II. Art) von nahezu gleichem Atomradius, ist, wie ein Vergleich von Zustandsdiagramm und Bildungswärme z.B. für Cu–Zn (Abb. 17) zeigt, der Verlauf der letzteren, der bei 60% Zn ein Maximum hat, wenig abhängig von der Art der Einzelphasen und auch im flüssigen nahezu so groß wie im festen Zustand. Daher muß eine durchgehende legierungsbildende Kraft vorhanden sein, als welche der Ausgleich der Valenzelektronen nach 1.6. zwischen den einwertigen Edelmetallen oder den meist nullwertigen Übergangsmetallen und den mehrwertigen Atomen II. Art in Betracht kommt. Als deren Folge entsteht eine gewisse Heteropolarität im Gebiet um 50 Atom-%, sie erzeugt hier eine Koordinationszahl von etwa 8.

Nach W. HUME-ROTHERY [4] kann die Neigung zu diesem Ausgleich erfaßt werden durch die Differenz der Elektronenegativität (elektrochemisch gemessen an Haliden der betreffenden Metalle). Ist diese groß, wie z.B. in Ag–Mg, so liegt der Schmelzpunkt in der Nähe von 50 Atom-% anomal hoch, während in Cu–Zn, wo sie kleiner ist, diese besondere Stabilität der Phase AB nicht ausgeprägt ist. Die Neigung zum Ausgleich in dem genannten Sinn wird kleiner, wenn die Valenz der Atome II. Art groß ist. So erscheinen in Cu–Ge statt der innenzentrierten Phase hexagonale dichteste Packungen. Bei höheren Konzentrationen erscheinen dann ganz andre, z.B. NiAs-Phasen.

Die Homogenitätsbereiche und sonstigen Eigentümlichkeiten der Einzelphasen werden nach W. HUME-ROTHERY sowie N. MOTT und H. JONES festgelegt durch die Valenzelektronenkonzentration, d.h. Anzahl aller s–p-Außenelektronen, dividiert durch die Gesamtzahl der Atome. Wenn diese Größe $\approx 1{,}3$ ist, endet der Homogenitätsbereich des fl. k. Mischkristalls (α). Ein rz. k. Gitter (β) tritt auf, wenn sie etwa $1{,}48$ beträgt, also z.B. in der Nähe von CuZn, Cu_5Sn, Cu_5Ga (bei hohem T, bei tiefem T hexagonale Packung), AgMg, Cu_3Al, NiAl, FeAl, CoAl. Das Gebiet dieser Phasen verkleinert sich oder verschwindet ganz bei tiefen Temperaturen (vgl. 2.1.). Die zugehörige Tieftemperaturphase bildet sich oft durch bleibende Scherung nach kristallographischen Richtungen, was man (nicht sinnvoll) Martensitbildung nennt.

Bei der Elektronenkonzentration $21/13 = 1{,}61$, also z.B. Cu_4Zn_8, Au_5Zn_8, Ag_5Hg_8, $Cu_{31}Sn_8$, $Cu_{31}Si_8$, Cu_9Zn_4, Cu_9Ga_4, Cu_9Al_4, Co_5Zn_{21}, Fe_5Zn_{21}, Ni_5Zn_{21}, Pd_5Zn_{21}, Pt_4Zn_{21}, Rh_5Zn_{21} besteht die kubische γ-Phase mit oft engem, von T kaum abhängendem Homogenitätsbereich. Ihre Struktur entsteht, wenn in einer aus $3 \cdot 3 \cdot 3 = 27$ k. rz Grundzellen gebildeten Riesenzelle das Eck- und das Mittelatom herausgenommen und darauf die Dichte ausgeglichen wird. Wie man sieht, erzeugen gerade diese zwei Leerstellen die typische Elektronenkonzentration. Ist die Konzentration $1{,}6$–$1{,}7$, z.B. in $CuZn_3$, $CuBe_3$, $AuCd_3$, $AgZn_3$ Cu_3Sn, Ag_3Sn, Cu_3Ge, Ag_5Al, so tritt häufig eine hexagonale Packung (ε) auf. In Cu–Zn zeigt sich noch eine Hochtemperaturphase δ ($\approx CuZn_3$) mit rz. k. Gitter.

Der erwähnte „Rücktritt" (nullwertige Übergangsmetalle) zeigt sich nicht in den β-Phasen CoBe, NiBe, PBe, Mn_3Si. Nach W. EKMAN muß durch ihn der Existenzbereich von β und γ vergrößert werden, offenbar weil in ihnen der stabilisierende Einfluß der Heteropolarität am stärksten ist.

Die Atomverteilung in β-, γ-, ε- und δ-Strukturen ist oft regellos, z.B. in CuZn über $450\,°C$, während bei kleinerem T, bei FeAl sogar bis zum Schmelzpunkt eine CsCl-Fernordnung besteht. In dem ebenfalls k. rz. α-Fe–Al tritt in der Nähe von Fe_3Al bis $525\,°C$ eine Fernordnung auf.

Die theoretische Begründung der obigen Regeln (die in letzter Zeit [4] durch die Pseudopotentialmethode vertieft wurde) geht von kugelförmigen Fermiflächen aus. Diese berührt die erste Brillouinzone des k. fl. Gitters, d.h. die auf $\langle 111 \rangle$ senkrechten acht Flächen, wenn sie

$$2 \cdot \frac{4\pi}{3}\left(\frac{\sqrt{3}}{4}\right)^3 = 5{,}44 \text{ Zustände, je Atom } 1{,}36 \text{ Elektronen umfaßt. Hier hat}$$

also die Zustandsdichte ein Maximum, bei weiterem Anwachsen der

Elektronenkonzentration nimmt die Bildungsenergie des Gittertyps stärker zu als zuvor. Für das rz. k. Gitter hat man diese erste „Taktion" an
den 12 Flächen, die auf $\langle 011 \rangle$ senkrecht stehen, bei 2,96 Zuständen. Die
erste Brillouinzone der γ-Struktur wird gebildet durch die Flächen senkrecht zu $\langle 330 \rangle$ und $\langle 411 \rangle$, die ersteren bilden ein Rhombendodekaeder,
die letzteren ein Ikositetraeder. Die ihr einbeschriebene Kugel umfaßt
80 Zustände, während der Zoneninhalt 90 ist. Eine mit den 84 Elektronen
der 52 Atome in der Grundzelle besetzte Fermikugel tangiert also weitgehend und besitzt daher anomal wenig freie Elektronen. Da diese auch

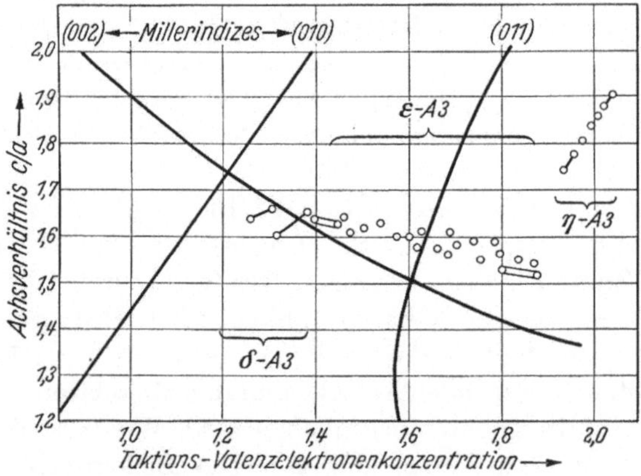

Abb. 33. Die ausgezogenen Kurven zeigen die für kugelförmige Fermikörper berechnete Abhängigkeit der Taktions-Elektronenzahl vom c/a der hexagonalen Kugelpackung. Dazu empirische Meßpunkte von Legierungen, in denen dieses c/a sich stetig mit der Valenzelektronenkonzentration ändert (nach SCHUBERT).

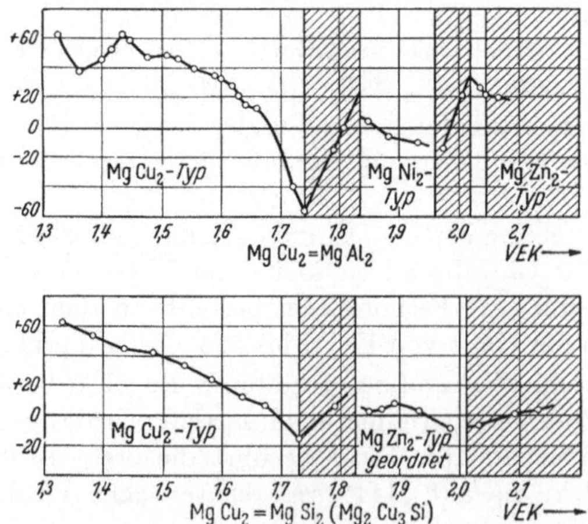

Abb. 34. Magnetische Suszeptibilität je Grammatom in ternären Legierungen Mg–Cu–Al und
Mg–Cu–Si. Schraffiert die zweiphasigen Bereiche der quasibinären Schnitte. In der Nähe der
Grenzen der Existenzgebiete der Phasen ist der Diamagnetismus anomal groß (nach WITTE).

Träger des temperaturabhängigen Paramagnetismus sind, zeigen die γ-Phasen einen anomal hohen Diamagnetismus (vgl. 1.4.). Auch NiAl ist diamagnetisch.

Zusätzlich sei noch bemerkt, daß auch in anderen Fällen die Taktion (Überragung) des Fermikörpers mit Ebenen im k-Raum Einfluß auf die Gitterform hat, und zwar ändert sich das Achsenverhältnis c/a tetragonaler und hexagonaler Strukturen mit der Valenzelektronenkonzentration so, daß wenigstens eine einseitige Taktion gewahrt ist. Zum Beweis sind in Abb. 33 nach K. SCHUBERT die Meßpunkte der Hume-Rothery-ε-Phasen, ebenso von Zn-reichen Mischkristallen (η) mit Cu usw., sowie der δ-Au_4Zn eingetragen, dazu die für kugelförmige Fermikörper berechneten Kurven der Taktion an einzelnen Ebenen im hexagonalen k-Raum. Wie man sieht, ist eine Gesetzmäßigkeit zweifellos vorhanden, allerdings gilt, wie zu erwarten, die Kugelsymmetrie keineswegs, was auf die in 1.6. beschriebene Lokalisation zurückzuführen ist. Ähnlich kann nach G. V. RAYNOR und H. JONES für Mg eine Taktion von (011.1) nachgewiesen werden, während beim tetragonalen Jn mit c/a = 1,09 die Fläche (200) tangiert und (002) stark überragt wird. An ternären Lavesphasen hat H. WITTE nach Abb. 34 gefunden [19], daß die Existenzgebiete des $MgCu_2$-, $MgNi_2$- und $MgZn_2$-Typs durch Taktionskonzentrationen begrenzt werden, die auch eine Spitze der Suszeptibilität zur Folge haben.

Literatur

[1] SCHUBERT, K.: Kristallstrukturen zweikomponentiger Phasen. Springer 1964.

[2] PEARSON, W. B.: Lattice Spacings and Structure of Metals and Alloys. London/New York 1958.

[3] HANSEN, M., u. K. ANDERKO: Constitution of Binary Alloys, New York 1958.

[4] Vgl. [10] von Kapitel 1.

[5] Vgl. [7] von Kapitel 1.

[6] Vgl. [8] von Kapitel 1.

[7] WARLIMONT, H.: Physical Properties of Martensite and Bainite, The Iron and Steel Inst., Sp. Rep. **93**, 58 (1965).

[8] PARTHÉ, E.: Acta Cryst. **16**, 101 (1963) [Raumerfüllung].

[9] HULLIGER, F. u. MOOSER, E.: J. Phys. Chem. Sol. **24**, 283 (1963); Progr. in Sol. State Chem. **2**, 330 (1965).

[10] VARSHNI, Y. P., u. F. J. BLOORE: Phys. Rec. **129**, 115 (1963) [Anziehungspotential].

[11] SCHULZE, G. E. R., u. J. WIETING: Z. Metallkde. **52**, 743 (1961) [$CaZn_2$].

[12] WIETING, J.: Dissertation T.U. Dresden 1964 [Volumen der Leg.].

[13] GUPTA, K. P., N. S. RAJAN, u. P. A. BECK: Trans. AIME **218**, 617 (1960) [Ternäre Leg.].

[14] KING, R. C., u. O. J. KLEPPA: Acta Met. **12**, 87 (1964) [Calorimetr. v. Lavesph.]

[15] DEHLINGER, U., u. G. E. R. SCHULZE: Z. Kristallogr. A **102**, 377 (1940) [Lavesphasen].

[16] HENDUS, H., u. H. K. F. MÜLLER: Z. Naturforschg. **12a**, 102 (1957) [Struktur von flüssigem Bi].

[17] JACK, K. H.,: J. Iron Steel Inst. **169**, 26 (1951) [ε-Fe–C].
[18] POST, B. et al.: Acta Met. **2**, 20 (1954) [Häggsche Leg.].
[19] WITTE, H. et al.: J. Phys. Chem. **4**, 36 und 65 (1955) [Ternäre Lavesph. H_2-Löslichkeit].
[20] CUTLER, M., R. L. FITZPATRICK, u. J. F. LEAVY: Phys. Chem. Sol. **24**, 319 (1963) [Ce_2S_3].

4. Gitterbaufehler

4.1. Katalog der Baufehler

Gitterbaufehler sind Abweichungen von der streng periodischen Struktur, wobei auch die von Fremdatomen und Mischphasenbildung herrührenden hier einbezogen sein sollen. Den Inbegriff von Korngrenzenausbildung der verschiedenen Phasen, kristallographischer Orientierung der Körner (Textur), Gitterbaufehler und Eigenspannungen nennt man Gefüge. Wie stark dieses die Festigkeit beeinflußt, sieht man an folgenden Beispielen: Die kritische Schubspannung bei 0 °C ist für Einkristalle von Al etwa 90 p/mm², dagegen beträgt die Streckgrenze des abgeschreckten vielkristallinen Mischkristalls von Duralumin (Al + 4 Gew.-% Cu + 0,5% Mg + 0,5% Mn) etwa 10 kp/mm², nach Einstellen des Zwischenzustands durch 20 Stunden Halten auf Zimmertemperatur (G. P. I vgl. 2.2.) 27 kp/mm². Die Zerreißfestigkeit steigt dabei auf 40–45 kp/mm², die Dehnung ist 15–20%. Durch Walzen von Al kann ebenfalls eine Festigkeitssteigerung von 100% erreicht werden, jedoch fällt dann die Dehnung auf 2–8% ab. Beim Härten eines Stahls (vgl. 5.3.) mit etwa 0,5 Gew.-% C nimmt die Zerreißfestigkeit von 70 auf 200 kp/mm² zu, die Dehnung sinkt von 13 auf 0–1%. Sehr hohe Festigkeiten erreicht man durch „Patentieren" des Austenits mit 0,7–1,0% C (sowie kleine Mengen Cr und Ni), d.h. minutenlanges Tempern im unteren Perlitbereich der Abb. 45, und darauffolgendes plastisches Ziehen von Drähten, nämlich 300–400 kp/mm², also die Größenordnung der „theoretischen Schubspannung" (vgl. 8.1.), die für Fe (G = 8100 kp/mm²) etwa 600 kp/mm² beträgt. Daß auch die in äußerlich homogener Phase noch enthaltenen Baufehler (in diesem Fall verdünnte Zonen) verfestigen können, zeigt die Zunahme der kritischen Schubspannung von Cu-Kristallen durch eine Neutronenbestrahlung bei 78 °K von 0,1 auf 7,5 kp/mm². Dagegen sind wenig störungsempfindliche Größen: alle Wärmetönungen, ·elektrische und magnetische Suszeptibilität (in statischen Feldern), Elastizitätsmoduln, Gitterabmessungen.

Man gliedert die Gitterbaufehler [1] in punktförmige, linienhafte (eindimensional ausgebreitete), flächenhafte und räumliche. Auch in Metallen ist die Elektronendichte in der Nähe eines Baufehlers abgeändert, jedoch ist hier diese positive oder negative Aufladung wegen der hohen Leitfähigkeit eindeutig mit seiner Geometrie verbunden, anders als in

Salzen und Halbleitern. Die punktförmigen Fehler A, a, b und c der folgenden Aufstellung sind Eigenfehlstellen nach A. SEEGER, d.h. sie besitzen bei regelloser Verteilung eine große Vertauschungsentropie und sind so stabil, daß sie bei höherer Temperatur ebenso wie Fremdatome im stabilen thermodynamischen Gleichgewicht auftreten und zum Teil durch Abschrecken konserviert werden können. Wenn sie auf andre Weise, z.B. durch plastisches Verformen oder durch Bestrahlung in größerer Menge entstanden sind, setzen sie sich durch Wanderung ins metastabile Gleichgewicht.

A. Nulldimensionale Baufehler

a) Zwischengitteratome, in symmetrischer oder in Hantellage (dumbbell).

b) Leerstellen (vacancies).

Frenkel-Fehlordnung: Leerstellen und Zwischengitteratome.

Schottky-Fehlordnung (in Ionengittern): Leerstellen von Kationen und Anionen.

Anti-Schottky-Fehlordnung: Zwischengitteratome von Kationen und Anionen.

c) Doppelleerstellen, auch Mehrfachleerstellen (vgl. B, b, β].

d) Frenkel-Paare: Eng benachbarte Leerstellen und Zwischengitteratome.

e) Statische Crowdionen: In eine dicht belegte Gittergerade eingezwängte Zwischengitteratome.

Dazu: Dynamisches Crowdion, wenn sich der Zustand längs der Geraden mit Materietransport verschiebt.

Fokusson, wenn nur Impuls längs der Geraden transportiert wird.

Defokussierung heißt, daß der Winkel zwischen Gerade und Impulsrichtung während der Bewegung größer wird.

f) Fremdatome in Zwischengitterlage (interstitiell), auch kombiniert zu Paaren und Dreiergruppen (z.B. in Fe–N) oder Clustern.

g) Fremdatome substituiert.

Regellose Verteilung der Fremdatome.

Nahordnung, Nahentmischung, wenn die relative Zahl der nächsten Nachbarn gleicher Art kleiner bzw. größer ist als die Konzentration.

Teilweise Fernordnung (Überstruktur).

Ideale Fernordnung (nur bei stöchiometrischer Zusammensetzung), wird mit steigendem T aufgelockert.

B. Eindimensionale Baufehler

a) Vollständige Versetzungen, gekennzeichnet durch geschlossene oder bis zum Rand gehende Versetzungslinie und Burgersvektor gleich einer Gittertranslation (für fl.k. G. $a/2 \langle 110 \rangle$, für rz.k. G. $a/2 \langle 111 \rangle$). Im Kontinuum entsteht eine Versetzung dadurch, daß dieses durch ein (meist ebenes und der Gleitebene paralleles) Flächenstück geschnitten wird, worauf die beiden Ufer des Schnitts um einen in der Schnittebene liegenden Vektor, den Burgersvektor, gegeneinander verschoben werden. Der Rand des Flächenstücks ist die Versetzungslinie. Steht sie senkrecht zum Burgersvektor, so hat die Versetzung an der betreffenden Stelle Stufen –, ist sie parallel, Schraubencharakter (edge- bzw. screw-dislocation). In den Stapelfehlerdipolen [11] spielen eine besondere Rolle die 60°-Versetzungen.

An Versetzungsknoten ist die Summe aller in Richtung auf den Knoten gerechneter Burgersvektoren Null.

Versetzungsschleife (Dipol): Zwei nebeneinanderliegende Versetzungslinien mit entgegengesetzten (+- und —-) Vorzeichen.

Kinke (nicht im Elektronenmikroskop sichtbar): Übergangsstelle in das benachbarte Tal des Peierlspotentials. Doppelkinke nennt man Übergangs- plus Rückkehrstelle [22].

Sprünge (Jogs) der Versetzungslinien von einer Netzebene zur nächsten entstehen beim Schneiden anderer Versetzungen, die eine Schraubenkomponente haben. Unter einer Schubspannung verschiebt sich der Sprung in einer Gleitebene. Konservativ, d.h. ohne den Störungszustand geändert zu hinterlassen, ist diese Bewegung dann, wenn der Burgersvektor der Versetzung eine Komponente in dieser Gleitebene hat. Andernfalls, bei einer reinen Schraubenversetzung, ist nur eine nichtkonservative Bewegung möglich, bei der Leerstellen oder Zwischengitteratome entstehen, oder zwei entgegengesetzte Sprünge sich vernichten.

Das durch Knoten verknüpfte Versetzungsnetz des unverformten Kristalls heißt Grundstruktur. In hexagonalen Kugelpackungen gibt es zwei Arten von Burgersvektoren, die zur Basisebene parallelen $\frac{1}{3}$ [11$\bar{2}$.0] usw. (a-Versetzungen) und die dazu senkrechten [000.1] (c-Versetzungen). Zwischen den beiden Netzen gibt es keine Versetzungsreaktionen, die zu stabilen Knoten führen, daher sind sie unabhängig voneinander ausgebildet.

b) Unvollständige Versetzungen, Burgersvektor nicht gleich einer Gittertranslation, daher nur möglich als Rand eines flächenhaften Baufehlers.

Als wichtigste die Halbversetzungen, von denen zwei summiert eine „vollständige" Versetzung ergeben (durch „Aufspaltung" einer vollständigen entstehen).

Im fl.k.G. (Gleitebene (111)):

α) Shockleysche Halbversetzung in der Gleitebene, z.B.

$$\frac{1}{6}\,[\bar{2}11] + \frac{1}{6}\,[\bar{1}\bar{1}2] = \frac{1}{2}\,[\bar{1}01]\,.$$

Ein Ring aus dieser Versetzung entsteht, wenn eine Ansammlung von Zwischengitterhanteln in normale Gitterpunkte übergeht.

β) Franksche Halbversetzung, senkrecht auf (111), z. B.

$$\frac{1}{3}\,[111] + \frac{1}{6}\,[1\bar{2}1] = \frac{1}{2}\,[101]\,.$$

Ein Ring aus dieser Versetzung entsteht, wenn eine Ansammlung von Leerstellen unter Volumverminderung zusammenklappt. Diese „loops" sind oft sechseckig (vgl. [12, 21]).

Die Burgersvektoren sind nach N. Thompson aufgezeichnet in dem Tetraeder der sechs $\langle 110\rangle$-Richtungen (Abb. 35), in dem α der Mittelpunkt des Dreiecks $a = CBD$ sei. Wenn CB primäre Gleitrichtung und a Gleitebene ist, nennt man $d = ABC$ Quergleitebene, $b = ACD$ konjugierte und $c = ADB$ unerwartete Gleitebene. Die Aufspaltung in Shockleyversetzungen wird dann:

$$CB = C\alpha + \alpha B\,,$$

die in Shockley- und Frankversetzungen:

$$AD = A\alpha + \alpha D\,.$$

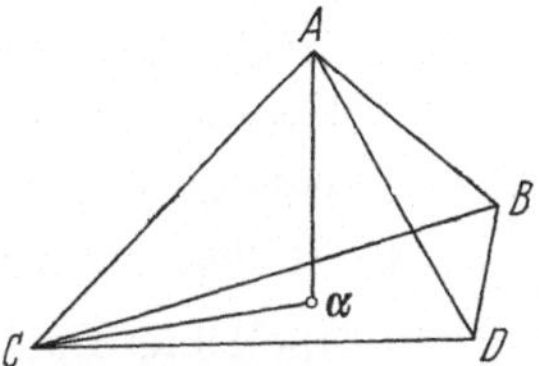

Abb. 35. Tetraeder der Burgersvektoren und Gleitebenen im fl. k. G.

Da die letzteren nur Burgersvektoren senkrecht zur Gleitrichtung haben, werden sie von einer Schubspannung nicht beeinflußt, sie gehören zu den „sessilen" Versetzungen.

Schraubenversetzungen mit einem Burgersvektor wie $A\alpha$, der senkrecht zu einer dichtbelegten Netzebene steht, in der eine andre, um die erste schraubenförmig drehbare Versetzung, wie $C\alpha$, liegt, bezeichnet man nach ihrer Funktion als Polversetzungen. Die Drehung erfolgt unter einer geeigneten Schubspannung und erzeugt eine neue Versetzungsspirale (Spiralquelle).

C. Zweidimensionale Baufehler

a) Stapelfehler, begrenzt von Halbversetzungen (stacking-faults, oft auch nur faults).

α) Im fl. k. G. erzeugt durch Herausnehmen eines Netzebenenstücks (Ansammeln von Leerstellen) Reihenfolge (vgl. 3.1.):

$ABCABABC\ldots$, begrenzt durch Halbversetzungen nach B, b, β. Stapelfehler I. Art (intrinsic).

β) Einfügen einer Netzebene, $ABCABACAB\ldots$, begrenzt durch Halbversetzungen B, b, β. Stapelfehler II. Art (extrinsic).

γ) Im hexagonalen Gitter nur Einfügen möglich: $ABABCAB\ldots$ Die Stapelfehlerflächenenergie γ in Tab. 6.

b) Infolge Aufspaltung nicht gleitfähige (sessile) Versetzungen:

α) Franksche Halbversetzungen (vgl. B, b, β).

β) Lomer-Cottrell-Versetzungen entstehen, wenn zwei aufgespaltene Versetzungen auf zwei sich schneidenden Gleitebenen ihre der Schnittkante benachbarten Halbversetzungen vereinigen. Im fl. k. G. sind diese Schnittkanten die 3 in die Gleitebene fallenden $\langle 110 \rangle$-Richtungen.

γ) Vers.-Ringe (R-Vers.), entstehen nach D. KUHLMANN-WILSDORF bei großer Stapelfehlerenergie aus ebenen Leerstellenausscheidungen durch Zufügen zweier Halbversetzungsschleifen, so daß der ursprünglich vorhandene Stapelfehler ausgelöscht wird, nach der Gleichung im fl. k. G.:

$$\frac{1}{6}\,[11\bar{2}] + \frac{1}{3}\,[111] = \frac{1}{2}\,[110] = b_R\,.$$

δ) Dreiecke aus Leerstellen, mit Stapelfehler.

ε) Tetraeder mit Grenzflächen aus Leerstellen nach J. SILCOX und P. B. HIRSCH, begrenzt durch nicht gleitfähige „Kantenversetzungen" $\frac{1}{6}\,[101]$. In den Grenzflächen sind Stapelfehler [13].

c) Stapelfehlerdipole entstehen aus zwei 60°-Versetzungen mit antiparallelen b nach HIRSCH sowie WILKENS [11]. Die Schraubenanteile annihilieren sich durch Quergleitung, wobei auf der Quergleitebene zwischen den verbleibenden Stufenanteilen ein Stapelfehler entsteht. Man hat dann Stapelfehler auf drei Ebenen, die zusammen eine lange gerade Fläche mit Z- oder S-Querschnitt bilden. Ihre zwei Kanten tragen Kantenversetzungen, deren Burgersvektor die Summe der b der beiden Halbversetzungen ist:

$$\frac{1}{6}\,[\bar{1}\bar{1}0] = \frac{1}{6}\,[\bar{2}11] + \frac{1}{6}\,[1\bar{2}\bar{1}]\,.$$

d) Feinkorngrenzen (Kleinwinkelgrenzen) aufgebaut aus äquidistanten Scharen paralleler Versetzungen.

α) Die beiden angrenzenden Körner sind um eine in der Grenze liegende Achse verdreht (tilted).

Ist ϑ der Drehwinkel, so muß sich der Abstand D unterhalb der Schar so einstellen, daß der durch $b = D\vartheta$ bestimmte Betrag des Burgersvektors gleich dem der kleinsten Gittertranslation wird.

β) Die Drehachse steht senkrecht zur Grenzfläche (twist-boundary).

Die Anordnung ist bei Korn- und Zellgrenzen stabil bis zu einem Drehwinkel 30°, bei Zwillingsgrenze auch für einzelne viel größere Drehwinkel.

d) Großwinkelkorngrenzen, können als zweidimensionale Flüssigkeit betrachtet werden.

e) Blochwände im ferromagnetischen Zustand.

f) Antiphasengrenzen zwischen „phasenverschobenen" Fernordnungsbereichen. Versetzungen in Fernordnungen können nur als Paare mit

≈ 100 Å Abstand im Gleichgewicht sein. Sie spannen zwischen sich eine Antiphasengrenze aus.

D. Dreidimensionale Fehlstellen

a) Verlagerungskaskade bei der Strahlenschädigung, ist die Gesamtheit aller von einem Rückstoßatom erzeugten Baufehler, wenn es als kinetische Energie ein Vielfaches der Wignerenergie (10–40 eV) besitzt.

Darin verdünnte Zone nach J. A. BRINKMAN und A. SEEGER infolge Neutronenbestrahlung in Au, Cu, nicht aber Al, am Ende der Bahnen der Rückstoßteilchen. Entsteht durch weitreichenden Materietransport in Austauschstößen und dynamischen Crowdionen längs dicht belegter Gittergeraden, Durchmesser 10–200 Å (mechanisch wirksam 10–30 Å), geht bei etwas höherer Temperatur in ebene Gebilde nach B, b über.

b) Knickbänder in verformten Einkristallen (vgl. 9.1.).

c) Striemen in verformten Einkristallen sind Platten, begrenzt von primären Gleitebenen, in denen zahlreiche Spuren der Quergleitebene sichtbar sind.

4.2. Theorie der Eigenspannungen

Als (elastische) Spannungen bezeichnet man denjenigen Teil der inneren, zwischen den Massenpunkten des Körpers wirkenden Kräfte, der von einer Deformation geweckt wird. Wenn, wie üblich, nur Käfte zwischen unmittelbar benachbarten Punkten betrachtet werden, können die Spannungen (als Mittelwert der atomistischen Kräfte) in folgender Weise definiert werden: Aus dem verformten Werkstück schneidet man einen nach den Koordinatenachsen orientierten Quader $dx\,dy\,dz$ aus. Um ihm danach die im Werkstück eingenommene Form wiederzugeben, muß man an seinen Seitenflächen Kräfte angreifen lassen, die im allgemeinen schief zu diesen stehen. Ihre $3 \cdot 6 = 18$ Komponenten reduzieren sich auf 6, weil der Quader gegen Verschieben und gegen Drehen im Gleichgewicht sein muß. Es seien $\boldsymbol{P}_1, \boldsymbol{P}_2, \boldsymbol{P}_3$ die (auf die Flächeneinheit bezogenen) Kräfte auf die Fläche senkrecht zur x-, y- und z-Achse, und ihre Komponenten:

$$
\begin{array}{ccc}
\boldsymbol{P}_1 & \boldsymbol{P}_2 & \boldsymbol{P}_3 \\
\sigma_{11} & \sigma_{12} & \sigma_{13} \\
\sigma_{12} & \sigma_{22} & \sigma_{23} \\
\sigma_{13} & \sigma_{23} & \sigma_{33}\,.
\end{array}
$$

Positiven Werten von $\sigma_{11}, \sigma_{22}, \sigma_{33}$ sollen Zug-, negativen Druckspannungen entsprechen.

Wie eine weitere Gleichgewichtsbetrachtung ergibt, ist damit die Kraft $\boldsymbol{S}$ auf eine beliebige, durch ihren Normalvektor $\boldsymbol{n}$ gekennzeichnete dicke Fläche bestimmt durch (Summierungskonvention!)

$$
\boldsymbol{S}_i = \sigma_{ik}\,\boldsymbol{n}_k\,.
$$

Somit bilden die σ_{ik} einen symmetrischen Tensor 2. Stufe und es wird oft auch geschrieben

$$S = (\sigma\, n)\,.$$

Auch die (etwa vom Zustand des Idealkristalls aus gerechneten) Dehnungen und Scherungen ε_{ik} bilden einen symmetrischen Tensor (wenn $\varepsilon_{12} = \dfrac{1}{2}\gamma_{12}$, wo γ_{12} die Scherung von x- und y-Achse), solange sie klein sind. Der elastische Teil von ε, d.h. der Teil, der beim Zerschneiden des Körpers in kleine Stücke zurückgeht, ist proportional σ, der Zusammenhang wird durch einen Tensor 4. Stufe vermittelt (Hookesches Gesetz):

$$\sigma_{ik} = C_{iklm}\varepsilon_{lm}\,. \tag{1}$$

Hat man einen kubischen Kristall, der nach den Koordinatenachsen orientiert ist, dann sind von Null verschieden nur die „Elastizitätsmoduln":

$$C_{1111} = C_{2222} = C_{3333} \equiv C_{11}$$
$$C_{1122} = C_{2233} = C_{3311} = C_{2211} = C_{3322} = C_{1133} \equiv C_{12}$$
$$C_{1212} \equiv C_{44} \ \ (\text{mit 6 Vertauschungen}).$$

In einem isotropen Medium gilt darüber hinaus die Beziehung

$$C_{11} = 2\,C_{44} + C_{12}\,.$$

Weiter ist

$$C_{11} = \frac{(1-\mu)\,E}{(1+\mu)\,(1-2\,\mu)}\,; \quad C_{12} = G\,\frac{2\,\mu}{1-2\,\mu}\,; \quad K = \frac{E}{3\,(1-2\,\mu)}$$

Die Elastizitätsmoduln sind nur wenig von T abhängig, und zwar nehmen sie mit steigendem T ab.

Wirkt nun noch eine äußere Kraft F (je Volumeinheit), z. B. das Gewicht $F = \varrho\,g$, so ergibt eine dritte Gleichgewichtsbetrachtung die Bedingung

$$(\mathrm{Div}\,\sigma)_k = V_i\sigma_{ik} = -F_k\,. \tag{2}$$

(Der Operator V ist ein formaler Vektor mit den Komponenten $\partial/\partial x$, $\partial/\partial y$, $\partial/\partial z$, seine Multiplikation mit einem Tensor ergibt einen Vektor.)

Unter Eigenspannungen (oft auch inneren Spannungen) versteht man elastische Spannungen in einem Material, das keinen äußeren Beanspruchungen unterliegt (also $F = 0$). Meist kann dabei der Einfluß der Randbedingungen vernachlässigt, somit das Stück als unendlich ausgedehnt betrachtet werden. Allgemein kann bewiesen werden, daß Eigenspannungen dann und nur dann auftreten, wenn sich über die elastische eine inhomogene, nicht elastische (beim Zerschneiden bleibende) Deformation überlagert, wie sie z. B. durch plastisches Fließen (vgl. 8.1.), durch Wärmeausdehnung, durch die Magnetostriktion oder durch eingelagerte Gitterbaufehler erzeugt wird.

Um die zu Gl. (1) und (2) hinzutretenden Differentialgleichungen für Eigenspannungen zu finden, geht man nach E. Kröner [2] von dem nichtsymmetrischen „Distorsionstensor" β aus, dessen symmetrischer Teil ε ist, der aber auch die in ε nicht enthaltenen Drehungen umfaßt. Die Bedingung dafür, daß sich der elastische Teil β zusammen mit dem bleibenden β^b aus einem eindeutigen Verschiebungsfeld ableitet, d.h., daß dabei keine Risse oder Überschneidungen auftreten, ist

$$\mathrm{Rot}\,(\beta + \beta^b) = 0\,. \tag{3}$$

(Zur Anwendung des Operators Tensorrotation multipliziere man jede Zeile des Tensors vektoriell mit V.) Damit ist

$$\mathrm{Rot}\,\beta = -\,\mathrm{Rot}\,\beta^b = \alpha\,. \tag{4}$$

Der unsymmetrische Tensor α ist von Null verschieden, wenn eine inhomogene bleibende Deformation vorhanden ist. Integration über ein beliebiges Flächenstück F, dessen Randkurve R sei, und Anwendung des Satzes von Stokes ergibt:

$$\int\limits_F \alpha\,\mathrm{d}f = \int\limits_F \mathrm{Rot}\,\beta\,\mathrm{d}f = \oint\limits_R \beta\,\mathrm{d}r = b\,. \tag{5}$$

Nach der Definition von β ist $\beta\,\mathrm{d}r = \mathrm{d}s$ die Verschiebung, die auf der kleinen Strecke $\mathrm{d}r$ mit den Komponenten $\mathrm{d}x$, $\mathrm{d}y$, $\mathrm{d}z$ infolge der Deformation eintritt. Somit wird die Verschiebung über die geschlossene Kurve R nicht Null wie bei rein elastischer Deformation, sondern gleich dem „Burgersvektor" b, der sich als Flächenintegral über α berechnet.

Nun kann man nach J. M. Burgers und F. C. Frank eine Versetzung im Gitter dadurch definieren, daß man einen von Gitterpunkt zu Gitterpunkt fortschreitenden, im verformten Zustand geschlossenen Umlauf R betrachtet. Wenn er im zugehörigen unverformten (idealen) Gitter nicht mehr geschlossen ist, sondern eines Vektors b zur Schließung bedarf, wird R von Versetzungslinien durchschnitten, deren resultierender Burgersvektor b ist.

Demnach ist der 9 Komponenten umfassende Tensor α als Versetzungsdichte zu bezeichnen, die damit nach B. A. Bilby auch im Kontinuum definiert ist. Diskrete Versetzungen erhält man, wenn die α_{ik} zu Diracschen δ-Funktionen werden. Es gilt allgemein $\mathrm{Div}\,\alpha = \mathrm{Div}\,\mathrm{Rot}\,\beta = 0$, d.h. die Versetzungslinien mit gleichem b können nur geschlossen sein. Man erkennt die Analogie zwischen Versetzungslinien und Wirbelfäden der Strömungslehre, wobei der Burgersvektor der Zirkulation entspricht. Wie aus Gl. (5) hervorgeht, ist z.B. α_{11} gleich der x-Komponente des Burgersvektors der Versetzungslinien, die parallel zur x-Achse verlaufen, α_{12} gleich ihrer y-Komponente. α_{11} kennzeichnet also den Schrauben-, α_{12} mit α_{13} den Stufencharakter dieser Linien. $\alpha\,\mathrm{d}f$ ist dann gleich dem

7*

Produkt aus der durch df gehenden Linienzahl mal dem gemittelten Burgersvektor. Hat dieser bei vollständigen Versetzungen stets die gleiche Länge, so kann statt α die Zahl der Versetzungslinien je Flächeneinheit zur Kennzeichnung des Zustands benützt werden. Sie ist z.B. in unverformten Einkristallen von Cu 10^2–10^6, nach einer Verformung von 60% bei $4\,^\circ$K $5\cdot10^{13}$, bei $0\,^\circ$C 10^9–10^{10}, nach Walzen 10^{13} cm^{-2}. Im Elektronenmikroskop einzeln sichtbar sind Versetzungslinien nur, wenn ihre Dichte $< 10^9$ ist.

Die allgemeinste Lösung der Gleichung Div $\sigma = 0$ erhält man nach E. Kröner durch den potentialartigen Ansatz $\sigma = \mathrm{Ink}\,\chi = V \times \chi \times V$, wo χ der symmetrische Tensor der „Spannungsfunktionen" ist. (χ_{33} ist im Fall ebener Probleme die bekannte Airysche Spannungsfunktion.) Andrerseits definieren wir einen weiteren symmetrischen Tensor, der ein Maß ist für die Inhomogenität der Versetzungsverteilung α, durch

$$\mathrm{Ink}\,\varepsilon = \mathrm{Symm}\,(\mathrm{Ink}\,\beta) = \mathrm{Symm}\,(\alpha \times V) = \eta\,. \tag{6}$$

Wenn $\eta \equiv 0$, ist die Kompatibilitätsbedingung der klassischen Elastostatik erfüllt. Setzt man diese Ansätze in Gl. (2) mit $\boldsymbol{F} = 0$ ein, so erhält man für die Komponenten von χ die Differentialgleichung 4. Ordnung

$$\Delta\Delta\,\chi_{ik} = \eta'_{ik} = 2\,G\left[\eta_{ik} + \frac{1}{1+\mu}\,(\eta_{11} + \eta_{22} + \eta_{33})\,\delta_{ik}\right]. \tag{7}$$

Ihre Lösung, die u.a. zur Berechnung der Spannungsfelder von Versetzungen benützt werden kann, ist:

$$\chi_{ik}(\boldsymbol{r}) = -\frac{1}{8\pi}\int_V \eta'_{ik}(\boldsymbol{r}')\,|\boldsymbol{r} - \boldsymbol{r}'|\,\mathrm{d}\,V'\,. \tag{8}$$

Die Energie des Eigenspannungsfelds ist allgemein

$$U = \frac{1}{2}\int_V \sigma_{ik}\varepsilon_{ik}\,\mathrm{d}V\,. $$

Setzt man die Ansätze für σ und ε ein und fordert, daß σ und η im Unendlichen verschwinden, so erhält man

$$U = \frac{1}{2}\int_V \chi_{ik}\eta_{ik}\,\mathrm{d}V\,. \tag{9}$$

Demnach treten keine Eigenspannungen auf, wenn η überall Null ist, auch wenn α von Null verschieden ist. Demnach gibt es Anordnungen von Versetzungen, die so homogen sind, daß sie keine (bzw. sehr kleine, wenn sie aus diskreten Einzelversetzungen bestehen) Eigenspannungen haben. In der Tat ordnen sich bei der Erholung (Bildung von Subkörnern und Zellen) die während der Verformung entstandenen Versetzungen (mit

Hilfe von Kletterbewegungen, also etwa in Stufe III und IV der Tab. 7)
so um, daß ihre elastische Energie minimal wird.

Analogie zwischen elastizitätstheoretischen und elektromagnetischen Ansätzen [7]

	Elektrostatik	Theorie der äußeren Spannungen	Theorie der Magnetfelder stationärer Ströme	Theorie der Eigenspannungen
Feldgleichungen	$\operatorname{rot} \boldsymbol{E} = 0$ $\operatorname{div} \boldsymbol{D} = 4\pi\varrho$	$\operatorname{Ink} \varepsilon = 0$ $\operatorname{Div} \sigma = -\boldsymbol{F}$	$\operatorname{rot} \boldsymbol{H} = \dfrac{4\pi}{c} j$ $\operatorname{div} \boldsymbol{B} = 0$	$\operatorname{Ink} \varepsilon = \eta$ $\operatorname{Div} \sigma = 0$
Materialgleichung	$\boldsymbol{D} = \varepsilon_0 \boldsymbol{E}$	$\sigma = C\varepsilon$	$\boldsymbol{B} = \mu_0 \boldsymbol{H}$	$\sigma = C\varepsilon$
Lösungsansatz	$\boldsymbol{E} = -\operatorname{grad}\Phi$	$\varepsilon = \operatorname{Def} \boldsymbol{s}$	$\boldsymbol{B} = \mu_0 \operatorname{rot}\boldsymbol{A}$	$\sigma = \operatorname{Ink}\chi$
Daraus folgende Differentialgleichung	$\Delta\Phi = -\dfrac{4\pi\varrho}{\varepsilon_0}$	$\Delta\Delta \boldsymbol{s} = f(\boldsymbol{F})$	$\Delta\Delta\boldsymbol{A} = -\dfrac{4\pi}{c} j$	$\Delta\Delta\chi = \eta'$

Als qualitatives Beispiel [15] diene Abb. 36, deren Eigenspannungen
verschwinden würden, wenn statt des Quaders eine in zwei Dimensionen
ins Unendliche reichende Scheibe ausgeschnitten und deformiert wäre.

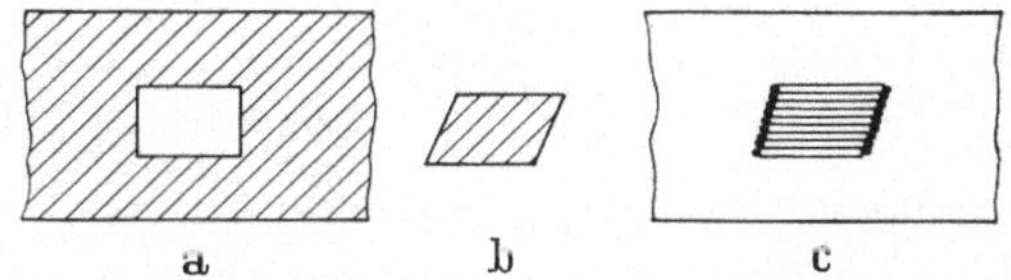

Abb. 36. Entstehung von Eigenspannungen: In *a* wird ein Bereich ausgeschnitten und in *b* bleibend verformt. Um ihn wieder in die Höhlung einzuzwängen, müssen elastische Spannungen erzeugt werden, deren Quellen die in *c* angedeuteten Versetzungslinien sind. Diese haben in der Bildebene Schrauben-, senkrecht dazu Stufencharakter.

Wenn, wie das etwa bei Ausscheidungen häufig angenommen werden
kann, zwischen Einschluß und Matrix keine Schubkräfte wirken, gilt der
von F. R. N. Nabarro bewiesene Satz, daß die Normalkräfte auf den
Einschluß, je Flächeneinheit gerechnet, konstant sind, daß demnach der
Einschluß unter hydrostatischem Druck steht. Diesen Normalkräften
proportional ist – wegen der Linearität der Grundgleichungen – auch die
relative Volumänderung der Matrix. Das Verhältnis beider definiert daher einen effektiven Kompressionsmodul, der nur von den elastischen
Koeffizienten der Matrix und der Form des Einschlusses abhängt. Er
berechnet sich nach Kröner für eine Kugel in einem kubischen Kristall zu

$$C_a = \frac{4}{15}\,(5\,C_{44} + \mu')\,,$$

wo

$$\mu' = C_{11} - C_{12} - C_{44}$$

für ein langes Rotationsellipsoid (Nadel) zu

$$C_a = \frac{1}{4}\,(4\,C_{44} + \mu')\,,$$

und für ein kurzes Ellipsoid (Scheibe) zu

$$C_a = \frac{\pi}{4}\left(\mu' + C_{12} + 3\,C_{44} - \frac{4\,(C_{12} - C_{44})^2}{3\,\mu' + 4\,C_{12} + 12\,C_{44}}\right)\frac{c}{a}\,.$$

Nach der Definition des Kompressionsmoduls ist $\frac{1}{2}\,10^{-4}\,C_a$ die Energie, die man braucht, um einen Hohlraum von 1 cm³ um 1 % auszudehnen. Die elastische Energie des Einschlusses selbst kann vor allem bei flachen Teilchen vernachlässigt werden. Dann erhält man die in Abb. 37 angegebenen Energiewerte.

Der elastische Dipol als Eigenspannungsquelle, ein von J. Boussinesq, A. E. H. Love, J. D. Eshelby, C. Crussard sowie E. Kröner [6, 15] eingeführter Begriff, kann auf zweifache Weise erklärt werden:

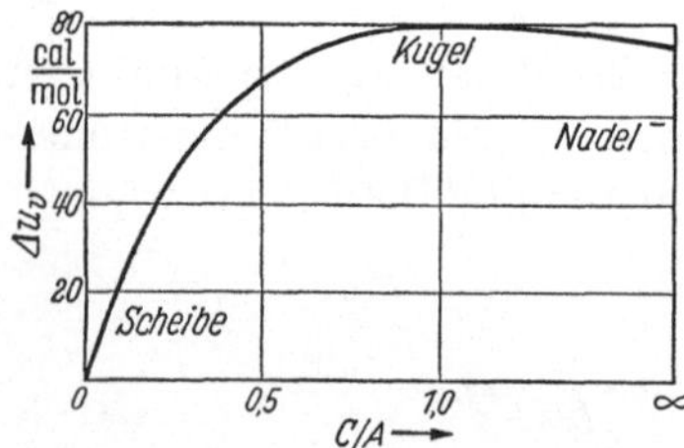

Abb. 37. Elastische Energie je Volumeinheit eingesprengter Rotationsellipsoide mit einem um 1 % größeren Volumen. Die Matrix hat die elastischen Konstanten des Al (nach Kröner).

Als „Verschiebungsdipol", indem man einem abgegrenzten, etwa kugelförmigen Volumstück ΔV eine bleibende Deformation ε_{ij}^b erteilt und das „Dipolmoment der Doppelverschiebung" definiert als

$$Q_{ij} = \lim \varepsilon_{ij}^b\,\Delta V\,,$$

wenn ΔV gegen Null, ε^b gegen Unendlich geht. Gleichzeitig mit ε ist Q ein symmetrischer Tensor 2. Stufe, kann also durch eine Fläche 2. Grades dargestellt werden, die auch in eine Kugel ausarten kann. Man kann diesen Verschiebungsdipol als Grenzfall eines Versetzungsrings der Fläche Δf mit dem Normalvektor $\boldsymbol{n}$ und dem Burgersvektor $\boldsymbol{b}$ auffassen, wenn

$$Q_{ij} = \lim \boldsymbol{n}_i\,\boldsymbol{b}_j\,\Delta f$$

ist, wo Δf gegen Null, $\boldsymbol{b}_j$ gegen Unendlich geht. Der „Kräftedipol" entsteht aus einem Paar antiparalleler Kräfte $\boldsymbol{P}$, deren Angriffspunkte um den Vektor $\boldsymbol{l}$ verschoben sind. Das „Dipolmoment der Doppelkraft", aus Gleichgewichtsgründen ebenfalls ein symmetrischer Tensor, ist dann definiert als

$$P_{ij} = \lim l_i\,P_j\,(l_i \to 0,\ P_j \to \infty)\,.$$

Wenn man annehmen kann, daß die elastischen Moduln des Mediums innerhalb und außerhalb ΔV die gleichen sind, gilt die Umrechnung

$$P_{ij} = C_{ijkl}Q_{kl}\,.$$

Umgibt den Dipol ein durch σ_{ij} oder ε_{ij} gekennzeichnetes elastisches Feld, so ist seine Energie

$$U = -Q_{ij}\sigma_{ij} = -P_{ij}\varepsilon_{ij}.$$

Wie im magnetischen Fall die Magnetisierung das resultierende Dipolmoment je Volumeinheit ist, so definiert man auch hier eine entsprechende „Dipoldichte" q_{ij} bzw. p_{ij}. Sind die Dipole gleichmäßig verteilt, so ist q_{ij} nichts anderes als die gemittelte und von außen meßbare Deformation, die das Medium durch die eingelagerten Dipole erhält, und es gilt auch hier

$$p_{ij} = C_{ijkl}q_{kl}.$$

Hat man etwa q_{ij} gemessen und daraus p_{ij} bestimmt, so gilt

$$P_{ij} = \frac{V}{N}\,p_{ij}.$$

Zum Beispiel berechnet KRÖNER [2] aus der dem C-Gehalt proportionalen tetragonalen Verzerrung des Martensits den Kräftedipol der in die Würfelkantenmitten des raumzentrierten α-Fe mit tetragonaler Punktsymmetrie eingelagerten C-Atome als einen rotationssymmetrischen (zweiachsigen) Tensor mit den Komponenten:

$$P_{11} = P_{22} = 4{,}6\ \text{eV};\quad P_{33} = 11{,}2\ \text{eV}.$$

(Dabei ist $C_{11} = 2{,}37$, $C_{12} = 1{,}41 \cdot 10^{12}$ dyn/cm² und für 1 Gew.-% C die bleibende Dehnung $\varepsilon_{11} = \varepsilon_{22} = -0{,}0048$; $\varepsilon_{33} = 0{,}035$, $V/N = 2{,}50 \cdot 10^{-22}$ cm³.) Einen dreiachsigen Dipol bildet z. B. ein Leerstellenpaar in Cu. Als Dipolstärke von Dipolen einachsiger Symmetrie wird definiert $\Delta\lambda = \dfrac{Q_{33} - Q_{11}}{Q_{11} + Q_{22} + Q_{33}}$ (Zahlenwerte in 8.5.). Es ist dann die Energie im Feld σ: $U = -\Delta\lambda\sigma$.

Das elastische Feld eines solchen Dipols klingt wie das eines endlichen Versetzungsrings nach außen ab. Daher kann die Wechselwirkung zwischen den Dipolen meist nicht vernachlässigt werden. Sie begründet auch die Stabilität des tetragonalen Martensitzustands, ebenso wie die Wechselwirkung zwischen den magnetischen Dipolen den ferromagnetischen Zustand stabilisiert. Wie dort ist auch für den Martensit bei kleinen Konzentrationen und höheren Temperaturen ein Zustand mit regelloser Ausrichtung der Dipole, also kubischer Symmetrie zu erwarten. Wie es scheint, ist dies der beim Anlassen des tetragonalen auf $\approx 150\,°\mathrm{C}$ zu beobachtende kubische Martensit.

Parelastisch nennt man ein Material, das nicht kugelsymmetrische elastische Dipole enthält, die sich in einem Spannungsfeld in die energetisch günstige Richtung hineindrehen, und damit die Elastizitätsmoduln des Materials verringern. Nach der dabei entstehenden Relaxation nennt man dies allgemein Snoekeffekt (6.3.). Werden die Dipole nicht gedreht, so wird das Spannungsfeld beeinflußt, z. B. eine vorbeipassierende Versetzung abgelenkt. Diese ,,parelastische Wechselwirkung`` erfordert eine zusätzliche Kraft zur Bewegung der Versetzung, die proportional $\Delta a/a$ ist.

Wenn an bestimmten Stellen eines Mediums, das elastisch deformiert wird, elastische Dipole induziert werden, weil dort die elastischen Konstanten verändert sind, spricht man von Dielastizität. Sie kann sich über die Parelastizität überlagern. So haben nach Rechnungen von A. SEEGER und H. BROSS die Leerstellen im fl. k. G. ein nahezu verschwindendes permanentes Dipolmoment, sind aber stark polarisierbar. Beim Durchgang von Versetzungen durch Komplexe mit verändertem G erhöht eine dielastische Dipolbildung, die proportional $\Delta G/G$ ist, die notwendige Kraft.

Wie oben betont wurde, erzeugen nur inhomogene bleibende Verformungen Eigenspannungen. Dementsprechend werden seit langem die durch plastisches Verformen entstandenen Eigenspannungen klassifiziert nach der Ausdehnung des Bereichs dieser Inhomogenität. Spannungen I. Art [5, 8] nennt man solche, die nahezu homogen sind über Strecken, die mit den Abmessungen des Werkstücks zu vergleichen sind, z. B. die in den Oberflächenschichten von Walzblechen infolge des Voreilens der Innenzone beim Walzen entstehenden Eigenspannungen. Spannungen II. Art erstrecken sich über Gebiete von Korngröße. Sie entstehen nach KRÖNER (vgl. 8.6.) vor allem deshalb, weil die verschiedene Orientierung der Körner ein verschiedenes elastisches Verhalten und damit die Bildung induzierter elastischer Dipole zur Folge hat. Schließlich nennt man Spannungen III. Art die elastischen Felder, die Versetzungen und punktförmige Baufehler umgeben. Sie sind die Ursache der Verfestigung.

4.3. Volumen und Energie der Punktfehler und Schmelzen

Entsteht im Gitter eine Leerstelle oder ein Zwischengitteratom, so wird zunächst das Volumen um ein Atomvolumen Ω vergrößert bzw. verkleinert und es gilt für die relative Volum- und Längenänderung offensichtlich

$$\left(\frac{\Delta V}{V}\right)_{\text{starr}} = 3\left(\frac{\Delta L}{L}\right)_{\text{starr}} = c_L - c_Z .$$

Weil aber im Zentrum des Fehlers abstoßende Kräfte weggenommen bzw. hinzugefügt wurden, tritt nunmehr eine Verschiebung der Atome auf die Leerstelle hin bzw. vom Zwischengitteratom weg ein (,,Relaxation``). Sie ändert die Gitterkonstante und bei statistischer Verteilung gilt nach J. D. ESHELBY

$$\frac{\Delta a}{a} = \left(\frac{\Delta L}{L}\right)_{\text{rel}} .$$

Somit gilt für die gesamte Längenänderung („starr" minus „rel")

$$3\frac{\Delta L}{L} - 3\frac{\Delta a}{a} = c_L - c_Z\,.$$

Im thermischen Gleichgewicht bei hohen Temperaturen überwiegen die Leerstellen mit ihrer viel kleineren Bildungsenergie, so daß man aus Messungen von ΔL und Δa c_L ermitteln kann [1].

Die bei der „Relaxation" entstehende Volumänderung und elastische Energie berechnet man außerhalb eines etwa 6 Sphären umfassenden Bereichs, in dem man atomistisch mit Born-Mayer-Potentialen arbeiten muß, elastizitätstheoretisch durch Ansatz eines Kräftedipols im Zentrum, dessen Stärke durch Minimalisieren der Gesamtenergie ermittelt wird. Er erzeugt im unendlichen Medium eine Volumänderung $(\Delta V/V)_{rel} = (P_{11} + P_{22} + P_{33})/3K$, die aber, wie man zeigen kann, sich nur in nächster Nähe des Zentrums abspielt und negativ für Leerstellen, positiv für Zwischengitteratome ist. Im begrenzten Medium wird nach ESHELBY diese Volumänderung um einen Faktor γ größer, weil nunmehr am freien Rand eine zusätzliche Verschiebung (in derselben Richtung wie oben) eintritt. Im einfachsten Fall eines kugelsymmetrischen Kräftedipols wird $\gamma = 3\dfrac{1-\mu}{1+\mu}$, wie man sieht, wird $\gamma = 1$ für inkompressible Medien ($\mu = 1/2$). Die gesamte Volumänderung ist für Leerstellen bzw. Zwischengitteratome $\Delta V/V = (\Delta V/V)_{rel} \pm 1$ Atom-volumina, bei Cu ergibt sich dafür $+ 0,9$ bzw. $+ 0,7$, beim Zwischengitteratom wird also durch die Relaxation die starre Volumänderung überkompensiert.

Die Energie setzt sich zusammen aus a) der zur Lösung von 12 Bindungen und Neuschaffung von 6 bei der Leerstelle (umgekehrt beim Zwischengitteratom) aufzuwendenden Arbeit, b) dem Relaxationsanteil und c) dem Elektronenanteil, herrührend von der Ausbildung eines Schirms nach 1.6., wobei im Zentrum der Leerstelle eine negative, in dem des Zwischengitteratoms eine positive Elementarladung einzusetzen ist. Nach H. B. HUNTINGTON und F. SEITZ sowie A. SEEGER, G. SCHOTTKY, G. SCHMID und E. MANN berechnet man a) und b) zusammen durch die oben erwähnte Aufteilung in einen von Born-Mayer-Potentialen beherrschten und einen kontinuumstheoretisch erfaßbaren Bereich. Für die Leerstelle von Cu ist gemessen $+ 1,06$ eV, davon entfallen auf das Born-Mayer-Gebiet etwa $- 0,3$, auf den elastischen Bereich $+ 0,1$ und auf die Elektronen $+ 1,3$ eV. Beim Zwischengitteratom in Oktaederlage dagegen (und ebenso in der ähnlich berechenbaren weniger symmetrischen Hantellage sowie der instabilen Schwellenlage bei der Wanderung) fallen auf Born-Mayer wesentlich mehr, nämlich etwa $+ 3,9$ eV, auf den elastischen $+ 0,9$ und auf den elektronischen Teil etwa $- 1,3$ eV. Für Cu berechnet sich der Unterschied zwischen der Oktaeder- und der stabilen Hantellage, in der das zusätzliche Atom ein zweites in $\langle 100 \rangle$-Richtung verschiebt und mit diesem die Hantel bildet, zu 0,5 eV. Infolge ihrer größeren Stabilität hat die Hantel eine größere Wanderungsenergie als die symmetrischen Lagen. Außerdem besitzt sie nach Tab. 5 eine Schwellenenergie für Rotation.

Die von A. Scholz [14] berechnete Leerstellenenergie in den kovalenten Gittern von Diamant, Si und Ge ist wesentlich größer als in Metallen, nämlich 5,79 bzw. 2,97 und 2,65 eV. In den Salzen dagegen scheint sie von gleicher Größenordnung wie in Metallen zu sein, so ist nach Scholz die Summenenergie eines Schottkypaares in NaCl 2,10, in KCl 2,20 eV.

Wichtig ist auch die Bindung der Leerstellen an andre oder an gelöste Fremdatome (wo auch Abstoßung möglich ist). Die Bindungsenergie zweier Leerstellen ΔB ist in Tab. 5 aufgeführt, die eines Zn-Atoms in Cu mit einer Leerstelle ist nach A. B. Lidiard 0,2 eV.

Die durch plastische Deformation erzeugte Volumvergrößerung ($\approx 0,1\%$) ist zu etwa 2/3 auf die beim Schneiden der Versetzungen erzeugten Leerstellen zurückzuführen. Nach W. Boas verschwindet dieser Anteil in Erholungsstufe III. Der Rest rührt her von den Versetzungen selbst und geht erst bei der Rekristallisation zurück, wonach nur der kleine Anteil der Großwinkelgrenzen übrig bleibt.

Wie vor allem Röntgeninterferenzbeobachtungen zeigen, gibt es in Flüssigkeiten (Schmelzen) eine mittlere Koordinationszahl, die oft nur wenig kleiner ist als die des zugehörigen Kristalls (Ausnahmen sind Bi und As, wo die Schmelze metallische Bindung und daher wesentlich größere Koordinationszahl als der Kristall besitzt). Man faßt daher die Schmelze auf als einen Kristall, in dem eine große Anzahl von Leerstellen und Zwischengitteratomen im Gleichgewicht ist. Ihre Bildungsenergie nimmt zweifellos mit zunehmender Anzahl je cm³ ab, somit stellen sich ähnliche thermodynamische Verhältnisse ein wie beim Übergang regelmäßig regellos [19].

Beim Schmelzen nimmt das Volumen meist zu, bei Cu um 4,2, bei Al um 6,3, bei den Alkalimetallen um 2,5%. Bei Bi, Sb und Ga nimmt es um 1–4% ab. Nach G. Borelius [17] soll der Volumzunahme beim Schmelzen eine von gleichen Strukturänderungen herrührende anomale thermische Ausdehnung des Kristalls vorausgehen. Diese Volumänderungen sollen verbunden sein mit einer zusätzlichen Erhöhung des Wärmeinhalts. In der Tat konnten O. Krisement und F. Weber [18] beim α-, δ-Fe (nicht dagegen bei γ-Fe) den Schwingungs- und Elektronenanteil der spezifischen Wärme abtrennen vom strukturellen Anteil C_s, und im gleichen Verhältnis auch die Volumausdehnung aufteilen. Am Schmelzpunkt von 1812 °K war $C_s = 5{,}75$, während die gesamte Molwärme $C_p = 13{,}00$ cal/Mol · grad beträgt, und die Elektronenwärme etwa $7{,}05 \cdot 10^{-4}\,T$ cal/Mol $\cdot$ grad ist. Von der Volumenzunahme von $T = 0$ bis $1812\,°K$, die 9% beträgt, fallen 35% auf die Strukturänderung. Wenn man nun $U_s = \int C_s\, dT$ ins Verhältnis setzt zur strukturellen Volumänderung, zeigt sich, daß dieses Verhältnis dasselbe ist wie das der Schmelzwärme zur Volumänderung beim Schmelzen (3600 cal/ Mol : $0{,}486 \cdot 10^{-24}$ cm³ je Atom oder, da das Atomvolumen $12{,}65 \cdot 10^{-24}$ cm³ ist, $0{,}15$ eV je Atom: $0{,}038$ Atomvolumina je Atom). Zum Vergleich sei erwähnt, daß bei Leerstellen des Cu das Verhältnis von Energie zu Volumen $1{,}06$ eV : $0{,}8$ Atomvolumina ist, also dieselbe Größenordnung besitzt.

Im festen Zustand unterhalb des Schmelzpunkts besteht die Strukturänderung zweifellos aus Leerstellen. Für die Schmelze aber zeigen statistische Berechnungen der mechanischen Stabilität (vgl. J. E. ENDERLY und N. H. MARCH [3]), daß die Atomlagen nicht etwa ein regelmäßiges Gitter mit zahlreichen Leerstellen bilden, sondern viel unregelmäßiger sind. Die Leerstellen sind „verschmiert", die Koordinationszahl schwankt von Atom zu Atom, ihr Mittelwert ist nach S. STEEB [20] bei Al etwa zehn. Doch bestehen nach 2.3. Nahordnungskomplexe der Koordination, d. h. Bereiche mit etwas regelmäßigerer Anordnung, umgeben von weniger dicht gepackten. Kleine Bereiche mit vollständig kristalliner Koordination, wie sie beim Aufschmelzen von Kristallen übrigbleiben und Keime einer darauffolgenden Kristallisation bilden können, sind zwar nicht im vollen thermodynamischen Gleichgewicht, bleiben erfahrungsgemäß aber über Stunden und Tage erhalten, wenn die Schmelze nicht überhitzt wird. Diese wesentliche Inhomogenität des Zustands macht sich besonders bei kinetischen Eigenschaften geltend (vgl. 5.1.).

Nach F. A. LINDEMANN ist die Schmelztemperatur ungefähr proportional dem Produkt aus Schubmodul und Atomvolumen, außerdem zeigt sich, daß die Entropievergrößerung beim Schmelzen, bekanntlich Q_s/T_s, für alle Metalle nahezu gleich groß ist, nämlich $1{,}15$ R.

4.4. Versetzungen und Korngrenzen

Die Versetzung als von Eigenspannungen umgebener Zustand des gestörten Kristalls wurde hinsichtlich ihrer geometrischen Verhältnisse in 4.1. kontinuumsmäßig beschrieben. Atomistisch ist sie in 4.2. definiert. Man erkennt daraus u. a., daß eine reine Stufenversetzung auch hergestellt werden kann durch Einfügen einer Netzebene im einfach kubischen, bzw. zweier (111)-Ebenen im fl. k. Gitter, und daß eine reine Schraubenversetzung den Zusammenhang der zu ihr senkrechten Netzebenenschar derart abändert, daß diese zu einer einzigen bzw. zwei parallelen Spiralflächen wird (Abb. 38, 39). Das für Stufenversetzungen übliche Symbol zeigt die eingeschobene Ebene senkrecht auf der Gleitebene. Das $+$- oder $-$-Vorzeichen (Abb. 40) besagt, daß sie von oben oder von unten eingeschoben ist. Bei Schraubenversetzungen gibt das Vorzeichen den Windungssinn der Spirale.

In der in 4.2. dargestellten linearen Elastizitätstheorie gilt ein Satz von G. COLONNETTI, wonach die Volumänderung durch Eigenspannungen im Mittel Null ist. In dieser Näherung wird also durch Versetzungen die Dichte nicht verändert. In Wirklichkeit gibt es merkbare Abweichungen vom linearen Hookeschen Gesetz: Mit zunehmender Kompression, bei der die abstoßenden Atomkräfte ansteigen, wird der Kristall härter,

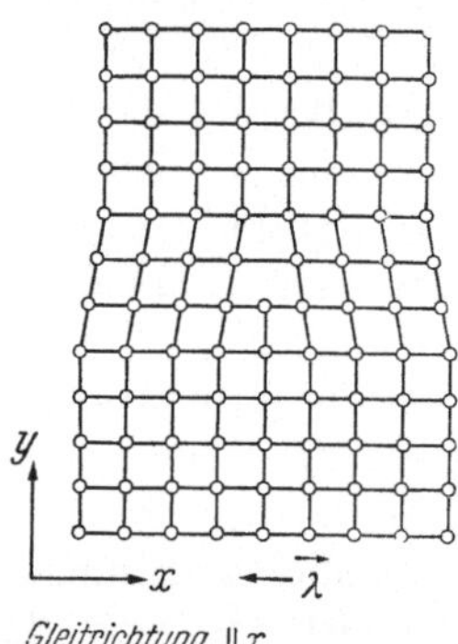

Abb. 38. Eine Stufenversetzung, deren Burgersvektor eingezeichnet ist und deren Versetzungslinie senkrecht zur Bildebene steht. Kann auch durch Einfügen einer Netzebene erzeugt werden.

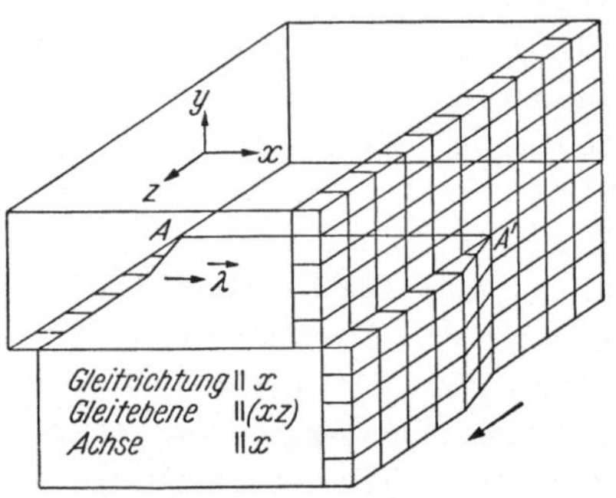

Abb. 39. Schema einer Schraubenversetzung mit eingezeichnetem Burgersvektor. A–A Versetzungslinie.

außerdem erzeugen diese eine die Scherung – unabhängig von ihrer Richtung – begleitende Dilatation. Beides hat zur Folge, daß durch Eigenspannungen die mittlere Dichte verringert wird. Nach C. ZENER sowie A. SEEGER (vgl. [1]) gilt dann für die mittlere Volumänderung

$$V = - V/K \left(\frac{\mathrm{d}\ln K}{\mathrm{d}\ln V} + 1 \right) U_{\mathrm{hyd}} - V/K \left(\frac{\mathrm{d}\ln G}{\mathrm{d}\ln V} + 1 \right) U_{\mathrm{sch}},$$

wo U_{hyd} die Energie des Volumanteils, U_{sch} die des Gestaltänderungsanteils der linear berechneten Deformation ist. So berechnet sich, daß eine Versetzung in der Nähe ihres Kerns eine Volumvergrößerung von etwa einem Atomvolumen auf einer Länge b erfährt. In diesem Gebiet verminderter Dichte häufen sich Leitungselektronen an.

In der Nähe der Versetzungslinie führt die kontinuumsmäßige Beschreibung zu einer unendlichen Verzerrung, bei Kontinuumsrechnungen muß dieses Gebiet ausgeschnitten werden. Die atomistischen Verhältnisse zeigt schematisch Abb. 41. Die obere Atomreihe enthält ein Atom mehr als die untere, es handelt sich also um eine Stufenversetzung mit einem Burgersvektor parallel der Reihe. Wie man sieht, ist der Versetzungszustand statisch metastabil, und zwar deshalb, weil ein periodisches Potential existiert. Man erkennt auch, daß die obere Reihe links einen atomaren Gleitschritt ausgeführt hat, der nach rechts weiterrückt, wenn die Versetzungslinie sich nach rechts verschiebt. Die hierbei zu überwindende Energieschwelle, die der sog. Peierlsspannung entspricht,

ist offensichtlich kleiner als die beim Verschieben eines Atoms aus dem ungestörten Gitter. Am kleinsten ist sie, wenn die Versetzungslinie ganz in einer dichtest belegten Ebene, der Gleitebene liegt und in dieser verschoben wird. Sie wächst aber stark mit zunehmender Verschiebungsgeschwindigkeit (Zahlenwerte in [10]), weil die dabei notwendigen Atombewegungen Gitterschwingungen anregen, die dissipiert werden und in Wärme übergehen. Nähert sich die Geschwindigkeit der Schallgeschwindigkeit, so kommt die Atombewegung nicht mehr mit, das Gitter verhält sich unendlich steif und die Reibungskraft wird unendlich.

Wegen der Periodizität des Gitters schwankt die potentielle Energie einer Versetzung bei Verschiebung im Kristall periodisch, und um sie ohne Mitwirkung ther-

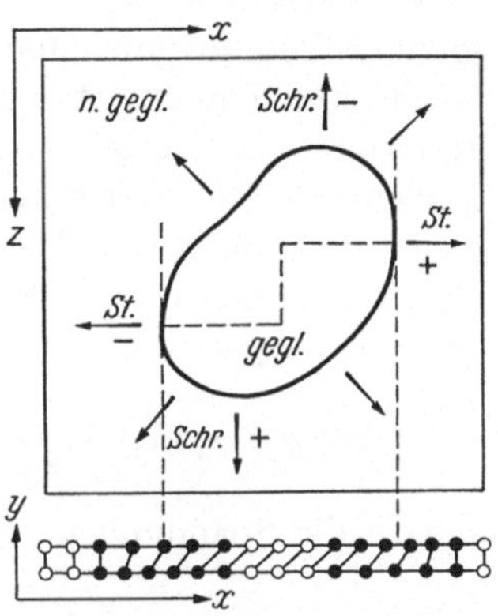

Abb. 40. Ringförmig geschlossene Versetzungslinie mit Burgersvektor parallel x. Wenn eine Schubspannung parallel zur x-Achse angelegt wird, sucht sie sich in Richtung der Pfeile auszudehnen (nach KOCHENDÖRFER).

mischer Aktivierung zu bewegen, braucht man die Peierlsspannung, die offensichtlich für Versetzungslinien in einfachen Richtungen am größten ist, und wegen der statistischen Atombewegung mit zunehmendem T abnimmt, aber theoretisch nur wenig genau zu berechnen ist. Werte erhält man z.B. aus der Aktivierungsenergie der Bordoni-Tieftempera-

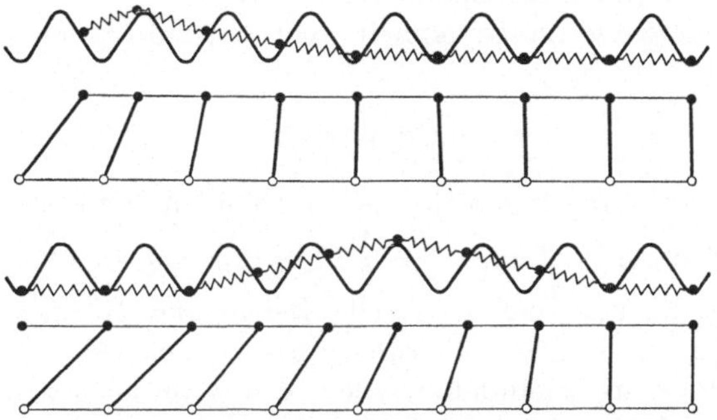

Abb. 41. Zwei Atomreihen, die eine von links nach rechts fortschreitende Stufenversetzung tragen. Das Potential der unteren Reihe auf je ein Atom der oberen ist angedeutet, ebenso durch Federn die Wechselwirkung zwischen den oberen Atomen. Burgersvektor parallel den Reihen (nach KOCHENDÖRFER).

tur-Relaxation, die von Doppelkinkenbildung in geraden Versetzungslinien herrührt. Sie ergibt sich für Cu zu $\approx 10^{-4}$ G, dagegen für die Diamantstruktur des Ge und Si $\approx 10^{-3}$ G, während die Peierlsspannung von Ta, V, α-Fe dazwischen liegt.

Die stets positive Energie einer Versetzung, oft je Längeneinheit derselben gerechnet, setzt sich zusammen aus dem Anteil des die Versetzungslinie umgebenden Eigenspannungsfelds, der etwa 90% ausmacht, und dem nur atomistisch zu berechnenden Anteil des Versetungskerns mit dem Radius $\approx a$. Der erstere Teil divergiert in einem unendlich großen Kristall logarithmisch, daher muß ein „Abschneideradius" A etwa gleich dem mittleren Abstand der Versetzungen gewählt werden. Das elastische Feld einer geraden Stufenversetzung leitet man ab aus einer Airyschen Spannungsfunktion nach 4.2. in Cartesischen Koordinaten:

$$\chi_{33}(x_1, x_2) = \frac{1}{4\pi} \frac{G\mu}{\mu - 1} b_1 \frac{\partial}{\partial x_2} (\varrho^2 \ln \varrho); \quad \varrho^2 = x_1^2 + x_2^2,$$

woraus die Spannungen:

$$\sigma_{11} = \frac{\partial^2 \chi}{\partial x_2^2}; \quad \sigma_{12} = -\frac{\partial^2 \chi}{\partial x_1 \partial x_2}; \quad \sigma_{22} = \frac{\partial^2 \chi}{\partial x_1^2},$$

$$\sigma_{31} = \sigma_{32} = \sigma_{33} = 0.$$

Für eine gerade Schraubenversetzung, ebenfalls in x_3-Richtung, geht man am besten aus vom Verschiebungsfeld:

$$s_1 = s_2 = 0; \quad s_3 = \frac{b_3}{2\pi} \operatorname{arc tg} \frac{x_2}{x_1}.$$

Die Spannungen werden dann:

$$\sigma_{31} = -\frac{G b_3}{2\pi} \frac{x_2}{\varrho^2}; \quad \sigma_{32} = \frac{G b_3}{2\pi} \frac{x_1}{\varrho^2}.$$

Demnach treten nur Schubspannungen auf.

Die Feldenergie je Längeneinheit einer Schraubenversetzung (Linienenergie) wird:

$$E_L = \frac{G b^2}{4\pi} \ln \frac{A}{a}.$$

Wenn 10^8 Versetzungslinien je cm² vorhanden sind, wird $A/a \approx 10^4$, somit die Energie je Länge $b \approx \frac{1}{2} b^3 G$ (für Cu 4,5 eV), beträchtlich größer als die Energie einer Leerstelle. Bei genauer Rechnung ist E_L von der Krümmung abhängig, näherungsweise können jedoch Probleme der Versetzungsform so behandelt werden, wie wenn es sich um eine Seite der Spannung E_L handeln würde.

Die Kraft, die eine äußere Spannung auf ein durch den Vektor dl bestimmtes Stück einer Versetzungslinie ausübt, berechnet sich aus der bei seiner Verschiebung geleisteten Arbeit nach M. PEACH und J. S. KOEHLER zu

$$\mathrm{d}\boldsymbol{K} = (\boldsymbol{b}\cdot\sigma) \times \mathrm{d}\boldsymbol{l},$$

wo die Klammer das Produkt des Burgersvektors mit dem Spannungstensor, also gleich $|b|$ mal der im Gleitsystem herrschenden Schubspannung ist. Die Kraft steht also immer senkrecht auf der Versetzungslinie.

Für die Kräfte zwischen Versetzungen gilt im allgemeinen, daß gleichnamige (parallele Burgersvektoren) sich abstoßen, ungleichnamige (entgegengesetzt gerichtete Burgersvektoren) sich anziehen. Diese Regel gilt ohne Ausnahme für Schraubenversetzungen. Daher sind z. B. Feinkorngrenzen, die nur eine Schar paralleler Schraubenversetzungen enthalten, nicht stabil, sondern nur solche mit mindestens zwei sich überkreuzenden Scharen. Für die Kräfte zwischen Stufenversetzungen gilt die Regel ebenfalls. Nun aber muß hier ein Unterschied gemacht werden zwischen konservativen Bewegungen in der Gleitebene und Klettern mit Hinterlassung von Leerstellen und Zwischengitteratomen senkrecht dazu. So zeigt sich, daß gleichnamige Stufenversetzungen in Richtung ihrer Burgersvektoren und ungleichnamige unter $45°$ zu der Burgersvektorrichtung gegenseitig gegen Gleiten stabil sind. In der Tat können Feinkorngrenzen aus einer einzigen Schar von Stufenversetzungen bestehen, deren Burgersvektoren parallel ihrer Ebene sind. Unter einer Schubspannung bewegt sich die Grenze in Richtung ihrer Normalen (während eine Großwinkelkorngrenze sich viskos in sich selbst verschiebt).

Zwei parallele Versetzungslinien mit verschiedenen Burgersvektoren stoßen sich nach F. C. FRANK ab mit einer Kraft, die umgekehrt proportional ihrem Abstand und direkt proportional dem cos des von ihren Burgersvektoren eingeschlossenen Winkels ist. Wenn der cos negativ wird, hat man Anziehung.

Als Gleitzone bezeichnet man eine Schar konzentrischer, in der Gleitebene aufgestauter Versetzungsringe. Ihre Gleichgewichtsverteilungen wurden von J. D. ESHELBY, F. C. FRANK und F. R. N. NABARRO sowie G. LEIBFRIED theoretisch untersucht. Sei n ihre Anzahl, L die größte Ausdehnung, die sie unter der Schubspannung τ annehmen, so gilt näherungsweise die Leibfriedsche Formel

$$\tau = \frac{n\,\pi\,b\,G}{2\,L}.$$

Die Entropie einer Versetzungslinie ist von der Größenordnung der eines einzelnen Punktfehlers, da ja die Verzerrungen aller N beteiligten Atome mechanisch gekoppelt, also kaum variierbar sind, dagegen ist die Energie etwa gleich dem N-fachen der eines Punktfehlers. Daher sind Versetzungen bis herauf zum Schmelzpunkt niemals im thermodynamischen Gleichgewicht. Verschwinden können die einmal gebildeten Versetzungen bei tieferen Temperaturen nur durch Wandern bis an die Oberfläche oder an Großwinkelkorngrenzen sowie durch eine Quergleitung, bei der zwei Versetzungen mit entgegengesetzten Burgersvektoren sich nahe kommen und annihilieren. Beide Vorgänge treten z. B. in Bereich I bei Cu usw. auf. Bei der Rekristallisationstemperatur verschwinden die Versetzungen (nicht vollständig) in Großwinkelgrenzen, aber unterhalb dieser Temperatur sind sie in plastisch nicht beanspruchten Stoffen unbegrenzt haltbar.

Gebildet werden sie bei der Kristallisation aus der Schmelze, wenn nur ein Keim vorhanden ist, durch die Wärmespannungen. Diese beruhen ja auf einer inhomogenen bleibenden Verformung, damit auf fiktiven Versetzungen, die leicht durch Schrumpfen in reale übergehen. In der Tat konnten bei Ge durch Kleinhalten des Keims größere Einkristalle ohne Versetzungen erzeugt werden (vgl. 8.1.). Sind, wie bei der Abscheidung aus Lösungen, mehrere Keime nebeneinander tätig, so entspringen Versetzungen aus ihren Orientierungsdifferenzen.

Unter einer Schubspannung entwickeln sich aus der in Knoten vernetzten Grundstruktur neue Versetzungslinien in einer Dichte, die bis 10^{10} mal größer sein kann, wenn sie entsprechend große Abgleitungen tragen sollen. Dabei ist zu unterscheiden zwischen den „Frank-Read-Quellen", die im wesentlichen in der Grundstruktur selbst sich finden und für die $\mathrm{d}N/\mathrm{d}t$ nahezu konstant ist, und der „Multiplikation" der wandernden Versetzungen, die $\mathrm{d}N/\mathrm{d}t \sim \overline{N}$ ergibt. Die konstanten Quellen, aus denen nach 8.3. etwa 100 Versetzungsringe sich ablösen können, bestehen nach Abb. 42 aus einem an zwei Knoten festgehaltenen

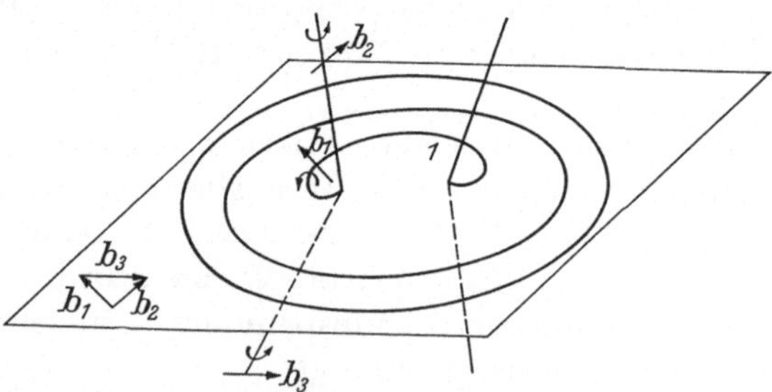

Abb. 42. Versetzungsquelle (nach F. C. FRANK u. W. T. READ). In der Grundstruktur sind zwei Versetzungsknoten mit den links angegebenen Burgersvektoren enthalten. Unter einer in der gezeichneten Gleitebene liegenden Schubspannung baucht sich nach Abb. 40 die zwischen den Knoten liegende Linie aus. Die Ringe lösen sich ab, weil zwei Linienstücke entgegengesetzten Vorzeichens sich aufheben.

Versetzungsstück der freien Länge l_0. Es sei E_L seine Linienenergie, dann berechnet sich aus der Koehlerschen Formel die kleinste Schubspannung, bei der sich noch ein selbständiger Versetzungsring bilden kann, zu $\tau_0 = 2E_L/b\,l_0$.

Die von einer Quelle ausgesandten Versetzungen liegen zwar nicht immer in ein und derselben Gleitebene, aber doch in eng benachbarten, was in den elektronenmikroskopischen Transmissionsbildern von U. EssMANN deutlich zu sehen ist.

Nun zeigt sich nach A. SEEGER, daß in Metallen normaler Herstellung die zum Wandern der Versetzungen (Ausbreiten der Ringe), vor allem für das Durchschneiden des „Waldes" der Grundstrukturversetzungen notwendige Schubspannung τ so groß ist, daß noch genügend viele Frank-Read-Quellen da sind, deren $\tau_0 < \tau$ ist, so daß die beobachtete Fließspannung durch die Wanderungs-, nicht durch die Quellenschwierigkeiten der Versetzungen bestimmt ist. Aus dem Gleitlinienbild in Teil I der Verfestigungskurve findet man nach SEEGER in Cu eine Quellendichte von 10^7–10^8 je cm³. Jedoch scheint die

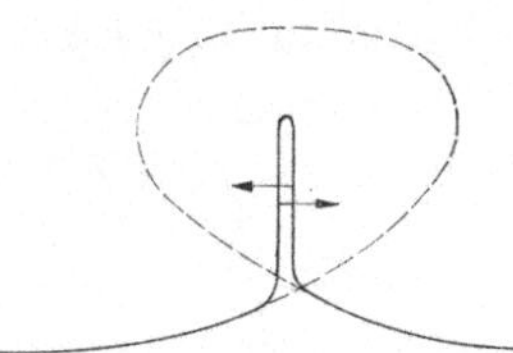

Abb. 43. Aus einer, meist durch große Sprünge stabilisierten Versetzungsschleife kann sich unter Schubspannung ein abgelöster Ring bilden.

Stabilität der Grundstruktur stark von kleinsten Beimengungen abzuhängen, so daß in sehr reinen Metallen im unverformten Zustand die Quellendichte und die kritische Schubspannung viel kleiner ist als bei der üblichen Reinheit von 99,99 %.

Eine Multiplikation scheint angesichts der hohen Quellendichte bei den dichtgepackten reinen Metallen keinen merkbaren Einfluß zu haben (vgl. 8.3.). Dagegen ist bei Fe sowie bei normal hergestellten Kristallen von Be die anfängliche Quellendichte so klein, daß die Vervielfachung der wandernden Versetzungen entscheidend wird. Drei Mechanismen hierfür sind bekannt: Die Ausweitung von Versetzungsdipolen zu Schleifen nach Abb. 43, die sich als Ringe ablösen können. Dabei bilden sich die Dipole, wenn die Versetzung durch

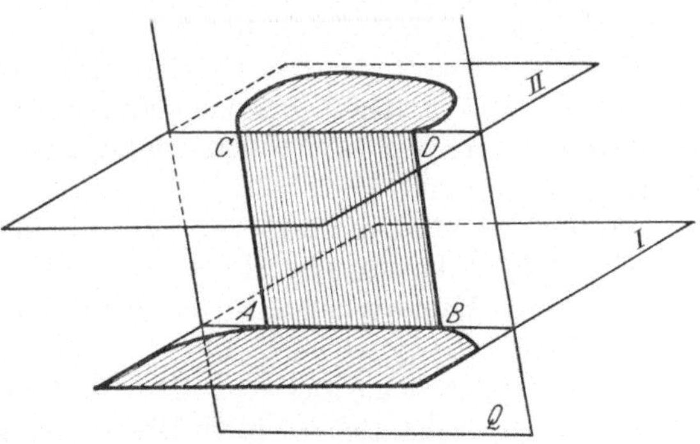

Abb. 44. Doppelte Quergleitung (nach DIEHL, MADER u. SEEGER). I und II Haupt-, Q Quergleitebene.

Punktfehler festgehalten ist. Hat man statt des Punktfehlers ein kompaktes und unbewegliches Ausscheidungsteilchen, so schnüren sich nach E. OROWAN aus den ankommenden Versetzungen das Teilchen umgebende Ringe ab. Eine dritte Möglichkeit ist die doppelte Quergleitung der Versetzungsstücke mit Schraubencharakter nach Abb. 44.

Volumen und Energie der Feinkorngrenzen entsprechen dem in 4.1. erwähnten Aufbau aus Versetzungsreihen [4]. Für eine aus einer einfachen Schar von Stufenversetzungen aufgebaute Grenze ist nach W. T. READ und W. SHOCKLEY die Energie als Funktion des Orientierungsunterschieds ϑ:

$$E(\vartheta) = E_0\,\vartheta\left(1 - \ln\frac{\vartheta}{\vartheta_{\max}}\right).$$

Dabei kann E_0 elastizitätstheoretisch, $\vartheta_{\max}$ nur atomistisch berechnet werden. $\vartheta_{\max}$ ist etwa $35°$. Wenn $\vartheta \approx \vartheta_{\max}$, geht die Feinkorngrenze stetig in den Typus der Großwinkelgrenze über, wobei E nahezu unabhängig von ϑ wird. Dieser Maximalwert von $E(\vartheta)$ ist für Cu von 800 °C etwa 800 erg/cm², etwa 1/3 der Energie einer freien Oberfläche. (Demgegenüber ist die Zwillingsgrenzenenergie 50–100, die Antiphasenenergie in Fernordnungen wie Fe_3Al 100 erg/cm².)

Die zweifellos inhomogene (vgl. 2.3.) Struktur der Großwinkelkorngrenze ist noch wenig bekannt. Wie nach R. SMOLUCHOWSKI aus Diffusionsmessungen zu schließen ist, sind stabförmige Inseln vorhanden, wenn $\vartheta \approx 35°$, während oberhalb $45°$ nach N. F. MOTT nur noch rundliche Inseln von etwa 14 Atomen anzunehmen sind. Nach W. T. READ fehlt in den Korngrenzen, wo ja eine dichteste Packung nicht möglich ist, etwa ein Atom je Elementarwürfelfläche. Weil aber die Atome komprimierbar sind, dürfte die tatsächliche Volumvergrößerung nur etwa 0,7 Atomvolumina/a^2 betragen.

In den Korngrenzen besteht also ein Defekt an positiver Ladung der Atomrümpfe, der nach 1.6. durch einen positiven Schirm kompensiert wird, wie er auf beiden Seiten der Grenze von den Elektronen gebildet wird. Dieses Abdrängen der Elektronen erhöht ihre Fermienergie und nach den zahlenmäßigen Untersuchungen von SEEGER und SCHOTTKY [16] kommt bei den einwertigen Metallen so der Hauptteil der Korngrenzenenergie zustande.

Wenn Korngrenzen im thermodynamischen Gleichgewicht sind, z. B. bei der Rekristallisation im Stadium des Kornwachstums (jedoch wegen eingelagerter Beimengungen nicht immer im Gußzustand), müssen die Winkel dreier zusammenstoßender Grenzen $\alpha_1, \alpha_2, \alpha_3$ sich so einstellen, daß die Vektorsumme der drei Oberflächenspannungskräfte $\sigma_1, \sigma_2, \sigma_3$ Null wird, diese sich also zu einem Dreieck ergänzen. Nach dem Sinussatz ist dann:

$$\sin\alpha_1 : \sin\alpha_2 : \sin\alpha_3 = \sigma_1 : \sigma_2 : \sigma_3.$$

Literatur

[1] Moderne Probleme der Metallphysik I, Herausgeber A. SEEGER. Springer 1965.

[2] KRÖNER, E.: Kontinuumstheorie der Versetzungen und Eigenspannungen. Springer 1958.

[3] Vgl. [10] von Kapitel 1.

[4] McLean, D., u. Grain Boundaries in Metals, Clarendon Press 1957.

[5] Peiter, A.: Eigenspannungen I. Art. Düsseldorf 1966.

[6] Kröner, E.: Physik kondens. Mat. 2, 262 (1964) [Elast. Dipole].

[7] Kröner, E.: Z. Angew. Physik 7, 249 (1955) [Theor. d. Eigensp.].

[8] Dawihl, W., u. G. Altmeier: Z. Metallkde. 57, 55 (1966) [Eigensp. I. Art].

[9] Labusch, R.: Phys. stat. sol. 10, 645 (1965) [Peierlskr. in Ge].

[10] Hartel, W. F., u. J. H. Wiener: Phys. Rev. 1967 [Reibung der Versetzungen].

[11] Seeger, A., u. G. Wobser: Phys. stat. sol. 18, 189 (1966) [Stapelfehlerdipole].

[12] Loretto, M. H., L. M. Clarebrough, u. P. Humble: Phil. Mag. 125, 953 (1966) [Loops].

[13] Clarebrough, L. M., R. L. Segall, u. M. H. Loretto: Phil. Mag. 13, 1285 (1966) [Tetraeder].

[14] Scholz, A., u. Seeger, A.: in Effects des rayonnements sur les semiconducteurs, Paris 1966 [Leerst. in Ge].

[15] Dehlinger, U.: Z. Metallkde. 50, 126 (1959); Dehlinger, U., u. E. Kröner: Z. Metallkde. 51, 457 (1960) [Eigenspannungen und Dipole].

[16] Seeger, A., u. Schottky, G.: Acta Met. 7, 495 (1959) [Korngrenzen].

[17] Borelius, G.: Solid State Phys. 15, 1 (1963) [Schmelzen].

[18] Krisement, O., u. F. Wever: Appl. sci. Res. A 4, 249 (1954) [Schmelzen]

[19] Ilschner, B.: Z. Metallkde. 57, 194 (1966) [Schmelzen].

[20] Steeb, S.: Z. Metallkde. 57, 97 und 803 (1966) [Schmelzen].

[21] Liu, G. C. T., u. Li, J. C. M.: Phys. stat. sol. 18, 517 und 527 (1966) [Loops].

[22] Blasdale, K. C. A., R. King, u. K. F. Puttick: Phys. stat. sol. 18, 491 (1966) [Kinken in Cd].

II. Kinetik irreversibler Vorgänge

5. Mechanismen atomarer Umsetzungen

5.1. Die Aktivierungsenergie

Alle Atome oder Ionen eines Festkörpers, auch die an Baufehlern beteiligten, liegen in Mulden des Potentials der interatomaren Kräfte, das im idealen Kristall dreifach periodisch ist. Der zeitliche Mittelwert der kinetischen Energie der Atome ist stets klein gegen den nächstbenachbarten Schwellenwert dieses Potentials. Wenn daher das Atom wandern soll, muß es infolge einer thermischen Schwankung eine den Mittelwert übersteigende kinetische Energie erhalten, die es befähigt, den statisch labilen Zustand der Schwelle zu erreichen, worauf es eine überschüssige Energie als Reibungswärme an das Gitter abgibt, was die Irreversibilität des Vorgangs ausmacht. In Flüssigkeiten scheint es dagegen möglich zu sein, daß mehrere Schwellen hintereinander in einem Akt überschritten werden, oder daß ganze Ketten von Atomen, vor allem solche, die an den Grenzen der Nahordnungsbereiche liegen, in einer thermischen Schwankung sich umlagern. Das erklärt nach B. ILSCHNER [6] die geringe Viskosität der Schmelzen ($\approx 10^{-2}$ Poise) sowie nach R. A. SWALIN [7] die starke Diffusion, deren Aktivierungsenergie etwa ein Sechstel von der im festen Zustand ist, während die Aktivierungsentropie einen großen negativen Wert besitzt.

Nach C. ZENER ist die Geometrie und damit auch das „Aktivierungsvolumen" ΔV, die Energie ΔE und die Entropie ΔS der Schwellenzustände ebenso bestimmt wie für die stabilen Lagen eines Zwischengitteratoms (vgl. die Berechnungen von SEEGER [8, 9] u.a.), somit auch die freie Enthalpie $\Delta G = \Delta E + p\Delta V - T\Delta S$. Die Frequenz (oder auch Wahrscheinlichkeit je Zeiteinheit ω) der Sprünge eines bestimmten Atoms über eine benachbarte Schwelle ist dann nach der Statistik:

$$v = v_0 \exp\left(-\Delta G/kT\right) = \omega\,\gamma_0$$

wobei v_0 etwa gleich der Debyeschen Grenzfrequenz ist. Bei der Wanderung von Einfachleerstellen in Cu wird experimentell nach A. SEEGER gefunden:

$$v_0 \exp\left(\Delta S/k\right) = 2\cdot 10^{14}\,\text{sec}^{-1}\,.$$

Da ΔS selten bekannt ist, bestimmt man nur die Aktivierungswärme (Enthalpie):

$$\Delta H = \Delta G + T\Delta S = \Delta G - T\frac{\partial \Delta G}{\partial T} = kT^2\left(\frac{\partial \ln \omega}{\partial T}\right)_p.$$

Andererseits erhält man aus der Druckabhängigkeit:

$$\Delta V = - kT\left(\frac{\partial \ln \omega}{\partial p}\right)_T.$$

Zum Beispiel ist das Aktivierungsvolumen der Selbstdiffusion von Cu 0,93 Atomvolumina, das der Wanderung von C in α-Fe nach G. W. Rathenau sehr genau Null (vgl. auch [28]).

Wenn Versetzungen etwa bei Schneidprozessen Schwellen zu überschreiten haben, gilt für die dabei erreichte Abgleitung ebenso

$$\dot\varepsilon = \dot\varepsilon_0 \exp\left(-\Delta G/kT\right).$$

Hier spielt anstatt des Drucks die Spannung τ eine Rolle, somit ist das Aktivierungsvolumen:

$$\Delta V = + kT\left(\frac{\partial \ln \dot\varepsilon/\dot\varepsilon_0}{\partial \tau}\right)_T.$$

Man erhält weiter nach H. Conrad und H. Wiedersich

$$\Delta H = \Delta G + T\Delta S = kT^2\left[\left(\frac{\partial \ln \dot\varepsilon/\dot\varepsilon_0}{\partial T}\right)_\tau + \left(\frac{\partial \ln \dot\varepsilon/\dot\varepsilon_0}{\partial \tau}\right)_T \frac{\tau_G}{\mu}\frac{d\mu}{dT}\right],$$

wo μ der Schubmodul und statt τ_G (vgl. 8.1.) meist näherungsweise die äußere Spannung τ gesetzt werden kann. Die Aktivierungsenergie dieser Versetzungsprozesse ist stark von τ abhängig, in erster Näherung kann man nach Seeger schreiben

$$\Delta G = \Delta G_0 - \tau\Delta V.$$

Wenn die Versetzungen aufgespalten sind, nimmt ΔH_0 mit abnehmender Stapelfehlerenergie und damit zunehmender „Versetzungsbreite" stark zu (vgl. Cu und Al in Tab. 5). ΔV wächst nach 8.2. mit zunehmendem Abstand l_0 der zu schneidenden Baufehler. In fl. k. Metallen ist es etwa $3 \cdot 10^{-20}$ cm^3, wenn demgegenüber in Co $0,5 \cdot 10^{-20}$ cm^3 gemessen werden, obgleich elektronenmikroskopisch l_0 größer ist, liegt zweifellos ein andrer Baufehler vor, vermutlich Agglomerationen von Fremdatomen oder Leerstellen.

Die Gesamtheit der hier betrachteten Sprünge macht im statistischen Gleichgewicht die Brownsche Molekularbewegung im Kristall aus, ebenso ist sie die Ursache der Selbstdiffusion. Stoffliche Umsetzungen, die beobachtbar sind und meist von einzelnen Arten von Sprüngen getragen werden, werden in ihrem Ablauf durch Reaktionslaufzahlen ξ beschrieben. Zum Beispiel kann bei der Diffusion als solche gelten der Diffusionsfluß durch eine senkrecht zur Richtung $-\operatorname{grad} c$ gelegte Fläche.

Die irreversiblen Umsetzungen punktförmiger Baufehler (Erholungs-vorgänge, vgl. 9.1.) erfordern ein diffusionsartiges Wandern der Partner zu den „Senken", wo dann die eigentliche Reaktion stattfindet. Das Wandern kann man nach O. KRISEMENT, A. SCHOLZ u. a. [10] unmittel-bar nachrechnen, indem man in Rechenmaschinen die „Irrfahrten" der einzelnen Atome mit Zufallszahlen nachbildet, wobei sich ergibt, daß die Konzentration der Partner in der Nähe der Senken verarmt. Weniger genau erhält man dabei den zeitlichen Ablauf der Reaktion selbst. Hat man mehrere miteinander gekoppelte Reaktionen, so wird die genannte „Monte-Carlo-Methode" zu kompliziert. Man nimmt dann die Verteilung der Partner als homogen an, kann gegebenenfalls die räumliche Struktur durch schematische Modelle berücksichtigen, und beschreibt den Ablauf der Reaktionen mit den Konzentrationen als Variablen durch Reaktions-gleichungen, die ganzzahlige „Reaktionsordnungen" enthalten [18]. Zum Beispiel wird der Zusammentritt von Einfach- zu Doppelleerstellen und deren Trennung im Grenzfall dauernder Homogenität durch die Glei-chungen

$$\dot{c}_2 = a c_1^2 - b c_2; \qquad \dot{c}_1 = 2 b c_2 - 2 a c_1^2$$

wiedergegeben, wobei in den a und b die Aktivierungsenthalpien der Re-aktionen enthalten sind.

Nach dem zweiten Hauptsatz gehen die Reaktionen nur in der Rich-tung vor sich, in der $\partial G/\partial \xi < 0$, wo G die freie Enthalpie des ganzen Kristalls ist. Wenn Gleichgewicht in bezug auf die Reaktion ξ bestehen soll, muß $\partial G/\partial \xi = 0$ sein und es müssen die Sprünge in einer Richtung kompensiert werden durch Gegensprünge (back-jumps). Bei kleinen Werten von $\dfrac{\partial G}{\partial \xi} \Big/ R T$ (wenn G je Mol ausgedrückt wird) gilt dann:

$$\dot{\xi} = - \mathrm{const}\, \exp\left(- \varDelta G/k T\right) \frac{\partial G}{\partial \xi} .$$

Zum Beispiel ist mit der Wanderung von Leerstellen oder Zwischen-gitteratomen eine bleibende Deformation ε verbunden, wenn an dem Kristall eine äußere Spannung σ liegt. Daher ist $-\partial G/\partial \varepsilon$ proportional σ und

$$\dot{\varepsilon} = \mathrm{const}\, \sigma \exp\left(- \varDelta G/k T\right) .$$

Man erhält so das Gesetz des viskosen Fließens in Kristallen, Korngren-zen und Flüssigkeiten. Zum Beispiel fand sich nach T. S. Kê für das Korngrenzenfließen in Al, dessen Betrag auch bei großen T gering und am besten als innere Reibung zu beobachten ist, ein Zahlenwert const $= 18$ cm^2 sec^{-1} dyn^{-1} (Zahlenwerte für $\varDelta G$ in Tab. 5). In W ist das Korn-grenzenfließen bei etwa 1500 °C so stark, daß man die Glühlampenwen-deln als Einkristalle ausbildet, um es zu vermeiden.

Bei der Erstarrung von Schmelzen ist nach G. TAMMANN zwischen Keimbildung und Wachstum der Kristalle zu unterscheiden. Die „lineare Kristallisationsgeschwindigkeit" beim Wachstum ist von der Größenordnung einiger mm je min. Dieser Vorgang hat eine Gleichgewichtstemperatur, den Schmelzpunkt T_u, oberhalb dessen das Wachstum in eine Auflösung der Kristalle umschlägt. In der Nähe von T_u gilt

$$\frac{\partial G}{\partial \xi} = \frac{\partial H}{\partial \xi} - T \frac{\partial S}{\partial \xi} = \frac{\partial H}{\partial \xi} - \frac{T}{T_u} \frac{\partial H}{\partial \xi} = \frac{\partial H}{\partial \xi} \frac{T_u - T}{T_u}.$$

Somit wird

$$\dot{\xi} = \text{const} \exp\left(- \Delta G / k T\right) \frac{T_u - T}{T_u}.$$

Man erhält einen Temperaturverlauf, der unterhalb T_u ein Maximum hat. Nach G. MASING und K. LÜCKE [1] wird dies in der Tat beobachtet.

Handelt es sich um eine flüssige Mischphase, die in der Nähe eines eutektischen Punktes im Zustandsdiagramm als Gemenge zweier fester Phasen erstarrt (eutektische Kristallisation), so wachsen nach E. SCHEIL [11] im Normalfall die nebeneinanderliegenden Lamellen (oder auch Stäbe) dieser Phasen mit konstanter Orientierung längs einer gemeinsamen Kristallisationsfront in die Schmelze hinein. Bei einer bestimmten, nahe der eutektischen liegenden und mit zunehmender Unterkühlung sich ändernden Konzentration der Schmelze ist diese Front sogar eben, bei andern Zusammensetzungen ragen aus ihr Spitzen des überschüssigen Bestandteils hervor. Morphologisch maßgebend ist dabei die Aufwachsgeschwindigkeit der Lamellen, die nach dem oben gesagten mit $- \partial G / \partial \xi$, das heißt hier mit zunehmender Differenz zwischen der Sättigungskonzentration der Schmelze und der tatsächlichen Konzentration an der wachsenden Kristallfläche zunimmt, und zweitens die Diffusion in der Schmelze, die diese Konzentration aufrechterhält und die um so schneller vor sich geht, je dünner die Lamellen sind. Die untere Grenze der Lamellendicke wird durch ihre Oberflächenspannung bestimmt, welche aus thermodynamischen Gründen die Aufwachsgeschwindigkeit dünner Lamellen verringert. Die normale Lamellendicke ist etwa 10^{-3} mm.

5.2. Diffusion

Die in 5.1. erörterten Sprünge führen die Atome über ganz bestimmte, durch Vektoren $\boldsymbol{a}_i$ zu kennzeichnende Wege. Bei Isotropie ebenso wie bei kubischer Symmetrie werden alle drei Komponenten $\boldsymbol{a}_{xi}$ dieser Vektoren gleich häufig vorkommen, außerdem kann man annehmen, daß zwischen den Richtungen aufeinanderfolgender Sprünge keine Wahrscheinlichkeitsnachwirkung besteht. Ein immer wieder springendes Atom führt also eine dreidimensionale Irrfahrt im Kristall aus. Greifen wir ein

Atom heraus und nehmen an, daß in der kleinen Zeit τ ein Sprung erfolgt, dann ist nach $n = t/\tau$ Sprüngen der gesamte Verschiebungspfeil:

$$\boldsymbol{A}_n = \boldsymbol{a}_1 + \boldsymbol{a}_2 + \cdots + \boldsymbol{a}_n \,(|\boldsymbol{a}_1| = \cdots = |\boldsymbol{a}_n|)$$

und der Mittelwert seines Quadrats

$$\overline{A_n^2} = n\,\boldsymbol{a}_1^2 + \boldsymbol{a}_1^2\,\overline{\cos \vartheta_{ii'}}\,.$$

Da aber die Winkel $\vartheta_{ii'}$ zwischen je zwei Sprungvektoren im Bereich 0–360° gleichmäßig verteilt sind, ist $\overline{\cos \vartheta_{ii'}} = 0$. Somit ist das mittlere Verschiebungsquadrat je Zeiteinheit eine Konstante der Diffusionsbewegung.

Nun besitze die Konzentration c eines Bestandteils einen Gradienten, etwa längs der x-Achse. Durch eine Flächeneinheit senkrecht dazu geht in der $+$-x-Richtung je sec die Menge $\dfrac{1}{2\,\tau}\,c\,\boldsymbol{a}_x$, in der Gegenrichtung $\dfrac{1}{2\,\tau}\left(c + \dfrac{\partial c}{\partial x}\,\boldsymbol{a}_x\right)\boldsymbol{a}_x$, insgesamt ist somit die x-Komponente der Dichte des Diffusionsflusses $j_x = -\dfrac{1}{2\,\tau}\,\dfrac{\partial c}{\partial x}\,\boldsymbol{a}_x^2$. Bestehen nebeneinander mehrere $\boldsymbol{a}_{ix}$, die mit der relativen Häufigkeit g_i vorkommen, so wird

$$j_x = -\frac{\partial c}{\partial x}\sum_i g_i\,\frac{\boldsymbol{a}_{ix}^2}{2\,\tau}\,.$$

Da die Summe über i bei kubischer Symmetrie für x, y und z dieselbe sein muß, können wir das „Ficksche Diffusionsgesetz" mit der Diffusionskonstanten D vektoriell schreiben:

$$\boldsymbol{j} = -\operatorname{grad} c\sum_i g_i\,\frac{\boldsymbol{a}_{ix}^2}{2\,\tau} = -\operatorname{grad} c \cdot D\,.$$

Mit dem Satz von der Erhaltung der Masse leitet man bekanntlich hieraus die „Differentialgleichung der Diffusion" $\dot{c} = D\Delta c$ ab. Dabei ist D gleich dem halben mittleren Verschiebungsquadrat je Zeiteinheit.

Wirkt auf die diffundierenden Partikel eine Kraft $\boldsymbol{K}$, so überlagert sich eine „Driftgeschwindigkeit", für die nach A. EINSTEIN gilt

$$\boldsymbol{v} = \frac{D}{k\,T}\,\boldsymbol{K}\,.$$

Man nennt D/kT Beweglichkeit. Die Proportionalität von $\boldsymbol{v}$ mit $\boldsymbol{K}$ zeigt, daß es sich um eine schleichende Bewegung (wie z.B. beim Fallschirm) handelt. Die Arbeit der Kraft wird dabei vollständig in Wärme verwandelt, der Vorgang ist also irreversibel. Besteht ein Konzentrationsgefälle, so erzeugt dieses eine „chemische Kraft" $-\dfrac{1}{L}\operatorname{grad}\mu = -\dfrac{1}{L}\operatorname{grad} c\,\dfrac{\partial \mu}{\partial c}$, wo μ die partielle molare freie Enthalpie des diffundierenden

Bestandteils ist. Damit wird die Flußdichte

$$\boldsymbol{j} = c\,\boldsymbol{v} = -\,\frac{D}{RT}\,c\,\mathrm{grad}\,c\,\frac{\partial\mu}{\partial c}\,.$$

Nun ist

$$\frac{\partial\mu}{\partial c} = \frac{\partial^2 G}{\partial c^2}\,\frac{\partial c}{\partial n} = \frac{\partial^2 G}{\partial c^2}\,\frac{1-c}{n+m} = \frac{\partial^2 g}{\partial c^2}\,(1-c)\,.$$

Man erhält so eine auch für nichtideale Mischungen gültige Form des Fickschen Gesetzes:

$$\boldsymbol{j} = -\,\frac{D}{RT}\,c\,(1-c)\,\mathrm{grad}\,c\,\frac{\partial^2 g}{\partial^2 c} = -\,D'\,\mathrm{grad}\,c\,.$$

In idealen Mischphasen ist $g = RT\,[c\ln c + (1-c)\ln(1-c)]$, damit $\partial^2 g/\partial c^2 = RT/c\,(1-c)$. Somit wird hier $D' = D$. Der „effektive Diffusionskoeffizient" D' wird auf der Spinodalen $\partial^2 g/\partial c^2$ des Zustandsdiagramms Null, unterhalb derselben negativ. Die Differentialgleichung $\dot c = D'\varDelta c$ ergibt dann statt des Abbaus kleiner Konzentrationsschwankungen ein Anwachsen (uphill diffusion).

Um D zu berechnen, setzen wir $1/\tau = \nu$ nach 5.1. Die g_i und $\boldsymbol{a}_{i\,x}^2$ müssen den atomistischen Verhältnissen entnommen werden. Zum Beispiel befinden sich die interstitiell gelösten C-Atome im k. rz. α-Fe in den Würfelkantenmitten und Würfelflächenmitten. Legt man die x-Achse in eine Würfelkante der Länge $\boldsymbol{a}$, so ist die einzige Verschiebung zwischen zwei stabilen Lagen in dieser Richtung $\boldsymbol{a}_x = \dfrac{1}{2}\,\boldsymbol{a}$. Nun aber haben nur 2/3 aller möglichen C-Lagen eine Nachbarlage, die hierdurch erreichbar ist, und nur die Hälfte aller Sprünge führt in die x-Richtung. Somit ist $g = \dfrac{2}{3}\cdot\dfrac{1}{2}$ und

$$D = \frac{\nu}{2}\,\frac{2}{3}\,\frac{1}{2}\,\frac{a^2}{4}\,.$$

Bei der Selbstdiffusion sowie der Fremddiffusion in Substitutionsmischkristallen müssen die Atome gegeneinander ausgetauscht werden. Gleichzeitige Doppelsprünge der beiden Atome würden eine Aktivierungsenergie von etwa 10 eV benötigen und kommen daher nicht in Betracht. Ein weiterer, von C. Zener ersonnener Mechanismus, bei dem etwa 4 Atome eines Rings hintereinander die Schwelle überschreiten und sich ersetzen, scheint noch nirgends nachgewiesen zu sein. Dagegen ist in k. fl. wie auch k. rz. Metallen, für die genauere Untersuchungen vorliegen, ein dritter Mechanismus gesichert, bei dem die Wanderung der Atome geknüpft ist an die von im Temperaturgleichgewicht vorhandenen Leerstellen, was experimentell durch den Kirkendalleffekt nahegelegt wurde (vgl. auch [5]).

Nennen wir E_L die Bildungsenthalpie und S_L die Entropie einer Einfachleerstelle, dann ist ihre Gleichgewichtskonzentration

$$c_L = e^{S_L/k}\,e^{-E_L/kT}\,.$$

Ein Diffusionssprung eines Atoms muß von seinem normalen Gitterplatz zu einer benachbarten Leerstelle führen, umgekehrt ist es beim Diffusionssprung einer Leerstelle. Im fl. k. Gitter hat der zugehörige Verschiebungsvektor die Länge $a/\sqrt{2}$, und 1/3 aller Sprünge führen in die x-Richtung. Daher ist der Diffusionskoeffizient der Leerstellen

$$D_L = \nu_L \frac{1}{2} \frac{1}{3} \frac{a^2}{2}.$$

Empirisch erhält man für Ni nach A. SEEGER, K.-P. CHIK und M. BELLER $\nu_L = \nu_{LO} \exp (S_1^W/k) = 2 \cdot 10^{14} \sec^{-1}$.

Die Anzahl der Sprünge, welche ein Gitteratom in eine Leerstelle führen, wäre proportional $D_L c_L$, wenn die Koordinationszahl unendlich groß wäre. In Wirklichkeit ist ein statistisch exakt zu berechnender Korrelationsfaktor f zuzufügen, der nach K. KOMPAAN und Y. HAVEN für fl. k. 0,781, für rz. k. 0,721, für Diamantgitter 0,5 ist und für die eindimensionale Kette Null wäre. Somit ist der Selbstdiffusionskoeffizient in Substitutionsmischkristallen

$$D_1 = D_L c_L f.$$

Seine Temperaturabhängigkeit ist durch den Exponenten $-(W_L + E_L)/kT$ gegeben, wo W_L die in ν_L eingehende Wanderungsenergie der Leerstellen ist. In der Tat erhält man beim Auftragen der empirischen Werte von ln D_1 gegen $1/kT$ mit guter Näherung eine Gerade, also eine temperaturunabhängige Aktivierungsenergie, die mit der Summe von Wanderungs- und Bildungsenthalpie der Leerstellen nach Tab. 5 übereinstimmt (also hier keine Schwellenenergie ist).

Bei genauerem Zusehen fand A. SEEGER [9] eine leichte Krümmung der genannten Kurve nach unten mit einer Differenz von etwa 0,1 eV, was auf die Beteiligung der ebenfalls im Gleichgewicht auftretenden Doppelleerstellen an der Diffusion zurückgeführt werden konnte. Der gemessene Selbstdiffusionskoeffizient ist dann die Summe der zwei Einzelkoeffizienten. (Ein Beitrag höherer Leerstellenaggregate, der z. B. für Ni sichergestellt ist, macht sich zahlenmäßig hier nicht bemerkbar.) Die ausgezeichnete Richtung dieser Doppelleerstellen kann sechs verschiedene Orientierungen im Gitter einnehmen. Ist ΔE die beim Zusammentritt zweier einfacher zu einer doppelten Leerstelle abgegebene Enthalpie und ΔS die entsprechende Entropie, dann gilt im Gleichgewicht für die Konzentration der Doppelleerstellen

$$c_{2L} = 6\, e^{\Delta S/k}\, e^{\Delta E/kT}\, c_L^2.$$

Sie wandern so, daß jeweils nur ein Bestandteil springt, so daß mit der Wanderung zwangsläufig eine (Relaxation in der Art des Snoekeffekts ergebende) Orientierungsänderung verbunden ist. Da aber die Schwellenenergie dieser Sprünge durch die daneben liegende Leerstelle zweifellos verringert wird, ist die Wanderungsenergie der Doppelleerstellen etwas kleiner als die der einfachen. Es sei $\nu_{2\,L}$ die Frequenz eines dieser Sprünge, dann ist ihre Gesamtzahl $8\,\nu_{2\,L}$, da es acht sprungfähige Nachbaratome gibt. Da die bei einem Sprung eintretende Verschiebung des Schwerpunkts des Paares $a/\sqrt{8}$ ist, wird der Diffusionskoeffizient der Paare als solcher

$$D_{2\,L} = \frac{1}{6}\left(\frac{1}{8}\,a^2\right) 8\,\nu_{2\,L}\,.$$

Den Diffusionskoeffizienten der durch Paare getragenen Selbstdiffusion der Atome (Tracer) erhält man aus der Verschiebung $a/\sqrt{2}$ und dem von G. Schottky zu $f_{2\,L} = 0{,}54$ bestimmten Korrelationsfaktor als

$$D_2 = \frac{1}{6}\left(\frac{1}{2}\,a^2\right) 8\,\nu_{2\,L}\,f_{2\,L}\,.$$

Der gesamte Diffusionskoeffizient ist dann nach M. de Jong und J. S. Koehler

$$D = \frac{c_L D_1 + 4\,c_{2\,L}\,D_2}{c_L + 4\,c_{2\,L}}\,.$$

Bei Ni konnten die Wanderungs- und Bildungsenthalpie der Doppelleerstellen aus magnetischen Relaxationsversuchen (Stufe III) genügend genau bestimmt, ΔS theoretisch abgeschätzt werden, so daß aus dem experimentellen Temperaturverlauf des gesamten D sich ergab:

$$\nu_{2\,L}^0 \exp\left(S_2^W/k\right) = 5\cdot 10^{13}\,\mathrm{sec}^{-1}\,.$$

Die Diffusionskoeffizienten werden stark verändert, wenn das vorausgesetzte thermische Gleichgewicht der Leerstellen gestört ist. Vor allem bei tieferen Temperaturen kann die Diffusion durch die Anwesenheit abgeschreckter Leerstellen (vgl. 5.4.) sowie durch „Kurzschlußwege" in Versetzungen verstärkt werden. Der letztere Einfluß bringt z. B. die gemessene Aktivierungswärme des Cu von 2,15 herunter auf 2,05 eV.

Da Fremdatome im Gitter die Leerstellen oft stark an sich binden, wird die Diffusion durch sie wesentlich beeinflußt, was vielfach technisch wichtig ist. Hierher gehört nach E. Brandenberger die hemmende Wirkung von Legierungszusätzen wie Al, Si, Ti, Cr, Mo, V, W auf die Diffusion von C in Fe (vgl. 1.6.). Bei hohen Temperaturen scheint diese Hemmung in fl. k. Phasen besonders stark zu sein. Daher kann man ferritische (k. rz.) Legierungen nur bis 550 °C technisch gebrauchen, wogegen nach A. J. Sinjajew [4] in Ni durch Zusatz von Komponenten wie Cr, Mo, W, Nb, Ta die Aktivierungsenergie der Diffusion des Fe von 2,1 eV auf 4,8 eV steigt, so daß eine solche Legierung mit den härtenden Zusätzen Ti und Al noch bei 800 °C eine Zeitstandfestigkeit (Reißfestigkeit nach 100 Std.) $G_{B\,100} = 22$ kp/mm² hat (vgl. M. May [2]).

Für das Wachstum einer Phase allein durch eindimensionale Diffusion ergibt deren Differentialgleichung ein Zeitgesetz $(Dt)^{1/2}$. Im dreidimensionalen Fall wird die durchdiffundierte und damit abgeschiedene Menge für Teilchen jeder Form nach C. ZENER und C. A. WERT $\sim (Dt)^{2/3}$. (Wenn aber eine Reaktion an der Oberfläche entscheidend ist, wird oft die Menge $\sim t$ und damit die Teilchengröße $\sim t^{1/3}$, vgl. [12].)

5.3. Elektrische Überführung und Thermodiffusion

Elektrische Ströme in Elementen und Legierungen werden begleitet von diffusionsartigen Flüssen der verschiedenen Atomarten, die entweder mit den Elektronen zur Anode, oder entgegen den Elektronen zur Kathode gerichtet sind. Die (in Mol je cm² und sec gemessene) Materiestromdichte der i-ten Komponente hängt mit deren Geschwindigkeit v_i und Konzentration (Molenbruch) c_i sowie dem Molvolumen V durch die Beziehung zusammen:

$$j_i = \frac{v_i c_i}{V}.$$

Weiter kann wie in 5.2. gesetzt werden:

$$v_i = b_i K_i = \frac{D_i}{kTf} K_i.$$

Darin ist K_i die auf die Atomart einwirkende Kraft, D_i ihr Seldstdiffusionskoeffizient und f ein geometrischer Faktor der Größenordnung Eins.

Man definiert nun die Überführungszahl U_i als das Verhältnis von j_i zu der Materiestromdichte, die bei der normalen Elektrolyse nach FARADAY mit der aufgebrachten elektrischen Stromdichte J/q verknüpft wäre. Wenn Φ die Faradaykonstante, E die Feldstärke und ϱ der elektrische spezifische Widerstand sind, gilt:

$$U_i = \frac{v_i q c_i \Phi}{V J} = \frac{D_i}{kTf} \frac{q \Phi}{J V} c_i K_i = \frac{D_i}{kTf} \frac{\Phi \varrho}{|E| V} c_i K_i.$$

Als partielle Überführungszahl wird bezeichnet $u_i = U_i/c_i$. Man mißt u_i an Hand der Längenänderung eines Stabs beim Stromdurchgang, wodurch $\sum U_i$ erfaßt wird, und der Konzentrationsänderung im Anoden-, Mittel- und Kathodenraum.

Der theoretische Ansatz für die Kräfte K_i geht nach H. WEVER [13] davon aus, daß die Träger des Materiestroms Leerstellen oder Zwischengitteratome sind. Es wird angenommen, daß diese während der Überführung im thermischen Gleichgewicht sind, das sich während des Wanderns schnell einstellt, weshalb Relaxation nicht eintritt.

Die Ladung der Fehlstelle gegenüber der Umgebung sei $z_i e$, daher wirkt auf sie die „Feldkraft" $K_{Fi} = |E| z_i e$. Dazu kommt nun eine zweite Kraft, Wechselwirkungskraft genannt, die zusammengehängt mit dem

Ohmschen Zusatzwiderstand der Fehlstellen und nach 1.7. von der Streuung der Elektronen an diesen herrührt. Sie ist in Elektronenleitern auf die Anode zu, in Defektelektronen-(Löcher-)Leitern, in den die Elektronendrift zwar nach der Anode, die Impulsrichtung zusammen mit der Ladung aber nach der Kathode geht, auf diese zugerichtet. Nach H. B. HUNTINGTON kann diese Kraft näherungsweise gesetzt werden:

$$K_{wi} = Z_i\, e\,|\boldsymbol{E}|, \quad \text{wobei} \quad Z_i = -\,z^*\,\frac{\varrho_i}{\varrho\, c_{di}}\,.$$

Darin ist z^* die effektive Zahl der Ladungsträger je Atom, c_{di} die Konzentration der Defekte, ϱ_i ihr Zusatzwiderstand. Da die Zeit zwischen zwei Stößen eines Elektrons auf eine Fehlstelle etwa 10^{-16} sec ist, kann deren Anzahl während einer Periode der Gitterschwingungen ($\approx 10^{-13}$ sec) als konstant betrachtet werden. Die Elektronen üben also einen gleichmäßigen Druck auf die Fehlstelle aus, der die Aktivierungsenergie ihrer Diffusion in Richtung von $-\,\boldsymbol{E}$ um etwa $\frac{a}{4}\,Z_i\,e\,|\boldsymbol{E}|$ verringert, in der Gegenrichtung vergrößert. Bei Löcherleitern ist es umgekehrt.

Experimentell fand H. WEVER bei Cu zunächst Überführung zur Anode, U wächst bis mehr als 900 °C und erreicht den Wert $3 \cdot 10^{-9}$ (Mol je Faraday), hat aber bei 1000° umgekehrtes Vorzeichen. K_w ist wohl stets zur Anode gerichtet, nimmt aber mit wachsendem T ab, da ϱ abnimmt, aber ϱ_i constant bleibt, K_F geht hier zur Kathode. Ähnlich ist es bei Ni, wo bei 1190–1385 °C der Wert von U von 0,5 bis $2{,}3 \cdot 10^{-8}$ steigt. Fe wirkt als Löcherleiter, der Transport geht zur Kathode, ebenso C in Fe und H in Pd, was die nach 3.4. anzunehmende positive Ladung der eingelagerten C und H bestätigt. Wenn dagegen N in Fe und O in Ti zur Anode gehen, so sind hier Schlüsse auf das Vorzeichen der Ladung nicht ohne weiteres möglich.

Auch die Thermodiffusion in Festkörpern wird getragen von Leerstellen. Sie wird gekennzeichnet durch die „Transportwärme" Q^*, die nach der Thermodynamik irreversibler Vorgänge definiert ist durch die Formel für die Dichte des Leerstellenflusses in einem Körper, in dem ein Konzentrations- und Temperaturgefälle besteht:

$$\boldsymbol{j} = -\,D n \left[\operatorname{grad} c - \frac{Q^*}{k\,T^2}\,c\,\operatorname{grad} T\right].$$

Hier ist n die Zahl der Leerstellen je Volumeinheit, Q^* gilt für Atome, $-Q^*$ für Leerstellen. Nach dem Onsagertheorem bestimmt dasselbe Q^* auch den Wärmestrom, der durch ein Konzentrationsgefälle hervorgerufen wird.

Atomistisch rührt die Thermodiffusion offensichtlich her von der Differenz der Sprungwahrscheinlichkeiten je sec w zweier Atome, die, gesehen in Richtung von grad T, vor und hinter der Leerstelle sitzen, wobei die Wanderungsenergie W_L der Leerstelle aufzubringen ist. Dies geschieht durch die Gitterschwingungen (Phononen), die sich nach S. A. RICE und N. B. SLATER infolge der regellosen Verteilung ihrer Phasen gelegentlich an dem betrachteten Atom ansammeln. Die statistische Wahrscheinlichkeit dafür ist nach G. SCHOTTKY [14] näherungsweise

$$w = \nu \exp\left(- W_L/E_m\right).$$

Darin ist ν die mittlere Frequenz, E_m die mittlere Energie der Phononen (je Atom gerechnet). Für die letztere Größe gilt

$$E_m = kT - k\tau\bar{v}\,\mathrm{grad}\,T,$$

wo $\bar{v}$ die mittlere Phononengeschwindigkeit und τ die Relaxationszeit der Phononen (d.h. der Wärmeleitung des Gitters) ist. Und zwar ist $\bar{v}$ für das Atom vor der Leerstelle positiv, für das Atom hinter der Leerstelle negativ einzusetzen. Das zweite Glied in E_m besagt, daß in dem hier betrachteten stationären Nichtgleichgewicht die Phononenzahl infolge des Wärmestroms, der in Richtung $-\mathrm{grad}\,T$ fließt, größer bzw. kleiner ist als im Gleichgewicht. Nimmt man an, daß dieses zweite Glied klein ist gegen das erste, dann erhält man

$$w_\pm = \nu\,e^{-W_L/kT}\left(1 \mp \frac{\tau}{T}\frac{W_L}{kT}\bar{v}\,\mathrm{grad}\,T\right).$$

Daher wird die Leerstellenflußdichte

$$j = nca\,(w_+ - w_-)$$

und damit die Transportwärme

$$Q^* = - 2 W_L\tau\bar{v}/a.$$

Nach einer Berechnung von SCHOTTKY für eine lineare Kette, in der die Kopplungskonstanten des fl. k. Gitters entsprechend 2.4. eingeführt werden, wird

$$Q^* = \frac{2W_L}{\pi}\left(\sqrt{\frac{\Phi_{\bar{v}v}^{00} + 2(\beta + \gamma)}{\Phi_{\bar{v}v}^{00} - 2(\beta + \gamma)}} - 1\right)\sqrt{\frac{\Phi_{\bar{v}v}^{00} - 2(\beta + \gamma)}{M}}\,\tau.$$

Man erhält am Schmelzpunkt von Cu $Q^*/W_L \approx 2{,}5$, was mit dem nur ungenau meßbaren experimentellen Wert übereinzustimmen scheint. Für Pt bei 1600 °C wird $Q^* = 0{,}68$ eV gemessen.

5.4. Konkurrierende Reaktionen

Bei der Diffusion geht man aus von inhomogenen Anfangszuständen mit wohldefinierten Gradienten der Konzentration. Viele andre stoffliche Umsetzungen dagegen werden durch Abschrecken eines homogenen Gleichgewichtszustands über eine Grenzlinie des Zustandsdiagramms hinweg eingeleitet, wobei das Endziel der Reaktion durch den (meist mehrphasigen, also grundsätzlich inhomogenen) neuen Gleichgewichtszustand des Diagramms gegeben ist. Einer der technisch wichtigsten und ältesten Sätze der Metallkunde (P. D. MERICA 1919) besagt, daß die (nicht im Gleichgewicht befindlichen und stark inhomogenen, dennoch oft sehr beständigen) Zwischenzustände dieser Reaktionen eine größere Härte besitzen als die Anfangs- und Endzustände (Aushärtung).

Während aber das Gleichgewicht, dem eine bestimmte Legierung bei gegebenem T und p zustrebt, nach dem 2. Hauptsatz eindeutig bestimmt ist, gilt dies für die Zwischenzustände keineswegs. Auch auf dem Gebiet der Festkörper muß die Reaktionskinetik damit rechnen, daß nebeneinander verschiedene Reaktionen möglich sind, deren Ablauf oft stark von den Einzelheiten des Gefüges, also von der Vorgeschichte des Ausgangszustands abhängt. Für die Auswahl unter den geometrisch möglichen Reaktionen, deren Zwischenzustände selbstverständlich in Richtung auf abnehmendes G aufeinander folgen müssen, kann kein andres Prinzip gelten, als daß jeweils diejenige Zustandsänderung eintritt, der das größte $\dot{\xi}$ zukommt. Und zwar können sich die möglichen Reaktionen durch alle in dem Ausdruck für $\dot{\xi}$ enthaltenen Faktoren unterscheiden, durch den räumlichen, die nötigen Diffusionswege enthaltenen Faktor, die Aktivierungsenergie und durch das Glied $-\dfrac{\partial G}{\partial \xi}$.

Besonders schwierig ist die Voraussage einer bestimmten Reaktion, wenn die Aktivierungsenergie eine unmerkliche Rolle spielt, wie etwa beim Vorgang der Ummagnetisierung eines Ferromagnetikums (Durchlaufen der Hysteresekurve). Wenn dagegen die Aktivierungsenergien der möglichen Reaktionen sich stark unterscheiden, lassen diese sich theoretisch und experimentell nach ihrer Temperaturabhängigkeit trennen. Experimentell geschieht dies oft an Hand der Wärmeentwicklung, d.h. der Haltepunkte der Temperatur bei gleichmäßiger Zu- oder Abfuhr von Wärme. Man erhält so das Zeit-Temperatur-Umwandlungs-Schaubild (ZTU). Zum Beispiel zeigt Abb. 45 das Schaubild [15] eines sog. ölhärtenden Stahles mit 0,43 Gew - % C und 3,52 % Cr, dessen Zustandsdiagramm bei hoher Temperatur den einphasigen Zustand eines k. fl. eisenreichen Mischkristalls (Austenit) aufweist, unterhalb 750° ein eutektoides, sehr feinkörniges Gemenge aus k. rz. α-Fe (Ferrit), Fe_3C und Cr_7C_3, das Perlit heißt. Nach dem ZTU finden zwei Reaktionen statt. Die eine, bei 670 °C am frühesten beginnende und etwa bei 440 °C endigende bildet das oben beschriebene Gemenge aus, wobei eine elektronenmikroskopische und röntgenographische Untersuchung zeigt, daß zuerst Fe_3C entsteht, das daraufhin teilweise in Cr_7C_3 übergeht. Die Geschwindigkeit dieser komplexen, aus Diffusionen zusammengesetzten Ausscheidungsreaktion hat ein Temperaturmaximum nach 5.1., da der ihr zukommende Faktor

$-\partial G/\partial\xi$ bei der Gleichgewichtstemperatur $T_u = 750\,^\circ\text{C}$ Null wird. Diese Reaktion ergibt im allgemeinen eine weniger spröde Härtung als die Martensitbildung. Die in der Nähe von 400 °C ablaufende Reaktion heißt Zwischenstufe, ihr von dem bei 670 °C entstandenen etwas verschiedenes Gefüge Bainit. Kühlt man aber den Stahl in weniger als 1 min auf 400° und darunter ab, so setzt eine ganz andere Reaktion ein, es entsteht nun zuerst der tetragonale, nahezu k. rz. Martensit in einzelnen, sehr schnell

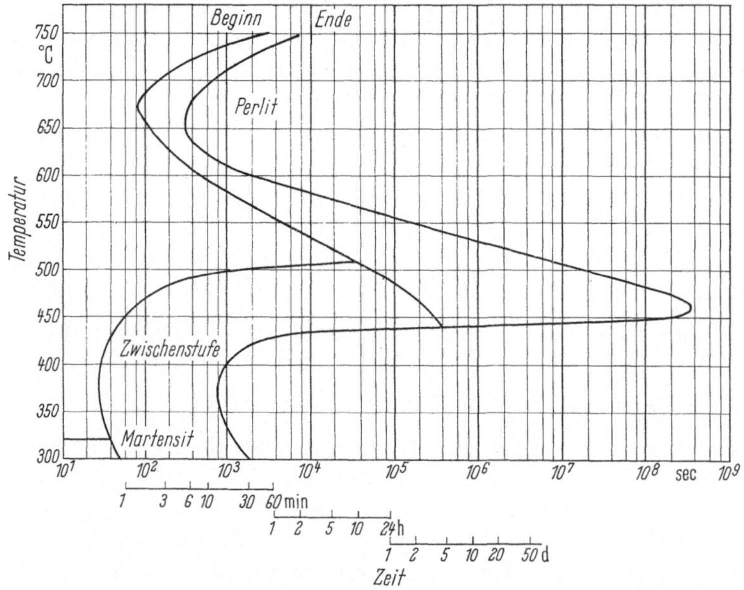

Abb. 45. Z. T. U. eines Stahls nach F. WEBER.

gebildeten Nadeln, worauf die Entmischung des C- und Cr-Gehalts sehr langsam nachfolgt. Dieses stark inhomogene aus zwei verschieden harten Bestandteilen bestehende Gefüge ist hart und spröde (Stahlhärtung). Durch den Cr-Zusatz zum Austenit wird die bei 670° und 400° vor sich gehende direkte Entmischung so stark verzögert, daß sie beim Abschrecken nicht nur in Wasser, sondern auch in Öl unterdrückt ist, also die Bildung des harten Martensits sich vollständig auswirken kann.

Unter Ausscheidung verstehen wir allgemein einen Vorgang, bei dem eine einheitliche Mischphase (Matrix) in zwei Phasen übergeht, deren eine meist mit der Matrix identisch ist. Auch hier sind verschiedenartige Reaktionen möglich, insofern die neue Phase in der Matrix a) kohärent, d. h. nur geringe Verzerrungen (Kohärenzspannungen) in der Nähe der Grenze erregend, oder b) umgeben von einer Grenzfläche nach Art der Kleinwinkelkorngrenzen, oder c) umgeben von einer Großwinkelgrenze liegt. Dazu tritt die Reaktionsart d), die diskontinuierliche Ausscheidung, die in der Nähe einer Großwinkelgrenze der Matrix beginnt und von dort aus in die umgebenden Körner hineinwächst. Wie C. S. Smith [16] nach Abb. 46 beobachtet hat, verschiebt sich dabei die Korngrenze mit, so daß auch die Matrix umkristallisiert und ein Korn unter Ausscheidung in das andre hineinwächst, oder daß sich die Korngrenzen verdicken. Die Erhaltung des lokalen Volumens verlangt, daß die wachsenden Nadeln sich immer wieder verzweigen. Geschwindigkeitsbestimmend ist offensichtlich (wie bei dem Wachstum der Rekristallisationskeime) die wesentlich schneller als im Kristall vor sich gehende Diffusion in der Korngrenze,

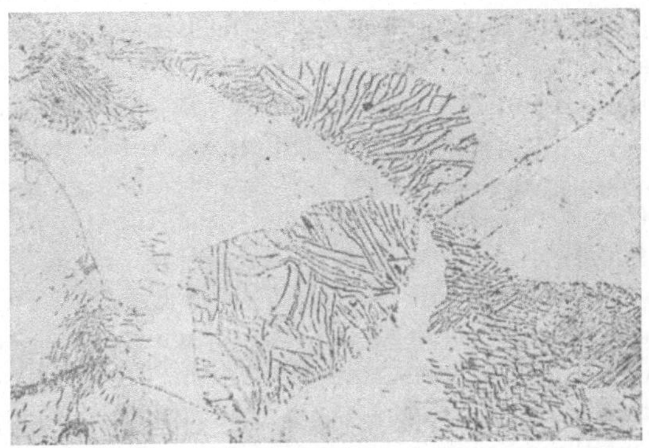

Abb. 46. Diskontinuierliche Ausscheidung in Zn + 2% Cu, 36 Std. bei 200 °C getempert. Unten ist dabei die Korngrenze von rechts nach links unter Ausscheidung gewandert. Vergrößerung 300fach.

die damit wie ein Elektrolyt wirkt, über den die Bildung der zwei stabilen Phasen erfolgt [17]. Der Vorgang d) steht in Konkurrenz mit c), da er aber offensichtlich einer Volumdifferenz zwischen Matrix und neuer Phase leichter begegnen kann als c), ist er bevorzugt, wenn die Atomradiendifferenz der Komponenten genügend groß, bei Cu-Legierungen nach H. Böhm größer als 11% ist.

Wie man leicht sieht, ist Vorgang a) nur möglich, wenn die neuentstehende Phase fast genau dieselbe Struktur hat wie die Matrix. Auch Vorgang b) ist auf Fälle beschränkt, in denen die Unterschiede in den beiden Strukturen so gering sind, daß im Sinn von 4.2. in der Nähe der Grenze nur eine kleine Zahl von (unvollständigen) Versetzungen einzulagern ist, um einen Übergang von der Matrix zum neuen Gitter herzustellen. Dagegen verlangt c) keine Strukturbeziehung. Nun aber ist die den Beginn der Keimbildung hemmende Spannungs- plus Oberflächenenergie zweifellos bei a) am kleinsten und bei c) am größten. Daher kann a) bei tiefen Temperaturen schnell einsetzen, vor allem wenn die hier geschwindigkeitsbestimmende Diffusion – wie bei Al–Cu von

K. Hirano, Y. Takaji und H. Maniva festgestellt – durch die beim Abschrecken eingefrorenen Leerstellen um etwa 10^4 verstärkt wird. Ebenso ist b) schneller als c).

In zahlreichen Fällen, in denen das stabile Zustandsdiagramm nur die Ausscheidung einer komplizierten Phase nach c) zulassen würde, bilden sich vorher metastabile Phasen nach a) oder b). Es entspricht dies der Stufenregel von W. Ostwald, nach der metastabile Zustände vor den stabilen entstehen sollen. Beispiele sind die in 2.2. beschriebenen Guinier-Preston-Zonen von Al–Ag und Al–Zn, die vor den stabilen Phasen Al_2Ag_3 bzw. Zn-hexagonal in der kubischen Al-Matrix entstehen. Auch die in 2.2. erörterte Ausbildung von G. P. I in Al–Cu ist ein Vorgang nach a), der als „Kaltaushärtung" zwischen etwa 0 und 150 °C vor sich geht. Zwischen 100 und 300° bildet sich – vermutlich aus einzelnen G.-P.-I-Platten als Keimen – der Zustand G. P. II, eine eindimensionale Fernordnung dieser Cu-Platten, die regelmäßig durch je drei Al-Ebenen getrennt sind. Nach H. K. Hardy ist dieser Zustand der Träger der „Warmaushärtung". Oberhalb 200 °C und etwas später als G. P. II bildet sich nach G. Wassermann und J. Weerts in einem Vorgang b) die metastabile CaF_2-Struktur von Θ'-Al_2Cu. Ihre Keimbildung, bei der die Oberflächenenergie aufgebracht werden muß, wird nach Beobachtungen von H. Wilsdorf und D. Kuhlmann-Wilsdorf durch Versetzungen ermöglicht, an denen die Phase entsteht. Über die Keimbildung des stabilen Θ-Al_2Cu weiß man wenig. Nach R. Graf entsteht es nur im starkverformten Mischkristall unmittelbar aus diesem, sonst immer aus Θ' [2, 3].

Wenn man den sich entwickelnden Kaltaushärtungszustand auf 200 bis 250 °C bringt, findet nach den Messungen der Teilchengröße von Gerold – im Gegensatz zu früheren Meinungen – eine „Rückbildung", d. h. ein Rückgang der Teilchengröße nur bei Al–Cu statt, wo sie durch die Spannungen nach 2.2. erzwungen wird, nicht aber bei den nahezu spannungsfreien Al–Ag und Al–Zn. Der dort zu beobachtende Härterückgang rührt nach 8.5. von der Vergrößerung der Teilchen her.

5.5. Keimbildung

Wenn die Atomkonfiguration eines viele Atome umfassenden Systems in eine abgeänderte Form übergehen soll, dann können sich dabei alle Atome des Systems in genau gleicher Weise und gleichzeitig bewegen oder aber dies geschieht zunächst nur in der begrenzten Umgebung einzelner Stellen, die man Keime der neuen Konfiguration nennt. Beispiele für Vorgänge der ersten Art sind (isotherm oder adiabatisch geführte) elastische Deformationen, die mit einer Temperaturänderung verbundene Volumänderung sowie die in 7.4. beschriebene kohärente Ummagnetisierung. Es handelt sich dabei stets um reversible Vorgänge.

Irreversible Vorgänge dagegen, an denen stets die ihrer Natur nach statistisch verteilte Temperaturbewegung der Atome beteiligt ist, können nur über eine Keimbildung hinweg verlaufen, weil eine gleichgeschaltete Temperaturbewegung sehr vieler Atome (Reaktion sehr hoher Ordnung) eine mit hoher Potenz verschwindende Wahrscheinlichkeit besitzt. Besonders ausgeprägt wird die Keimbildung in allen Fällen sein, bei denen eine hohe, durch die Temperaturbewegung zu überschreitende Schwellenenergie vorhanden ist. So ist z. B. beim normalen plastischen Fließen keine Keimbildung zu bemerken.

Die freie Enthalpie ΔG des einen solchen Keim enthaltenden Systems (berechnet vom Anfangszustand aus) besteht grundsätzlich aus zwei Summanden: 1. Aus dem sog. chemischen Glied ΔG_c, das proportional der Molzahl i des Keims ist, bei einer bestimmten Gleichgewichtstemperatur T_u Null wird, in deren Nähe proportional der „Überschreitung" $\Delta T = T - T_u$ ist und bei einem irreversiblen Vorgang negativ sein muß. Dieses Glied würde in derselben Weise auftreten, wenn das System während der Umwandlung homogen bleiben würde. 2. Aus einer von der Inhomogenität des den Keim enthaltenden Systems herrührenden stets positiven Zusatzenergie ΔV. Sie ist gleich der Oberflächenenergie, wie man sie berechnen kann, wenn der Keim eine abgrenzbare Oberfläche besitzt, enthält aber außerdem bzw. statt dessen die Energie der Eigenspannungen, die von dem Keim in der umgebenden Matrix erzeugt werden (Verzerrungsenergie):

$$\Delta G = \Delta G_c + \Delta V.$$

Dabei ist die „chemische Kraft" $\frac{\partial}{\partial i}\Delta G_c = g_c$ unabhängig von i. Entscheidend für die Keimbildung ist die Größe ΔV im Anfangszustand, die stark von der atomistischen Struktur dieses Zustands abhängt, insbesondere von der Struktur der Stelle, an der die Keimbildung stattfindet. Enthält ΔV nur die Oberflächenenergie, deren spezifischer Wert γ sei, so wird

$$\Delta V = C\gamma\, i^{2/3},$$

wo C eine von der Form des Keims abhängige Konstante ist. Somit wird jetzt $\frac{\partial \Delta V}{\partial i} = \frac{2}{3}\, C\gamma i^{-1/3}$ für $i = 0$ unendlich und nimmt von da monoton ab. Einen ähnlichen Verlauf hat ΔV in allen Fällen, bei denen im Innern eines idealen Kristalls an beliebiger Stelle ein Keim nach Vorgang c) in 5.4. gebildet werden soll.

In Abb. 47 ist für diesen Fall bei negativem g_c die Größe ΔG als Funktion von i aufgetragen. Es erreicht für die „kritische Keimgröße" i^* ein Maximum und fällt dann wieder ab. Nun besagt der zweite Hauptsatz der Thermodynamik, daß eine isotherme Reaktion nur dann vor sich

9*

gehen kann, wenn $\frac{\partial}{\partial i}\varDelta G$ negativ ist. Somit muß die kritische Größe i^* im Widerspruch zum zweiten Hauptsatz durch thermische Schwankungen gebildet werden, deren Wahrscheinlichkeit $\sim e^{-\varDelta G^*/kT}$, also bei großem i sehr klein ist. Die Thermodynamik fordert also in diesem Fall eine eindeutige Trennung der Gesamtreaktion in zwei Vorgänge, die eigentliche Keimbildung, bewirkt durch rein thermische Schwankungen, und die dem zweiten Hauptsatz entsprechende Vergrößerung des Keims, die man nach G. Tammann als Kristallwachstum bezeichnet.

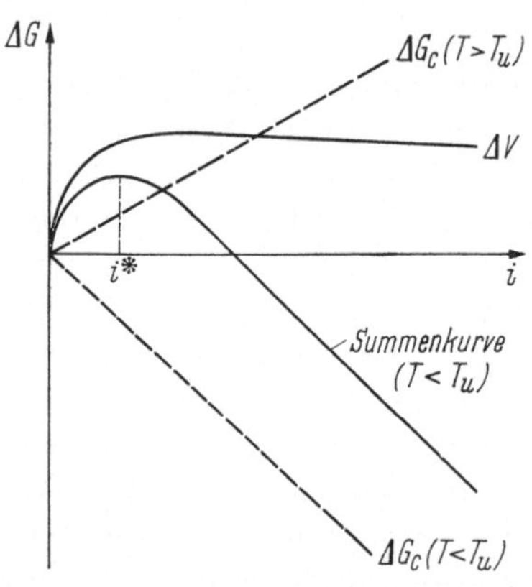

Abb. 47. Thermodynamische Verhältnisse in der Keimbildungstheorie von Volmer.

Nach M. Volmer und A. Weber sowie R. Becker und W. Doering wird in der Tat die – verhältnismäßig seltene – spontane Keimbildung in übersättigten Dämpfen allein durch solche thermischen Schwankungen bestimmt. Nach D. Turnbull [20] kann auch die spontane Bildung von Erstarrungskeimen in Schmelzen formal durch thermische Schwankungen beschrieben werden, wobei aber der Einfluß der nach 2.3. im flüssigen Zustand vorhandenen und lange Zeit beständigen räumlichen Schwankungen nicht beachtet wurde. Deren Bedeutung wird durch die – technisch sehr wichtige – Erfahrung belegt, wonach man einen feinkörnigen Guß, d. h. viele Erstarrungskeime nur erhält, wenn die Schmelze niemals mehr als $\approx 100°$ über den Schmelzpunkt erhitzt wurde, woraus folgt, daß ein solches Erhitzen die räumlichen Schwankungsstellen als „praeformierte Keime" zerstört.

Im festen Zustand ist kein Fall bekannt, in dem nicht eine wesentliche Beteiligung räumlicher, langsam veränderlicher Schwankungen gesichert wäre, die hier in Versetzungen sowie in Konzentrationsschwankungen (Nahordnung) von Mischphasen bestehen können. Auch Einschlüsse mit ihren Oberflächen können wirken.

Wir besprechen zunächst die Ausscheidungen. Hier besteht nach U. Dehlinger [2] die erstmals von G. W. Tichelaar am System NaCl–KCl bestätigte Möglichkeit, durch negative Diffusion nach 5.2. ohne jede zeitliche Verzögerung Konzentrationsschwankungen zu erzeugen, die unmittelbar kohärente Keime darstellen. Zunächst geschieht dies in dem Temperatur- und Konzentrationsbereich unterhalb der (in der thermodynamischen Literatur wohl bekannten) durch $\frac{\partial^2 g}{\partial c^2}=0$ definierten Spinodalen des Zustandsdiagramms. Meist treten dabei Kohärenzspannungen auf, ihre Energie E geht etwa proportional mit dem Volumen, so daß $\frac{\partial E}{\partial i}$ nahezu unabhängig von i ist, gegebenenfalls mit i noch ansteigt. Somit wird die chemische Kraft $\frac{\partial \mu}{\partial c}$ durch eine von der Keimgröße nahezu unabhängige elastische Kraft verringert. Nach J. W. CAHN [21] hat das zwei Folgen: Die „effektive Spinodale", bei der diese „spinodale Entmischung" (decomposition) einsetzt, liegt tiefer als die thermodynamische, außerdem findet unter den wachsenden Keimen eine thermodynamische Auswahl statt, die zu regelmäßigen Abständen zwischen ihnen, also einer periodischen Konzentrationsverteilung in der Matrix führen kann.

Ein Vorgang dieser Art findet sich u. a. in Au–Ni und Au–Pt. Bei den genauen Beobachtungen von V. GEROLD [22] an Al–Zn war die effektive Spinodale daran zu erkennen, daß bei ihrer Unterschreitung die Ausscheidungsgeschwindigkeit unstetig zunahm. Immerhin fand er auch oberhalb der Spinodalen eine kohärente Entmischung. Auch ihre Keime bilden sich zweifellos aus räumlichen Schwankungen der Konzentration. Die Matrix als ausscheidungsfähiges System muß ja eine unterideale Mischphase sein, in der nach 2.3. Nahordnungskomplexe auftreten, deren Gleichgewichtsgröße an der Spinodalen unendlich, bei höherer Temperatur aber immer kleiner wird. Daher können auch hier solche Komplexe zu Keimen werden, im Unterschied zu den Verhältnissen unterhalb der Spinodalen ist aber ein besonderer Vorgang nötig, der einzelne von ihnen unbeschränkt wachstumsfähig macht. Es kann dies eine örtlich kurzzeitig verstärkte Diffusion – das ist eine thermische Schwankung – sein, die einen einzelnen Komplex größer und damit stabiler als die umgebenden macht, wahrscheinlich sind dabei oft auch Ansammlungen der eingefrorenen Leerstellen beteiligt, welche die Stabilität wie auch die Diffusion örtlich steigern. Beides macht sich dadurch bemerkbar, daß wachstumsfähige Keime (auch Schwankungsbereiche genannt) erst nach einer gewissen Latenzzeit gebildet werden, die allerdings um Größenordnungen kleiner als die eines allein durch thermische Schwankungen entstehenden Keims ist. Besonders deutlich zeigte sich diese Verzögerung nach V. GEROLD und R. BAUR [22] bei G. P. I von Al–Cu, woraus zu schließen ist, daß man sich hier oberhalb der Spinodalen bewegt. Die Autoren beobachteten auch bei der Bildung von G. P. II (sog. Θ'') eine lange Verzögerung, die jedoch verschwindet, wenn einzelne Zonen I als praeformierte Keime vorhanden sind.

Von hier aus gewinnt man ein konkreteres Bild von der Erstarrung der Schmelzen. Zweifellos gibt es in diesen räumliche Schwankungen der Koordinationszahl nach Art der Nahordnung. Die größten unter ihnen wirken als praeformierte Keime, müssen jedoch, um unbeschränkt wachstumsfähig zu werden, durch zeitliche (thermische) Schwankungen, d. h.

durch exzeptionell große diffusionsartige Umordnungen der Atomlagen, noch vergrößert werden.

Ausscheidungskeime von großem Platzbedarf bilden sich oft in Groß-winkel-Korngrenzen, wo die kritische Keimgröße anscheinend sehr klein und eine Verzögerung nicht merkbar ist. Ihr Wachstum kann ein mikro-skopisches Bild ergeben, das die Korngrenze mit Körnern der neuen Phase „dekoriert" zeigt. Statt dessen kann sich auch nach U. DEHLIN-GER und C. S. SMITH [2, 16] die in 5.4. beschriebene diskontinuierliche Ausscheidung einstellen.

Außer der oben besprochenen spinodalen Entmischung gibt es einen zweiten Keimbildungsvorgang, bei dem experimentell einwandfrei nach-gewiesen ist, daß er ohne zeitliche Verzögerung beim Unterschreiten einer bestimmten, unterhalb der wahren Gleichgewichtstemperatur T_u lie-genden „Hysterese"- oder „Martensittemperatur" T_m einsetzt. Es han-delt sich um die in 5.3. beschriebene unmittelbare allotrope Umwandlung des k. fl. γ-Fe (Austenit) in das raumzentrierte α-Fe, das tetragonal (c/a proportional dem C-Gehalt) ist, weil die C-Atome gelöst bleiben, und das als nadelförmiger Gefügebestandteil Martensit heißt. Nach F. WEVER und N. ENGEL [23] bilden sich die ersten Nadeln bei T_m auch noch bei einer Abkühlungsgeschwindigkeit von 10^{-7} Grad/sec, weitere bei tieferen Temperaturen ebenfalls ohne jede Verzögerung, was man als athermi-schen oder Umklappvorgang bezeichnet.

Zahlreiche kristallographische Beobachtungen zeigen, daß sich Mar-tensit nach einem Vorgang b) bildet: Von G. V. KURDJUMOW und G. SACHS wurde die in Abb. 48 dargestellte Orientierungsbeziehung be-

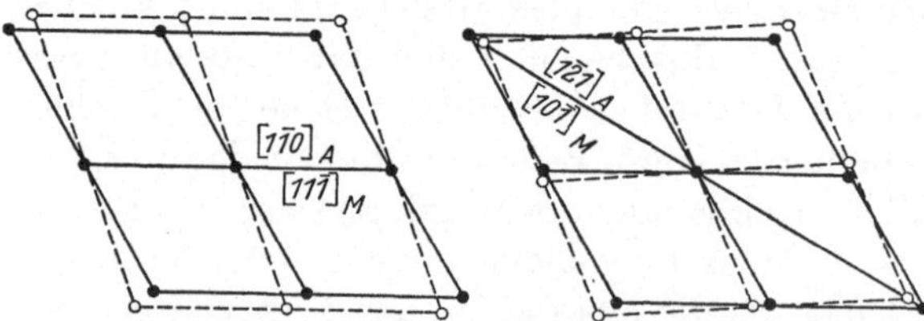

Abb. 48. Lage- und Größenbeziehung zwischen den Gittern des Austenits (volle Punkte) und des daraus entstandenen Martensits, links nach KURDJUMOW/SACHS, rechts nach NISHIYAMA. Bild-ebene ist die Ebene (111) des k. fl. Austenits.

obachtet (die nach N. NISHIYAMA wird bei sehr tiefen, dazwischenliegende werden bei mittleren Temperaturen gefunden). Schliffbilder weisen nach, daß $(225)_A$ Habitusebene ist, d.h. makroskopisch invariant bleibt, wenn auch ihre Gittergeraden gegeneinander gleiten, wie Abb. 49 zeigt. Dem-nach liegt vor eine Scherung der dichtbesetzten Geraden $[1\bar{1}0]_A = [1\bar{1}\bar{1}]_M$ in ihrer Richtung und in der Ebene $(111)_A = (101)_M$, Scherungswinkel $\gamma_m = 1/3 = 18{,}5°$, überlagert von einer Volumvergrößerung, die ent-steht durch Vergrößerung der Abstände zwischen den genannten Geraden um 6% in der $[\bar{1}\bar{1}2]_A$-Richtung. Der Ebene $(225)_A$ entspricht $(734)_M$. Atomistisch passen diese beiden Ebenen nicht ganz zusammen. Damit die Kohärenz gewahrt bleibt, hat man nach F. C. FRANK in der Nadelgrenzfläche die in Abb. 50 angedeuteten Schraubenversetzungslinien parallel zu den dichtest besetzten Atomreihen einzufügen, und

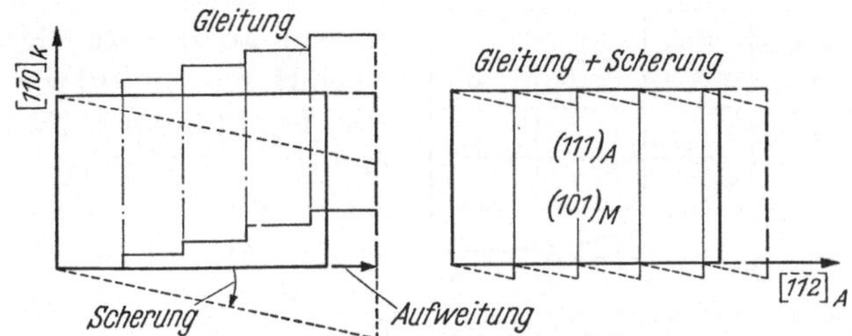

Abb. 49. Die Überlagerung von Scherung und inhomogener Gleitung ergibt die makroskopisch invariante Habitusebene $(225)_A = (734)_M$.

zwar sind die entsprechenden Eigenspannungen minimal, wenn ihr Abstand sechs Atomabstände und ihr Burgersvektor gleich einem halben Atomabstand ist, so daß sie die in Abb. 49 gezeigte Gleitung erzeugen.

Diese um die Martensitplatte nach Abb. 49 sich schließenden Versetzungslinien bilden einen „Versetzungsrahmen", der beim Dicken-

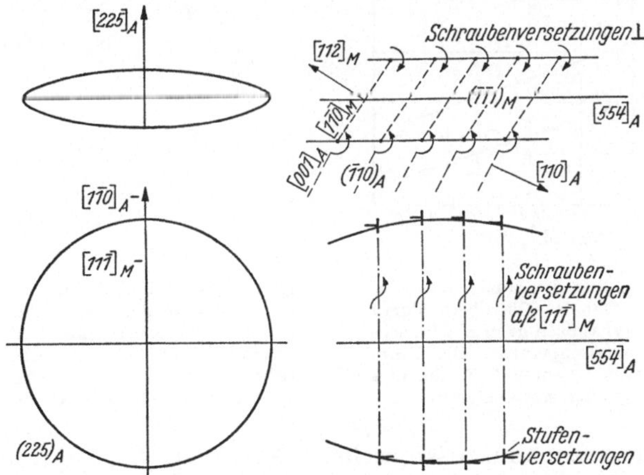

Abb. 50. Schematisierte Form einer Martensitnadel im Anfangsstadium und Versetzungsrahmen an ihrer Oberfläche (nach KNAPP).

wachstum der Nadel in das Austenitgitter hinein sich ausdehnen muß, während neue Schraubenversetzungen entstehen, wenn die Platte in der Nadellängsrichtung $(554)_A$ (in der Ebene (225) und $\perp [1\bar{1}0]$) sich ausdehnt. Diese Versetzungsbewegung ist der langsamste Vorgang beim

Nadelwachstum, dem die Verrückungen der Atome ohne Überschreitung von Schwellen nachfolgen.

Die Zusatzenergie ΔV berechnet sich als Summe der für Scherung plus Dehnung notwendigen Verzerrungs-(Eigenspannungs-)Energie und der Oberflächenenergie der Nadel, die wie bei Feinkorngrenzen gleich der Energie der Schraubenversetzungen an der Nadelgrenze ist. Nach H. KNAPP [19] wird $\partial \Delta V/\partial i$ eine Funktion der Nadellänge a und Dicke c. Minimal wird es für ein $c/a \approx 0{,}15$, was den Beobachtungen etwa entspricht. Abb. 51 zeigt dieses minimalisierte $\partial \Delta V/\partial i$ als Funkton von a. Schätzt man die am Martensitpunkt T_m vor-

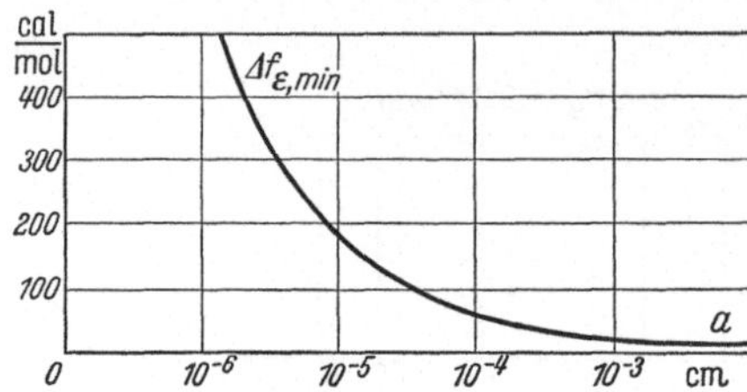

Abb. 51. Gesamte Verzerrungsenergie je Mol Martensit als Funktion der Nadellänge.

liegende Keimgröße zu $a = 5 \cdot 10^{-6}$ cm, so wird die zugehörige Zusatzenergie je Mol Martensit 300 cal/Mol, fällt aber von da an stark ab, was die Geschwindigkeit der Nadelbildung erklärt, die weitaus größer als alle andern Umwandlungsgeschwindigkeiten ist.

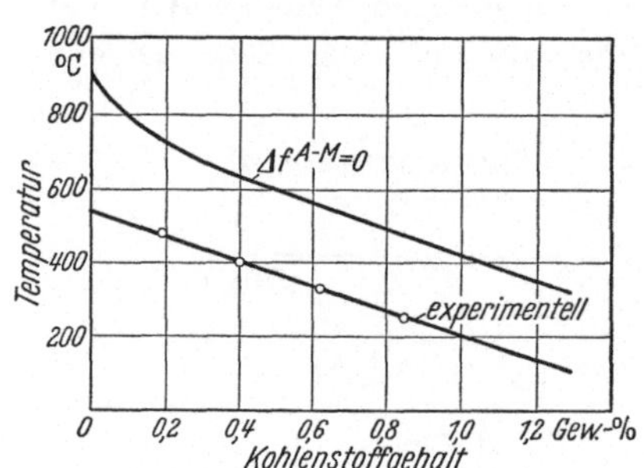

Abb. 52. Abhängigkeit der Martensittemperatur T_m vom C-Gehalt. Die obere Kurve gibt die thermodynamisch nach 2.1. berechnete Gleichgewichtstemperatur. Die Differenz beider Kurven ist ein Maß für die Verzerrungsenergie der Martensitkeime.

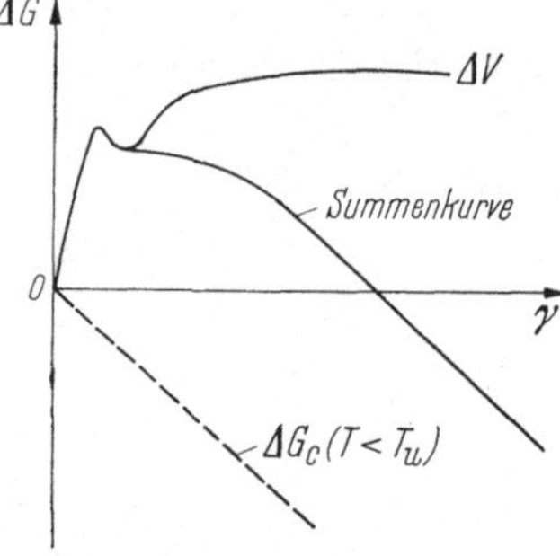

Abb. 53. Keimbildung aus einer metastabilen, daher in der ΔV-Kurve ein Minimum zeigende Versetzungskombination. In der Summenkurve verschwindet das Minimum für $T < T_m$, worauf Keimbildung ohne thermische Schwankung möglich ist.

Nach elektronenmikroskopischen Befunden [24, 26] scheinen die Martensitkeime aus besonders großen Stapelfehlern hervorzugehen. Um diese, auch in allen andern Keimbildungen vom Typ b) anzunehmende Mitwirkung von Versetzungskombinationen zu erklären, gehen wir davon aus, daß nach 4.2. allen Versetzungen bestimmte bleibende Formänderungen zugrunde liegen. Unter den vielen Konfigurationen des Versetzungsnetzes werden als räumliche Schwankung einige wenige sein, in denen die zur neuen Phase führende Deformation (das ist bei Martensit so wie in 5.6.

eine Scherung γ) in etwas größerem Umfang vorkommt. In Abb. 53 ist in Funktion dieser Keimgröße γ erstens die zur Scherung aufzuwendende reversible Arbeit aufgetragen, die je Mol gleich $\Delta G_c \approx \Delta F_c$, zweitens die Energie ΔV des die Scherung γ umgebenden Spannungsfelds, das ist bei kleinem γ fast die ganze Energie der Versetzungskombination. Sie steigt dort stark an, hat dann aber ein Minimum, insofern die Versetzungen im metastabilen mechanischen Gleichgewicht sind. Rechts von diesem Minimum ist ΔV gleich der oben besprochenen Zusatzenergie.

Als elastische Energie hängt ΔV kaum von T ab, hingegen wird die chemische freie Enthalpie bzw. Energie ΔF_c am Gleichgewichtspunkt $T = T_u$ Null und für $T < T_u$ negativ. Näherungsweise ist $\Delta F_c = \Delta U_c - T \Delta S_c$ proportional γ sowie der „Überschreitung" $(T - T_u)$. Außerdem gilt nach dem zweiten Hauptsatz $\Delta S_c = \gamma q/\gamma_m T_u$, wo $q = 380$ cal/Mol die Reaktionswärme ist, somit wird

$$\Delta G_c \approx \Delta F_c = \gamma q (T - T_u)/\gamma_m T_u .$$

Da ΔF_c eine reversible Arbeit ist, kann man $\Delta F_c/\gamma$ als thermodynamische Kraft, hier als Schubspannung τ_c bezeichnen, die für $T < T_u$ im Sinn der Vergrößerung von γ wirkt, der aber die „elastische Schubspannung" $\partial \Delta V/\partial \gamma$ entgegenwirkt, außerdem eine, u. a. von ausgestrahlten Schallwellen herrührende, der Ausbreitungsgeschwindigkeit der Versetzungen proportionale Reibungskraft. Einer treibenden freien Energie von 1 cal/Mol entspricht damit ein $\tau_c = 5{,}9$ kp/cm². Die Gleichgewichtstemperatur T_u zwischen den nicht entmischten Modifikationen des Fe liegt nach thermodynamischen Rechnungen von M. Cohen und C. H. Johansson bei Fe–C 200° über der Martensittemperatur T_m (Abb. 52).

Nun hat die gesamte freie Energie, das ist die Summe der beiden Kurven in Abb. 53, für $T > T_u$, aber auch noch in einem Gebiet unterhalb T_u ein Minimum, in das der Zustandspunkt fällt. Jedoch gibt es eine „Martensittemperatur" $T_m < T_u$, bei der die negative Neigung der F_c-Kurve gerade groß genug ist, um dieses Minimum zu beseitigen. Es muß dazu sein

$$\Delta F_c/\gamma = \frac{T_u - T_m}{T_u}\, \frac{q}{\gamma_m} \geqq \left(\frac{\partial \Delta V}{\partial \gamma}\right)_{\max}$$

Unterhalb T_m hat die Summenkurve eine in weitem Bereich negative Steigung, γ kann also dem zweiten Hauptsatz folgend anwachsen, der praeformierte Keim, der sich bei Annäherung von T an T_m langsam vergrößert hatte, wurde bei T_m unbeschränkt wachstumsfähig. Die antreibende Schubspannung ist proportional der negativen Neigung der Summenkurve. Schätzt man den erwähnten Reibungswiderstand ab, so kommt man auf eine lineare Ausbreitungsgeschwindigkeit des Versetzungsrahmens von $\approx 10^5$ cm/sec, und auf Bildungszeiten der Nadeln von 10^{-7} sec, entsprechend den Beobachtungen von E. Scheil u. a. Dabei wird angenommen, daß eine Nadel von $a \approx 10^{-2}$ cm an andre anstößt und nicht mehr in der Länge, sondern nur noch in der Dicke wächst, bis das dem Minimum der elastischen Energie entsprechende c erreicht ist.

Selbstverständlich gibt es auch Versetzungskombinationen, deren $(\partial \Delta V/\partial \gamma)_{\max}$ größer ist, und die daher erst unterhalb T_m, ebenfalls ohne Vorbereitung, ins Spiel treten, so daß man eine bei nicht zu langsamer Temperaturerniedrigung eindeutige Temperaturabhängigkeit des Restaustenits erhält. Bei längerem Warten unterhalb T_m können einzelne praeformierte Keime unter dem Einfluß von F_c auch durch thermisch aktivierte Versetzungsbewegungen unbeschränkt wachstumsfähig werden (isotherme Martensitbildung). Es sei erwähnt, daß man nach U. Dehlinger [25] die athermische Martensitbildung auch als Hysterese analog der magnetischen beschreiben kann, wobei $\tau_c \to H$, T_m der Koerzitivkraft und die Restaustenitkurve der Hysteresekurve entspricht. Die Ausbildung des praeformierten Keims ist ein vorwiegend reversibler, das Nadelwachstum ein irreversibler Vorgang. Damit wird auch die Restaustenitmenge vom Gefüge abhängig, in der Tat findet man nach U. Dehlinger und H. Bumm keinen solchen mehr, wenn man wenig gestörte Fe–Ni-Einkristalle abschreckt.

In andern Fällen, z.B. bei Θ'–Al$_2$Cu, ist die allmähliche Entstehung des praeformierten Keims an Diffusionen geknüpft, die eine thermische

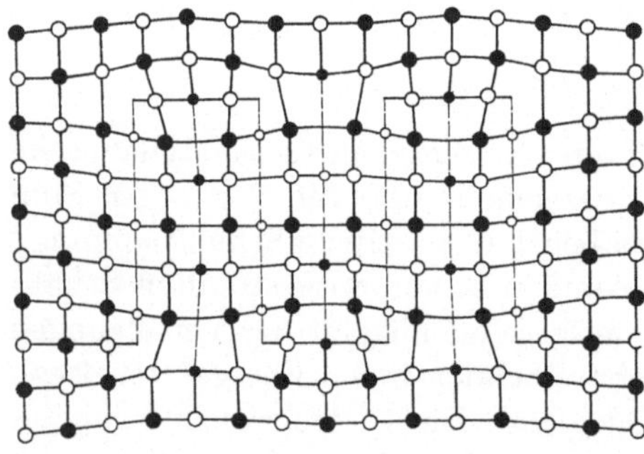

Abb. 54. Keim von Al$_2$Cu mit CaF$_2$-Gitter in einem fl.k. Mischkristall. Bildebene ist (100) der Matrix gleich (110) der neuen Phase. An den eingeschobenen Cu-Ebenen erkennt man die Versetzungen der Keimoberfläche. Man sieht auch, daß der Keim tetragonal verzerrt ist, wie es beobachtet wurde.

Schwankung notwendig machen. In Abb. 54 ist ein Versuch von U. Dehlinger und H. Pfleiderer [2] dargestellt, die CaF$_2$-Struktur von Θ' in der beobachteten Orientierung in die Matrix einzubauen (jedes Cu ist von 8 Al, jedes Al von 4 Cu umgeben). Man erkennt an dem Ende eingeschobener Netzebenen (gekennzeichnet durch Striche) die unvollständigen Versetzungen, die senkrecht zur Zeichenebene den Keim umgeben. In Abb. 55a ist zudem dargestellt, wie ein solcher Keim aus einer Stufenversetzung durch auswählendes Klettern (nach unten), d.h. Anlagerung von Cu-Atomen und Leerstellen durch Diffusion, entstehen kann. In Abb. 55b ist durch Diffusion – vermutlich mit thermischer Schwankung, also Verzögerung – eine zweite Cu-Ebene eingefügt und die Wiederholung dieses Vorgangs ergibt den Keim von Abb. 54.

Wie man sieht, würde der Martensitkeim auch weiterwachsen, wenn nach Erreichen des Martensitpunkts T_m die Temperatur sofort wieder erhöht würde, solange sie nur unterhalb T_u bleibt. Dies zu tun, ist hier experimentell nicht möglich. Anders ist es bei der Keimbildung einer neuen Weißschen Domäne im Verlauf einer Ummagnetisierung sowie bei der Keimbildung einer plastischen Deformation (Lüdersband), die nach dem experimentellen Befund dynamisch analog verlaufen. Die Temperaturfunktion g_c ist hier zu ersetzen durch $J_s H$ (J_s Sättigungsmagnetisierung) bzw. $\varepsilon_{pl}\,\sigma$, also die Unterkühlung $T_u - T$ durch die äußere magnetische Feldstärke H bzw. die von außen angelegte Spannung σ.

Auch hier gehen die Keime von Baufehlern aus. Der Martensittemperatur T_m entspricht dann die ,,Startfeldstärke" H_s, unterschieden von der kleineren Wanderungsfeldstärke H_w, bei der die Blochwände des Keims (analog zum Versetzungsrahmen der Martensitnadel) irreversibel wandern können. Meist sind so vielfältige Baufehler vorhanden, daß die H_s stark streuen und es stets Stellen gibt, an denen $H_s \lessgtr H_0$ ist, wo H_0 die mittlere Kraft repräsentiert, mit der die fertigen Blochwände an Baufehler gebunden sind. Dagegen kann man in Einkristallen oder nach K. J. Sixtus u. a. in Drähten mit starker Rekristallisationstextur, in denen durch Diffusionsanisotropie (Permalloy) sowie einseitigen Zug die Stabilität von 180°-Wänden

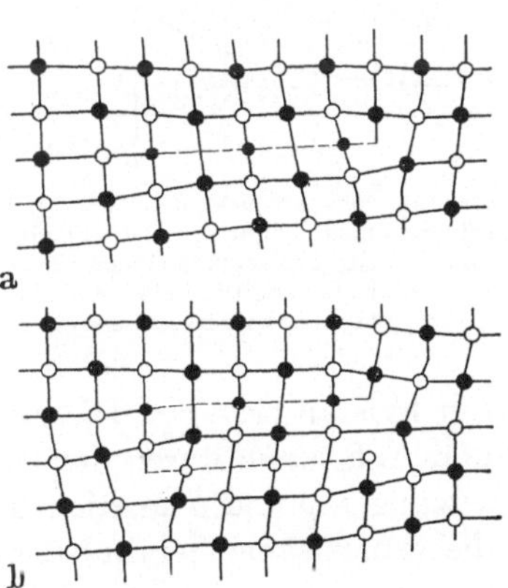

Abb. 55. Bildebene wie in Abb. 54. An eine eingefügte Würfelebene in der Matrix diffundieren in a Cu-Atome an und formieren eine Ebene des Keims der Abb. 54. In b hat sich eine zweite Extraebene eingelagert, so daß ein räumlicher Keim entstanden ist (nach H. Pfleiderer).

gesichert wurde, H_s sehr groß erhalten. Legt man am einen Ende des im Zustand der Remanenz nur eine Spinrichtung enthaltenden Drahts ein entgegengesetztes H_s an, so entsteht hier ein einzelner Keim der neuen Richtung, dessen Blochwand als ,,Barkhausen-Sprung" mit großer, durch Wirbelstrom- und Relaxationsdämpfung bestimmter Geschwindigkeit den langen Draht durchläuft.

5.6. Kobaltumwandlung und Zwillingsbildung

Die allotrope Umwandlung der fl. k. Hochtemperaturmodifikation von Co in die Struktur der hexagonalen Packung (stabil unterhalb $T_u = 417\,°\mathrm{C}$) geht streng orientiert vor sich, es ist $\{111\}_K \| (000.1)_H$ und

$\langle 110 \rangle_K \,||\, \langle 11\bar{2}.0 \rangle_H$, also durch eine reine Scherung jeder zweiten Netzebene (111) nach $[11\bar{2}]_K$ mit $\gamma = 20°$. Diese lokalen Scherungen haben in wenig gestörten Einkristallen überall dieselbe Richtung, jedoch abwechselndes Vorzeichen, denn es zeigt sich, daß solche Kristalle bei der Umwandlung nicht zerfallen und ihre Gestalt beibehalten.

Die ursprünglichsten praeformierten Keime des hexagonalen Gitters im k.fl. sind dessen Stapelfehler. Aus den in 5.4. erörterten thermodynamischen Gründen muß die Stapelfehlerenergie, die nahezu proportional mit F_c/γ ist, bei Annäherung an die Gleichgewichtstemperatur T_u gegen Null gehen und unterhalb T_u negativ werden. Die Stapelfehler werden also mit sinkender Temperatur wie die praeformierten Keime des Martensits allmählich wachsen und für $T < T_u$, wenn sie die entgegenstehende Verzerrungsenergie überwinden können, in dreidimensional hexagonale Form übergehen und dann vermutlich sofort den ganzen Kristall erfassen. Dieser Übergang geschieht nach J. W. Christian und A. Seeger durch den Mechanismus von Abb. 56 und 57. Die Versetzungen γ und δ in Richtung [111] heißen Polversetzungen, sie haben die gemeinsame Schraubenkomponente $2a/3$ [111], machen also beide die Ebene $(111)_K$ zu einer Spiralfläche mit der Schraubenhöhe $2a/\sqrt{3}$. Da der Abstand dieser Ebenen $a/\sqrt{3}$ ist, führen sie jede von ihnen in die zweitnächste über. Die beiden Halbversetzungen α und β stoßen sich nach 4.4. ab, und die Größe des Stapelfehlers wird zunächst begrenzt durch die positive Stapelfehlerenergie. Wenn diese aber negativ wird, breitet sich der Stapelfehler entlang der Spiralfläche ins Dreidimensionale aus.

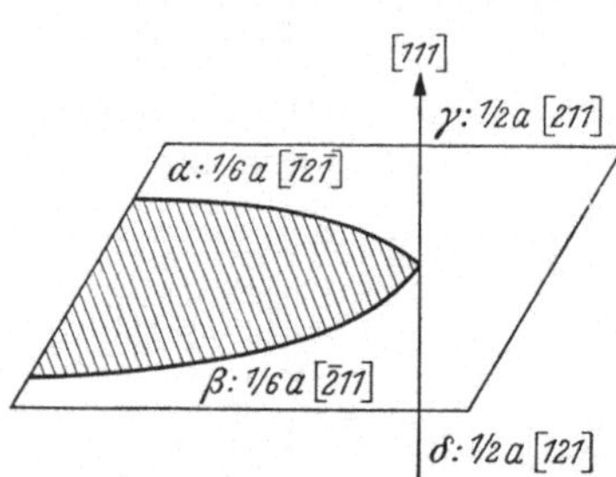

Abb. 56. Versetzungsknoten aus vier Versetzungslinien. Schraffiert ist die Fläche des von zwei Halbversetzungslinien berandeten Stapelfehlers. Die Versetzungslinie [111] ist eine Polversetzung.

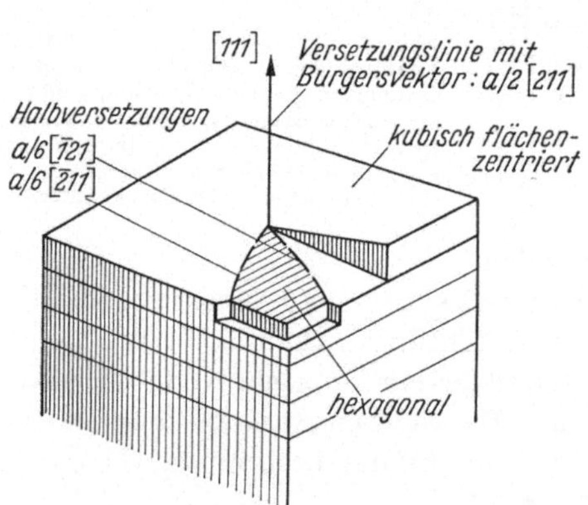

Abb. 57. Umwandlungsmechanismus des k.fl. Co.

Eine Frage ist noch nicht beantwortet: Die beiden Halbversetzungen müssen bei jedem Umlauf einmal parallel stehen, was beim ersten Mal zu einem Abstand von nur einer Schraubenhöhe und damit einer starken

Abstoßung führt. Vermutlich wirkt bei der Überwindung dieser Abstoßung die offensichtlich starke elastische Kopplung zwischen den Keimen mit.

Zwillinge entstehen beim Erstarren, bei der Rekristallisation, bei Umwandlungen wie auch bei der plastischen Verformung. Nach T. H. BLEWITT bilden auch Cu-Kristalle Zwillinge, wenn sie bei $\approx 4\,°K$ verformt werden.

Zwillinge in k.fl. und k.rz. Kristallen sind formal eine (im Unterschied zum vorhergehenden Fall) homogene Scherung nach kristallographischen Elementen. Ebene der Scherung und zugleich Grenzebene der beiden Bereiche (Zwillingsebene) ist (111) bzw. (112). Scherungsrichtung ist $[11\bar{2}]$ bzw. $[11\bar{1}]$, ihr Betrag in beiden Gittern $1/\sqrt{2} = 0{,}707$. Auch ihr Vorzeichen ist eindeutig festgelegt. Die Zwillingsebene liegt also spiegelsymmetrisch zu den beiden Bereichen. Ihre Grenze hat die Struktur einer Feinkorngrenze (till-boundary), vermittelt aber eine viel größere Orientierungsänderung als diese.

In k.fl. Kristallen, von denen im folgenden allein gesprochen werden soll, zeigte sich, daß die Zwillingsebene der Verformungszwillinge mit der primären Gleitebene zusammenfällt, wenn die Stapelfehlerenergie γ klein, jedoch mit der konjugierten, wenn γ größer ist. Da aber im letzteren Fall im Augenblick der Zwillingsbildung die Richtung des Zugstabs sich über die symmetrische Lage hinausgedreht hat, ist stets diejenige Scherungsebene und -richtung bevorzugt, in der die jeweils größte äußere Schubspannung herrscht. Dabei ist zu beachten, daß es sich um einen polaren Mechanismus handelt, insofern bei Zug andre Verformungssysteme eintreten als bei Druck.

Auch hier sind Stapelfehler, und zwar in der Zwillingsebene, als praeformierte Keime zu betrachten, die sich vergrößern, wenn die äußere Schubspannung die Stapelfehlerenergie überwindet. Nach A. H. COTTRELL und B. A. BILBY werden auch sie durch einen Polmechanismus dreidimensional: In Abb. 35 sei a die Zwillingsebene, die größte Schubspannung habe die Richtung CB, dann ist $C\alpha$ die Zwillingshalbversetzung. Sie soll entstehen aus einer „Polversetzung“ mit dem Burgersvektor CA, die ursprünglich in der Ebene d liegt, von der aber ein Stück, etwa durch Schneidprozesse, in a gebracht sei. Da $CA = C\alpha + \alpha A$, wo $\alpha A \perp a$, oder auch $\frac{a}{2}[\bar{1}01] = \frac{a}{6}[\bar{1}21] + \frac{a}{3}[\bar{1}\bar{1}1]$, ist $\alpha A = \frac{a}{3}[\bar{1}\bar{1}1]$ der Schraubenanteil dieser Polversetzung, sein Betrag ist $a/\sqrt{3}$, so daß der Spiralmechanismus von einer Netzebene zur nächsten führt.

Auch hier kommen die sich drehenden Halbversetzungen einander sehr nahe und würden eine Schubspannung von $G/20$ zum Passieren brauchen. Nach G. SCHOECK [27] wird dies anders, wenn die Zwillingsversetzung $C\alpha$ mit Waldversetzungen reagiert. Zum Beispiel kann eine solche mit dem Burgersvektor AC sich mit ihr zusammenlagern und einen resultierenden Vektor $A\alpha$ erzeugen, der senkrecht auf $C\alpha$ steht. Die beiden untereinander passierenden Versetzungen haben damit Burgersvektoren, die aufeinander senkrecht stehen und sich nicht abstoßen. Diese Reaktionen erzeugen eine die Drehung hemmende Kraft. Im übrigen muß betont werden, daß der Abstand der Keime $1/100 - 1$ mm beträgt, somit die zur Keimbildung führende Versetzungskonstellation wie beim Martensit eine außerordentlich seltene räumliche Schwankung ist. Das mikroskopisch sichtbare Wachstum der Keime geht mit einer linearen Geschwindigkeit von ≈ 1 µm/sec vor sich, also wesentlich langsamer als bei Martensit.

Literatur

[1] MASING, G., u. K. LÜCKE: Lehrbuch der allgem. Metallkunde. Springer 1950.

[2] Ausscheidungsvorgänge in Legierungen. Akademie-Verlag Berlin 1964.

[3] FRANZ, H.: Aushärtung von Al–Cu-Legierungen. Aluminium-Verlag 1957.

[4] SINJAJEW, A. J.: Untersuchung warmfester Legierungen. Bd. IV, Moskau 1959.

[5] SHEWMON, P. G.: Diffusion in Solids. New York 1963.

[6] Vgl. [19] von Kapitel 4.

[7] SWALIN, R. A. et al.: Acta Met. 7, 736 (1959); 13, 471 (1965) [Diffus. in Schmelzen].

[8] SEEGER, A., u. M. L. SWANSON: Proc. Sympos. on Lattice Defects, Tokyo 1966 [Diffus. Ge, Si].

[9] SEEGER, A., G. SCHOTTKY, u. D. SCHUMACHER: Phys. stat. sol. 11, 363 (1965) [Selbstdiffus.].

[10] SCHOLZ, A.: Phys. stat. sol. 14, 169 (1966) [Monte-Carlo-Meth.].

[11] SCHEIL, E.: Z. Metallkde. 45, 298 (1954) [Eutektikum].

[12] MITCHELL, W. J.: Z. Metallkde. 57, 586 (1966) [Zeitgesetz der Aussch.].

[13] WEVER, H.: Z. Elektrochem. 60, 1170 (1956) [Elektr. Überführung].

[14] SCHOTTKY, G.: Phys. stat. sol. 8, 357 (1965) [Thermodiffus.].

[15] WEVER, F., u. W. KOCH: Stahl und Eisen 74, 989 (1954) [ZTU].

[16] SMITH, C. S.: Trans. Am. Soc. Metals 45, 565 (1953) [Diskontin. Ausschdg.].

[17] HEUBNER, U., u. G. WASSERMANN: Z. Metallkde. 53, 152 (1962) [Diskontin. Ausschdg.].

[18] NIHOUL, J., u. L. STALS: Phys. stat. sol. 17, 295 (1966) [Reaktionsordnung].

[19] KNAPP, H., u. U. DEHLINGER: Acta Met. 4, 289 (1956) [Martensitbildung].

[20] HOLLOMON, J. H., u. D. TURNBULL: Progr. Metal Phys. 4, 333 (1953) [Keimbildung].

[21] CAHN, J. W.: Acta Met. 10, 179 (1962) [Spinodale Entmischg.].

[22] Vgl. [7] von Kapitel 2.

[23] WEVER, F., u. N. ENGEL: Mitt. Kaiser Wilhelm Inst. f. Eisenf. 12, 93 (1936) [Martensitbildung].

[24] DASH, S., u. N. BROWN: Acta Met. 14, 595 (1966) [Martensit].

[25] DEHLINGER, U.: Z. Metallkde. 56, 346 (1965) [Thermodyn.].

[26] HORNBOGEN, E.: Z. Metallkde. 56, 133 (1965) [Cu–Zn-Martensit].

[27] SCHOECK, G.: Phys. stat. sol. 13, K 127 (1966) [Zwillingsbildg.].

[28] FRANK, W., H.-J. ENGELL u. A. SEEGER: Z. Metallkde. 58, 452 (1967) [Diffusion u. Lösung v. O in Fe].

6. Relaxation und Dämpfung

6.1. Definitionen

Unter Relaxation im engeren Sinn versteht man das allmähliche Nachlassen der elastischen Spannung nach einer schnell aufgebrachten und festgehaltenen Dehnung oder auch die allmähliche Zunahme der Dehnung bei einer schnell aufgebrachten und festgehaltenen Spannung. Die zugrunde liegenden Änderungen im Zustand des Materials laufen dabei in einem abgeschlossenen System von selbst ab, sind also irreversible, einem Gleichgewicht zustrebende Vorgänge.

Das magnetische Analogon dazu ist, daß eine bestimmte Feldstärke rasch eingeschaltet und festgehalten wird, worauf sich die Magnetisierung allmählich ändert, was man meist Nachwirkung (Aftereffekt) nennt. Oft wird nicht die Gesamtmagnetisierung, sondern die mit einem überlagerten schwachen Wechselfeld zu messende (reversible) Suszeptibilität bei konstanter Gesamtfeldstärke als Funktion der Zeit untersucht. Meist werden durch die erwähnten irreversiblen Vorgänge – vor allem von punktförmigen Baufehlern – die Blochwände stärker in Potentialmulden gebunden, was zu einer Abnahme der Suszeptibilität führt. Den letzteren Fall nennt man auch Desakkommodation.

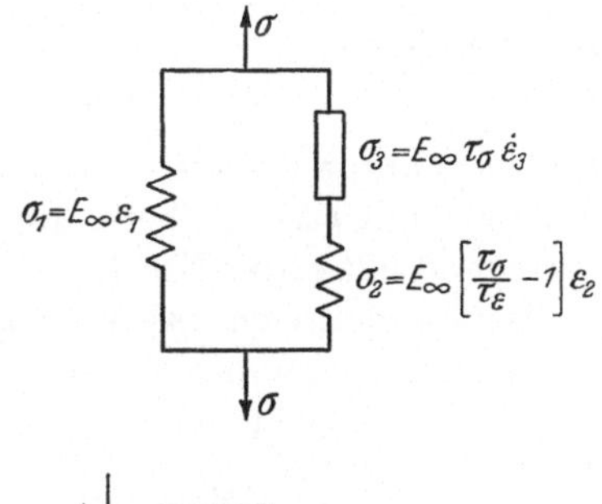

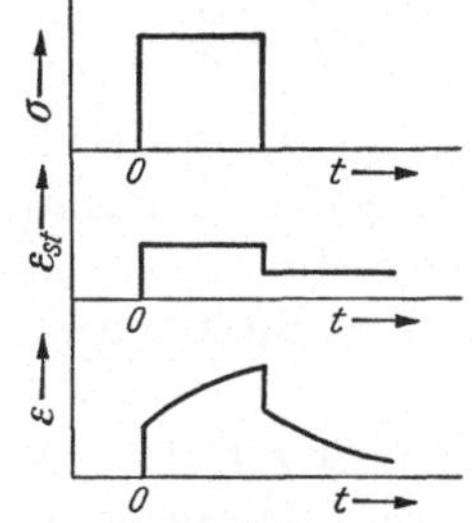

Abb. 58. Relaxationsmodell. Wenn der Reibungskörper durch einen solchen mit statischer Reibung ersetzt wird, entsteht das Modell der Hysterese ($\varepsilon_{\mathrm{stat}}$). Unten sind die dem angegebenen Verlauf von σ entsprechenden Dehnungen aufgetragen.

In den folgenden Formalismen werden wir von einachsiger Spannung σ und Dehnung ε sprechen, jedoch gibt es analoge Relaxationsvorgänge auch für Schubspannung und Scherung sowie für allseitigen Druck und Volumänderung.

Im einfachsten Fall, dem der linearen Relaxation, geht man nach C. ZENER [1] aus von einer linearen Zustandsgleichung, hier dem Hookeschen Gesetz, die einen reversiblen Zusammenhang zwischen σ und ε ausdrückt, und verallgemeinert diese durch zwei ebenfalls lineare Beiträge der Geschwindigkeiten $\dot{\varepsilon}$ und $\dot{\sigma}$:

$$\sigma + \tau_\varepsilon \dot{\sigma} = E_\infty (\varepsilon + \tau_\sigma \dot{\varepsilon}).$$

Diese erweiterte Zustandsgleichung wird durch das Modell der Abb. 58

dargestellt, dessen rechte Seite (dash-pot genannt) eine Feder in Serie mit einem Newtonschen Reibungskörper enthält. Seine Dehnung ε_3 ist proportional der Reaktionslaufzahl des irreversiblen Vorgangs, während die Dehnungen ε_1 und ε_2 der Federn reversibel sind. Die in Abb. 58 angeschriebenen Beziehungen ergeben sich ohne weiteres aus

$$\sigma = \sigma_1 + \sigma_2 \quad \text{und} \quad \varepsilon = \varepsilon_1 = \varepsilon_2 + \varepsilon_3 .$$

Wie man sieht, ist E_∞ der Elastizitätsmodul (definiert als Verhältnis σ/ε) für unendlich langsame, $E_\infty \tau_\sigma/\tau_\varepsilon$ der für unendlich schnelle Dehnung.

Es werde die Spannung schnell auf den Betrag σ_a gebracht und die dabei erreichte Dehnung $\varepsilon_a = \sigma_a \tau_\varepsilon/E_\infty \tau_\sigma$ festgehalten. Dann ändert sich σ nach der Differentialgleichung

$$\sigma + \tau_\varepsilon \dot\sigma = E_\infty \varepsilon_a = \text{const}\,(t) .$$

Ihre Lösung ist

$$\sigma = \sigma_a\, e^{-\,t/\tau_\varepsilon} + E_\infty \varepsilon_a\,(1 - e^{-\,t/\tau_\varepsilon}) .$$

Da der Faktor des ersten Summanden größer ist als der des zweiten, nimmt σ mit t ab. τ_ε heißt Relaxationszeit bei konstantem ε, dementsprechend gilt τ_σ für konstantes σ.

Denkt man sich das Material etwa in einer Zerreißmaschine unter konstanter Spannung σ mit $\dot\varepsilon = 0$ im Gleichgewicht gehalten, so gilt $\sigma = E_\infty \varepsilon$. Wird nunmehr ein $\dot\varepsilon > 0$ eingeschaltet, so muß sein:

$$\frac{\dot\sigma}{\dot\varepsilon} = \frac{\varDelta \sigma}{\varDelta \varepsilon}\bigg|_{\dot\varepsilon \,\neq\, 0} \geqq \frac{\sigma}{\varepsilon}\bigg|_{\dot\varepsilon \,=\, 0} \quad \text{oder} \quad E_{\dot\varepsilon \,\neq\, 0} > E_\infty$$

und damit $\tau_\sigma \geqq \tau_\varepsilon$. Andernfalls würde die Einschaltung von $\dot\varepsilon > 0$ eine Verminderung des σ der Maschine und damit eine fortgesetzte Steigerung von $\dot\varepsilon$ herbeiführen. Die obige Forderung verbürgt also im Sinne des Theorems von BRAUN und LE CHATELIER die Stabilität des Gleichgewichts.

Zur Berechnung der linearen Relaxation bei Schwingungen setzen wir in der Zustandsgleichung:

$$\varepsilon = \varepsilon_0\, e^{i\omega t}; \quad \sigma = \sigma_0\, e^{i\omega t} .$$

Damit wird

$$\sigma_0 + \tau_\varepsilon\, i\omega\, \sigma_0 = E_\infty\,(\varepsilon_0 + \tau_\sigma\, i\omega\, \varepsilon_0) .$$

Der Elastizitätsmodul σ_0/ε_0 wird also komplex, man schreibt:

$$\frac{\sigma_0}{\varepsilon_0} = |E|\, e^{i\vartheta} = E_\infty \frac{1 + \omega^2 \tau_\sigma \tau_\varepsilon + i\omega\,(\tau_\sigma - \tau_\varepsilon)}{1 + \omega^2 \tau_\varepsilon^2}$$

und es gilt für den Phasenwinkel, mit dem ε hinter σ nachhinkt

$$\operatorname{tg} \vartheta = \frac{\omega\,(\tau_\sigma - \tau_\varepsilon)}{1 + \omega^2 \tau_\varepsilon^2} .$$

Das Amplitudenverhältnis wird

$$|E| = E_\infty \frac{[(1 + \omega^2 \tau_\sigma \tau_\varepsilon)^2 + \omega^2 (\tau_\sigma - \tau_\varepsilon)^2]^{-1/2}}{1 + \omega^2 \tau_\varepsilon^2} \approx E_\infty \frac{1 + \omega^2 \tau_\sigma \tau_\varepsilon}{1 + \omega^2 \tau_\varepsilon^2} \, .$$

Die Größe ϑ hat ein Maximum für

$$\omega = \omega_{\text{krit}} = \frac{1}{\sqrt{\tau_\sigma \tau_\varepsilon}} \, ,$$

dagegen wird $\vartheta = 0$ für $\omega = 0$ und $\omega = \infty$, also wenn der reversible Vorgang sehr langsam und wenn er sehr schnell abläuft. Die von der angelegten Spannung im Material geleistete Arbeit berechnet sich als das über eine Periode t_0 erstreckte Integral:

$$L = \int \sigma \, \mathrm{d}\varepsilon = \pi \sigma_0 \varepsilon_0 \sin \vartheta \, .$$

Diese Arbeit ist gleich der für die Irreversibilität kennzeichnenden abgegebenen Wärme. Sie verursacht ein Abklingen freier und eine Dämpfung erzwungener Schwingungen, die, wie man sieht, bei der kritischen Frequenz maximal ist. Ebenso hat dort die Änderung von $|E|$ mit ω ein Maximum. Diese „Relaxationsdämpfung" ist unabhängig von der Schwingungsamplitude.

Relaxationsstärke nennt man den Unterschied des bei sehr schnellem und sehr langsamem Verlauf gemessenen Verhältnisses ε/σ. Sie ist gleich dem Unterschied der reziproken Moduln $1/E_\infty$ und $\tau_\sigma/\tau_\varepsilon \, E_\infty$, oder auch gleich ε_3/σ, damit gleich der auf die Spannung Eins bezogenen nicht elastischen Deformation.

Bestehen in einem kristallinen Material nebeneinander mehrere Relaxation verursachende Vorgänge, so superponieren sich näherungsweise ihre, auf die für alle gleiche Spannung bezogenen Dehnungen. Trägt man also die gemessene Relaxationsstärke als Funktion von ω auf, so erhält man nebeneinander Maxima, die in guter Näherung einzelnen Vorgängen zuzuordnen sind. Es sei bemerkt, daß bei Hochpolymeren offenbar nicht die Spannungen, sondern die Dehnungen aller nebeneinander laufenden Vorgänge gleich sind, also die Spannungen sich superponieren. Daher wird dort im „Relaxationsspektrum" meist der Unterschied der Moduln selbst als Funktion von ω aufgetragen.

Zur Analyse magnetischer Nachwirkungen [2, 3] wird oft die „Ortskurve" gezeichnet, das ist die Kurve der komplexen Suszeptibilitäten (oder auch Permeabilitäten) mit ω als Parameter. Wie man sieht, wird sie ein Kreis, wenn $\tau_\sigma - \tau_\varepsilon \approx \sqrt{\tau_\sigma \tau_\varepsilon} = \tau$ ist, und wenn es sich um lineare Relaxation handelt.

Als Maß einer Dämpfung dient statt ϑ auch das „Logarithmische Dekrement" $\delta = \ln \varepsilon_0(t)/\varepsilon_0(t + t_0)$, gemessen in Neper oder Dezibel, wobei $\delta \, \text{Np} = \delta \cdot 0{,}115 \, \text{dB}$. Für kleine ϑ gilt dabei $\delta = \pi \vartheta$. Weiterhin wird verwendet der relative Energieverlust (Werkstoffdämpfung) ψ, das ist die Dämpfungsarbeit L geteilt durch die elastische Gesamtenergie $\varepsilon_0 \sigma_0/2$. Dann gilt für kleine δ wie bei der Dämpfung durch geschwindigkeitsproportionale Reibung $\psi = 2\delta$. Als Güte Q wird $2\pi/\psi$ bezeichnet. Die Abklingzeit der Energie ist $\pi/\omega\delta$. Die Halbwertsbreite b der Resonanzkurve erzwungener Schwingungen hängt mit der Güte durch $bQ = \omega_{\mathrm{res}}/\pi$ zusammen. Bei Relaxation gilt $\delta_{\max} = \delta_{\mathrm{krit}} \approx \dfrac{\pi}{2}\dfrac{\Delta E}{E}$.

Eine amplitudenabhängige Dämpfung wird hervorgerufen durch Vorgänge, die mit einer von der Geschwindigkeit mehr oder weniger unabhängigen Hysterese (vgl. 7.2.) behaftet sind. Hierher gehört die Dämpfung durch punktweise festgehaltene, bei Überschreiten einer Spannungsgrenze sich loslösende Versetzungen. Eine dritte, von der Amplitude oft unabhängige Art der Dämpfung entsteht nach A. V. GRANATO und K. LÜCKE [8], wenn an die zunächst reversible Zustandsänderung schwingungsfähige, selbst (meist durch Brownsche Bewegung) gedämpfte Gebilde (bisher nur Versetzungen) angekoppelt sind, die Eigenfrequen-

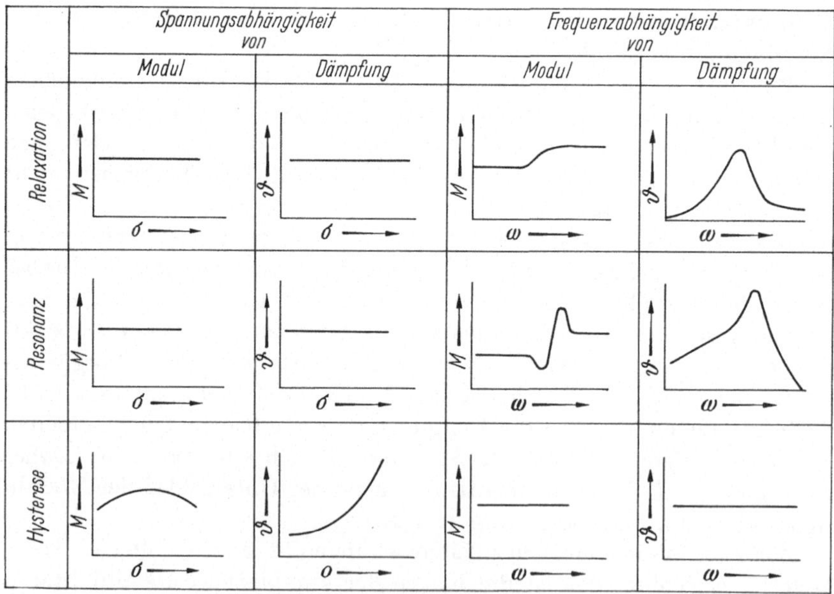

Abb. 59. Die drei Arten der Dämpfung (nach P. SCHILLER).

zen besitzen. Abb. 59 zeigt nach P. SCHILLER [6], wie in den drei reinen Fällen der Relaxation, der Resonanzdämpfung und der Hysterese der Elastizitätsmodul sowie die Dämpfung von der Spannungsamplitude und der Frequenz ihres Wechsels abhängen. Vielfach überlagert sich eine

Hysterese den beiden anderen Dämpfungsarten, so daß deren Amplitudenunabhängigkeit verloren geht.

Bei der für die technische Dämpfung wichtigen Frequenz von 50 Hz haben normalbehandelte Stähle ein δ von etwa 10^{-3}, Grauguß mit lamellarem Graphit dagegen bis $150 \cdot 10^{-3}$. In ferromagnetischen Stoffen ist durch die Magnetostriktion die mechanische Dämpfung mit der magnetischen gekoppelt. So ist nach W. Köster [11] das Dekrement von Ni oberhalb und in starken Feldern auch unterhalb des Curiepunkts (360 °C) nur 10^{-4}, bei 20 °C in weichem Zustand aber $50 \cdot 10^{-3}$, während es durch Verformung auf 10^{-3} heruntergeht. In der Nähe von 200 °C besteht ein Maximum von $120 \cdot 10^{-3}$ für weiches Material. Vermutlich sind mikroskopische Wirbelströme in den einzelnen Weißschen Bezirken die Ursache der großen Werte von δ. Stahl, der zur Verwendung in Stimmgabeln entsprechend getempert wurde, erreicht ein Q^{-1} von 10^{-5}, ausgesuchter Quarz für Quarzuhren von 10^{-7}. Sehr hohe, aber amplitudenabhängige Werte $Q^{-1} > 10^{-2}$ weisen Cu-Einkristalle auf, die von der Schmelztemperatur abgekühlt waren. Nach kleiner Verformung geht ihre Dämpfung auf den normalen Wert zurück.

6.2. Thermodynamische Theorie der linearen Relaxation

Wir kennzeichnen den irreversiblen Vorgang durch eine Reaktionslaufzahl ξ, wobei $\xi = 0$ gelten soll für einen bestimmten Gleichgewichtszustand, von dem aus auch σ und ε gemessen sein sollen. Somit gilt bei gegebenem T eine Gleichung, die die Kopplung von σ und ξ darstellt und durch die geometrischen Verhältnisse im Gitter bestimmt ist:

$$\varepsilon = \varepsilon\,(\sigma, \xi). \tag{1}$$

Für die Geschwindigkeit der Reaktion wird nach 5.1. angesetzt:

$$\dot{\xi} = - a \left(\frac{\partial G}{\partial \xi}\right)_{\sigma,\,\varepsilon,\,T} = - a A . \tag{2}$$

Die Geschwindigkeitskonstante a enthält nach 5.1. eine Aktivierungsenthalpie (vgl. Tab. 5). A nennt man auch Affinität der Reaktion ξ. Für den Nullzustand gilt nach dem obigen $A = 0$. Die Größe a kann in seiner Nähe als konstant, dagegen A als lineare Funktion von ξ, σ und ε betrachtet werden:

$$A = \left(\frac{\partial A}{\partial \xi}\right)_{\varepsilon,\,T} \xi + \left(\frac{\partial A}{\partial \varepsilon}\right)_{\xi,\,T} \varepsilon \tag{3}$$

oder auch

$$A = \left(\frac{\partial A}{\partial \xi}\right)_{\sigma,\,T} \xi + \left(\frac{\partial A}{\partial \sigma}\right)_{\xi,\,T} \sigma . \tag{4}$$

Damit kann die Geschwindigkeitsbeziehung integriert werden, wobei man z. B. annehmen kann, daß ε konstant gehalten wird, während sich

10*

σ mit ξ zusammen ändern soll. Man erhält dann

$$\xi(t) = C\,e^{-t/\tau_\varepsilon}. \tag{5}$$

Dabei ist

$$\tau_\varepsilon = \frac{1}{a}\left(\frac{\partial \xi}{\partial A}\right)_{T,\varepsilon}. \tag{6}$$

Ebenso ergibt sich bei konstantem σ:

$$\tau_\sigma = \frac{1}{a}\left(\frac{\partial \xi}{\partial A}\right)_{T,\sigma}. \tag{7}$$

Nunmehr muß aus Gl. (2) sowie aus der ebenfalls linearisierten Zustandsgleichung (1)

$$\xi = \frac{\partial \xi}{\partial \sigma}\,\sigma + \frac{\partial \xi}{\partial \varepsilon}\,\varepsilon \tag{1a}$$

die Variable ξ eliminiert werden. Man erhält zunächst

$$\dot\xi = \frac{\partial \xi}{\partial \sigma}\,\dot\sigma + \frac{\partial \xi}{\partial \varepsilon}\,\dot\varepsilon = -\,a\,\frac{\partial A}{\partial \xi}\left(\frac{\partial \xi}{\partial \sigma}\,\sigma + \frac{\partial \xi}{\partial \varepsilon}\,\varepsilon\right) = -\,a\left(\frac{\partial A}{\partial \sigma}\,\sigma + \frac{\partial A}{\partial \varepsilon}\,\varepsilon\right). \tag{8}$$

Wenn man dann durch

$$\frac{dA}{d\varepsilon} = 0 = \left(\frac{\partial A}{\partial \sigma}\right)\left(\frac{\partial \sigma}{\partial \varepsilon}\right)_{T,A} + \left(\frac{\partial A}{\partial \varepsilon}\right)_{T,\sigma}$$

den bei konstantem A (d.h. konstant gehaltener Reaktionsgeschwindigkeit) genommenen Differentialquotienten $(\partial \sigma/\partial \varepsilon)_{T,A}$ definiert, erhält man aus Gl. (8):

$$\frac{\dot\sigma}{a}\left(\frac{\partial \xi}{\partial A}\right)_{T,\varepsilon} - \frac{\dot\varepsilon}{a}\left(\frac{\partial \xi}{\partial A}\right)_{T,\sigma}\left(\frac{\partial \sigma}{\partial \varepsilon}\right)_{T,A} = \sigma - \varepsilon\left(\frac{\partial \sigma}{\partial \varepsilon}\right)_{T,A} \tag{9}$$

oder

$$\sigma + \tau_\varepsilon\dot\sigma = \left(\frac{\partial \sigma}{\partial \varepsilon}\right)_{T,A}(\varepsilon + \tau_\sigma\dot\varepsilon). \tag{10}$$

Man erhält also durch diese von W. MEIXNER [5] angegebene Ableitung die Zenersche erweiterte Zustandsgleichung, deren Bedeutung in 6.1. besprochen wurde.

Die nach 6.1. definierte Relaxationsstärke wird

$$\varDelta = \left(\frac{1}{E}\right)_{\dot\varepsilon=0} - \left(\frac{1}{E}\right)_{\dot\varepsilon=\infty} = \left(\frac{\partial \varepsilon}{\partial \xi}\right)_{G,T}\left(\frac{\partial \xi}{\partial \sigma}\right)_{A,T}. \tag{11}$$

Um den an zweiter Stelle stehenden Ausdruck zu erhalten, bildet man

$$\frac{dA}{d\xi} = 0 = \left(\frac{\partial A}{\partial \sigma}\right)_{\xi}\left(\frac{\partial \sigma}{\partial \xi}\right)_{A,T} + \left(\frac{\partial A}{\partial \xi}\right)_{\sigma}.$$

Also

$$\left(\frac{\partial \sigma}{\partial \xi}\right)_{A,T} = -\frac{\partial A}{\partial \xi} : \frac{\partial A}{\partial \sigma} = -\frac{\partial^2 G}{\partial \xi^2} : \frac{\partial^2 G}{\partial \sigma\,\partial \xi}. \tag{12}$$

Damit wird nach MEIXNER

$$\Delta = \left[\frac{\partial^2 G}{\partial\sigma\,\partial\xi}\right]^2 : \frac{\partial^2 G}{\partial\xi^2}\,. \tag{13}$$

Ebenso erhält man für die entsprechende Differenz der Moduln selbst, wie sie im Fall der Hochpolymeren die superponierbare Relaxationsstärke festlegt:

$$E_{\dot\varepsilon=0} - E_{\dot\varepsilon=\infty} = \left[\frac{\partial^2 F}{\partial\sigma\,\partial\xi}\right]^2 : \frac{\partial^2 F}{\partial\xi^2}\,,$$

wo

$$F = G - \sigma\varepsilon V\,.$$

Im magnetischen Fall nimmt die Suszeptibilität χ die Rolle von $1/E$ ein, daher ist die Relaxationsstärke zu messen als Differenz der Werte von χ, die unmittelbar nach Einschalten des Feldes und derer, die nach langer Dauer gemessen werden.

6.3. Analyse des Relaxationsspektrums

Um die durch Einschalten einer elastischen Spannung oder eines Magnetfeldes geweckten irreversiblen Vorgänge nebeneinander zu kennzeichnen, trägt man die Relaxationsstärke oder auch die einfacher zu messende Dämpfung als Funktion der Frequenz auf, dann sind die einzelnen Ereignisse den Maxima dieser Kurve zuzuordnen. Da ω_{krit} (außer bei den in A erwähnten Effekten) mit der Temperatur stark zunimmt, wollen wir im folgenden statt dessen die bei einer Frequenz von 1–50 Hz gemessenen Dämpfungsmaxima als Funktion der Temperatur betrachten. Man hat dann auch eine gewisse Vergleichsmöglichkeit mit den Erholungsstufen von 9.1. Wir besprechen die wichtigsten bisher geklärten Ereignisse.

A. Makroskopische Vorgänge

a) Die elastische Deformation wäre ebenso wie die Magnetisierung exakt reversibel nur, wenn sie isotherm oder adiabatisch verlaufen würde, was in Wirklichkeit nicht möglich ist. Statt dessen werden die zwischen den verschiedenen gedehnten Stellen entstehenden kleinen Temperaturdifferenzen durch Wärmeleitung zum Teil ausgeglichen. Die diesem irreversiblen Vorgang entsprechende kritische Frequenz hängt wesentlich von der Beanspruchungsart und den Abmessungen des Werkstücks ab, sie hat die Größenordnung 10^3 Hz. Daneben gibt es ein von C. ZENER und T. S. KE [1] gefundenes höherfrequentes Resonanzgebiet, das herrührt von der elastischen Anisotropie innerhalb der Körner.

b) Auch die bei der Ummagnetisierung entstehenden Wirbelströme führen zu einer Dämpfung. Wie in a) kann man unterscheiden Ströme, die durch das ganze Werkstück gehen und Mikroströme in den Weißschen

Bezirken (vgl. [2]). Ferromagnetika, die durch Fremdatome und Punktfehler wenig gestört sind, werden am stärksten durch diese Mikroströme gedämpft. Ihre Relaxation überlagert sich der zunächst geschwindigkeitsunabhängigen Hysterese und begrenzt so die Geschwindigkeit der Ummagnetisierung im Bereich mittlerer Frequenzen. Bei hohen Frequenzen ($\approx 10^8$ Hz) tut dies die Relaxation des Elektronenspins.

c) Die ferromagnetische Jordannachwirkung [2], die kein Temperaturmaximum hat, beruht auf der Brownschen Bewegung der Blochwände. Ist t die Zeit nach dem Einschalten eines Feldes, so wird die Magnetisierung:

$$J = J_0(H) + s \ln t \quad \text{wo} \quad s \approx T.$$

B. Vorgänge in reinen Metallen

a) Die der dort erhöhten Diffusion entsprechende viskose Deformation in den Korngrenzen gibt Anlaß zu einer starken Relaxation (für Normaltemperatur $\omega_{krit} \approx 10^{-8}$ Hz) bei höheren Temperaturen, z. B. für rekristallisiertes Au bei 300–400 °C. Nach W. Köster [11] nimmt sie mit abnehmender Korngröße stark zu, wird aber durch sehr geringe Zusätze oft stark behindert.

b) Daneben zeigt sich auch im unverformten Einkristall (vgl. [12]) die kein Maximum aufweisende, sondern wie $\exp(-A/T)$ bis zum Schmelzpunkt ansteigende „Restdämpfung", die nach G. Alefeld [13] zurückzuführen ist auf Schneiden und Klettern von Versetzungen der Grundstruktur. Wird der Kristall verformt, so steigt nach W. Pechhold [14] während der Verformung selbst dieser Effekt stark an ($Q^{-1} > 10^{-2}$), wobei der Moduldefekt einen konstanten Wert erreicht, während die Dämpfung mit der Abgleitgeschwindigkeit ansteigt.

c) Wird ein Einkristall oder ein ausgeglühter Vielkristall verformt, so nimmt nach W. Köster sowie W. Kempe und E. Kröner [15] die Dämpfung zu, geht aber nach kurzer Erholung bei 100 °C auf den Ausgangswert zurück oder wird sogar noch kleiner (z. B. erzeugt bei Al-Kristallen eine plastische Dehnung von 30 % eine Güte von $3 \cdot 10^4$). Über diesen mit der Spannungsamplitude stark zunehmenden „Untergrund" erheben sich verschiedene, ebenfalls spannungsabhängige Maxima: Zunächst die von G. Bordoni aufgefundenen Tieftemperaturmaxima des verformten Zustands ($T_{krit} \approx 100$ °K $\to 0{,}25$ eV) sowie zwei von P. Schiller [7] erklärte Maxima P_1 und P_2, die in Cu bei 120–240 °C liegen, und die in bei tiefer Temperatur verformten Proben erst nach Anlassen auf Normaltemperatur auftreten, nach weiterer Erholung aber verschwinden, ebenso nach einer kleinen Zusatzverformung.

Alle diese Effekte rühren von der Brownschen Bewegung der an Versetzungsknoten fixierten Versetzungsstücke. Nach Granato und Lücke [9] kann man sie näherungsweise als eine gedämpfte Schwingung (Reibungskonstante β) der als Saite mit der freien Länge l und einer Saitenspannung gleich der Linienenergie behandelten Versetzungen auffassen, ein Vorgang, der nach 6.1. kein Temperaturmaximum besitzt und dessen Resonanzmaximum bei ≈ 300 M Hz, also sehr hoch liegt. Ist $C = Gb^2/2$ die Linienenergie, N die Versetzungsdichte, so wird die Dämpfung

$$\delta \approx N l^4 \beta \omega / C.$$

Die Reibung β kommt nach G. LEIBFRIED vorzugsweise durch Abstrahlung von Schallwellen zustande, es wird dabei $\beta \approx 10^{-4}$ dyn sec/ cm². Abgeändert wird der Vorgang, wenn die Versetzung an Punktfehlern haftet und sich während der Bewegung losreißen muß (Aktivierungsenergie $\approx 0,1$ eV). Wie man leicht sieht, entsteht dadurch eine überlagerte Hysterese und damit eine Abhängigkeit der Dämpfung von der Amplitude der Wechselspannung.

Die Schwingung wird modifiziert und zusätzlich gedämpft durch eine die Bordonischen Relaxationsmaxima verursachende Feinbewegung, die nach A. SEEGER sowie P. G. CHAMBERS besteht in der Ausbildung von Einfach- und Doppelkinken, d.h. Übergang eines Versetzungsstücks in ein benachbartes Tal des Peierlspotentials.

Wie G. ALEFELD [13] betont hat, besitzt die Energie einer Versetzung als Funktion ihres Schwingungsausschlags einen treppenförmigen Verlauf (die erste Stufe ist erreicht, wenn eine gerade Versetzung eine Doppelkinke gebildet hat). Kommt eine äußere Spannung hinzu, so erhält die Gesamtenergie zahlreiche Maxima und Minima, was nach 7.2. Hysterese und damit Amplitudenabhängigkeit der Relaxations- und Schwingungsdämpfung verursacht.

Durch sehr kleine Mengen von Ausscheidungen, in deren Umgebung abgeschnürte Versetzungsringe und damit zahlreiche neue Versetzungen entstehen, kann die Dämpfung stark ansteigen, so nach E. SACK um einen Faktor 10 in Mg durch $\approx 0,02\,\%$ Fe.

Das erwähnte Losreißen der Versetzungen von den ruhenden Haftstellen ist ein Grenzfall genügend tiefer Temperaturen. Im anderen Grenzfall, der nach P. SCHILLER die Maxima P_1 und P_2 verursacht, werden die Versetzungen durch die Wechselspannung nicht losgerissen. Ihre Bewegung ist dann vollständig gebunden an thermische Wanderungsbewegungen der Haftstellen, das sind Doppelleerstellen bei P_1 und Einfachleerstellen bei P_2. Durch die Linienspannung der Versetzung wird die Potentialmulde des Punktfehlers vertieft in der ursprünglichen Gleichgewichtslage des Gebildes, dagegen erhöht in den zwei benachbarten Lagen (Dreimuldenmodell). Die Differenz läßt sich theoretisch zu 10^{-2} eV abschätzen und spielt damit als solche keine Rolle, hat aber zur Folge, daß die Menge der sprungfähigen Stellen selbst von T und die Relaxationsstärke von der Zahl Z der Fehlstellen wesentlich abhängt. Ist die Versetzungslänge N 10^7 cm/cm³, die Maschenweite des Netzwerks

10^{-4} cm, so wird die Relaxationsstärke maximal für $Z \approx 10^{11}$ cm^{-3}. Damit erklärt sich die oben erwähnte Abhängigkeit der Maxima von der Wärmebehandlung. Durch eine kleine Zusatzverformung werden die Versetzungen von den Haftstellen losgerissen, so daß Z wesentlich kleiner wird.

d) In verformtem sowie in abgeschrecktem Material findet man noch weitere Maxima bei tiefen Temperaturen. Eins davon, bei 250 °K ist nach WALZ [12] wahrscheinlich auf den Platzwechsel von an Versetzungen gebundenen Zwischengitteratomen zurückzuführen. In der Nähe davon findet man in Cu-Einkristallen ein Maximum, das von dem Snoekeffekt der in Hantellage befindlichen Zwischengitteratome herrührt. Dieses Maximum, bei dem die Bewegung der Punktfehler nicht durch daran haftende Versetzungen in ihrer Wirkung auf die Dehnung vervielfacht wird, ist sehr klein. Weil aber im ferromagnetischen Ni die Drehungen der Hanteln über die Magnetostriktion hinweg mit kleinen Verschiebungen der Blochwände gekoppelt sind, gibt es dort mit der gleichen Aktivierungsenergie und Temperaturlage (80 °C) ein beträchtliches Relaxationsmaximum [17] der Suszeptibilität und der magnetischen Dämpfung.

e) Wenn für den durch ξ gekennzeichneten Vorgang eine Gleichgewichtstemperatur T_u im Zustandsdiagramm existiert, so wird $\partial G/\partial \xi = A$ anders als in 6.1. stark temperaturabhängig und geht für $T = T_u$ durch Null. Da in diesem Fall die Reaktion vollständig ablaufen kann, ohne in ein Gleichgewicht zu kommen, wird auch $\partial A/\partial \xi = \partial^2 G/\partial \xi^2$ zu Null, und damit τ_σ unendlich. In der Nähe von T_u erzeugt also eine endliche äußere Spannung σ eine sehr große bleibende Formänderung (Superplastizität). Ebenso geht nach 6.1. die Relaxationsstärke über alle Grenzen. Ihr tatsächlich zu beobachtendes Ausmaß wird vor allem durch die Inhomogenität der bleibenden Deformation und die damit zusammenhängenden Eigenspannungen bestimmt, hängt also stark von der Form und Vorgeschichte der Probe ab. Wenn man, wie im Fall des Martensits nach 5.6., eine ohne Verzögerung einsetzende Keimbildung hat, ist als T_u nicht die wahre Gleichgewichtstemperatur der allotropen Umwandlung, sondern die Martensittemperatur, das ist die Gleichgewichtstemperatur des von Spannungen umgebenen, wachstumsfähigen Keims einzusetzen. In der Tat wurde oberhalb der Martensittemperatur von L. F. PORTER und P. C. ROSENTHAL [16] eine solche erhöhte Plastizität beobachtet. Die Erhöhung von Dämpfung und Elastizitätsmodul wurde von W. KÖSTER et al. [11] bei der Umwandlung hexagonal → k.rz. des AgZn untersucht. Ebenso erhielt man Dämpfungsmaxima von Mischkristallen Ti–H, deren Temperatur auf der Löslichkeitsgrenze des H in Ti lag, also einer Kurve im Zustandsdiagramm, unterhalb der sich im Mischkristall das Titanhydrid ausscheidet. Dessen Menge wird durch ξ gemessen und die damit verbundene bleibende Deformation ist die Ursache der Dämpfung.

C. Legierungen mit k.rz. G.

a) Nach 3.4. werden Atome mit kleinem Atomradius, wie C, N, H besonders von Übergangsmetallen in das Grundgitter eingebaut. Dies gilt auch für 0 in Ta sowie N in Nb. Im rz.k. G. liegen sie in den Mitten der Würfelkanten und Würfelflächen, wo sie tetragonale Punktsymmetrie besitzen und in ihrer Wirkung auf die Matrix als elastische Dipole mit einem Rotationsellipsoid als Dipolmoment zu betrachten sind.

Der von A. Snoek 1941 gefundene Effekt besteht nun darin, daß in einer elastisch einseitig in Richtung 1 gedehnten Matrix (Deformationstensor $\varepsilon_{11} > 0$, $\varepsilon_{22} = \varepsilon_{33} < 0$) zwei energetisch verschiedene Lagen für die Dipole auftreten, in denen ihre Rotationsachse parallel bzw. senkrecht zu 1 ist. Die Energiedifferenz der beiden Lagen ist:

$$u_1 - u_2 = - (P_{11}\,\varepsilon_{11} + 2\,P_{22}\,\varepsilon_{22}) - (P_{22}\,\varepsilon_{11} + (P_{11} + P_{22})\,\varepsilon_{22}).$$

N sei die Anzahl der C-Atome je cm³, ξ der Bruchteil in Lage 1. Im thermodynamischen Gleichgewicht ist offensichtlich diese Lage bevorzugt, die Minimalisierung der freien Energie ergibt ($u_1 - u_2 \ll kT$):

$$\xi_g = \frac{1}{3} - \frac{2}{9}\,\frac{u_1 - u_2}{k\,T}.$$

Die Drehung eines Dipols erzeugt aber eine zu ε_{11} zu addierende Dehnung:

$$Q_{11}^{12} = - Q_{22}^{12} = Q_{11} - Q_{22} \approx 10^{-23}\ \mathrm{cm}^3.$$

Wann also $N\left(\xi - \frac{1}{3}\right)$ Dipole in Richtung 1 liegen, ist die bleibende Dehnung

$$\varepsilon_{11}^{b\,l} = N\left(\xi - \frac{1}{3}\right) Q_{11}^{12} = \frac{2\,N}{9\,k\,T}\,(P_{11} - P_{22})\,\varepsilon_{11},$$

wo

$$\varepsilon_{11} = \sigma_{11}/E_x.$$

Somit ist die Relaxationsstärke

$$\varepsilon_{11}^{b\,l}/\sigma_{11} = \frac{2\,N}{9\,k\,T\,E_x}\,(P_{11} - P_{22}).$$

Die entsprechende magnetische Relaxation heißt Richternachwirkung [2, 3]. Dabei drehen sich die elastischen Dipole irreversibel jeweils so, daß sie die von der Magnetostriktion erzeugten elastischen Spannungen vermindern, also die (differentielle) Bewegung der Blochwände erleichtern. Daher wird die Suszeptibilität durch die Nachwirkung vergrößert. Die kritische Frequenz und Aktivierungsenergie ist dieselbe wie die des mechanischen Effekts.

b) Im Substitutionsmischkristall α-Fe–Si, aber auch sonst, wenn diffusionsfähige Punktfehler mit elastischem Dipolmoment vorhanden sind, hat man nach H. D. Dietze ,,Diffusionsnachwirkung'', bei der diese Atome bzw. Fehler in die Gebiete hoher magnetostriktiver Dehnung diffundieren.

c) In verformtem α-Fe, das C oder N enthält, wie auch in andern Fällen, in denen ein Snoekmaximum erscheint, findet sich nach W. Köster neben diesem ein weiteres Maximum mit beträchtlich größerer Aktivierungsenergie (cold-work-peak). Bemerkenswert ist, daß seine Höhe mit zunehmendem C- oder N-Gehalt bis zu einer offensichtlich von der Versetzungsdichte abhängenden Grenze zunimmt (z.B. für 30% Reckgrad bis 0,003 Gew.-% C). Nach G. Schoeck [18] kommt es dadurch zustande, daß die Versetzungen von den im Gleichgewicht ausgerichteten Fremdatomen umgeben sind und bei ihrer (langsamen) Wanderung eine Diffusionsbewegung dieser Atome verursachen. Ihre Aktivierungsenergie liegt höher als die der freien Diffusion. Ist D ihr Diffusionskoeffizient, so ist ihre Driftgeschwindigkeit unter der angreifenden Spannung

$$\bar{v} = \tau\, b\, \Delta\, l\, D/k\, T\,,$$

wo $\Delta l \approx 4\sqrt[]{3}\, b^3/9\pi b^2 c$ die im Mittel von einem Fremdatom besetzte Versetzungslänge ist. Zunächst steigt die Dämpfung mit zunehmender Zahl beteiligter Atome. Wenn aber c groß, und damit Δl sehr klein wird, gibt es nur noch kleine Umsetzungen in der Cottrellwolke ohne Gesamtverschiebung, so daß der Effekt klein wird.

D. Legierungen mit fl. k. G.

a) Interstitielle Atome sind in k.fl.G. in den hochsymmetrischen Würfelmitten eingebaut. Ein Snoekeffekt ist daher nur zu erwarten von Agglomeraten aus zwei Leerstellen oder auch einer Leerstelle mit einem benachbarten Fremdatom, wodurch Baufehler mit einer bevorzugten Richtung entstehen (vgl. Nowick [10]). Die Relaxationsstärke im letztgenannten Fall ist das empfindlichste Maß für die Leerstellendichte.

b) Substitutionsmischkristalle, z.B. α-Cu–Zn, zeigen nach C. Zener sowie A. S. Nowick [10] ein Relaxationsmaximum, dessen Aktivierungsenergie mit der der Diffusion übereinstimmt und dessen Stärke etwa quadratisch mit c geht. Es rührt her von der Umordnung von Paaren der Fremdatome, und zwar vorzugsweise von solchen parallel $\langle 001\rangle$, also mit einem Abstand zweiter Sphäre.

Literatur

[1] Zener, C.: Elasticity and Anelasticity, Chicago 1948.
[2] Kneller, E.: Ferromagnetismus, Springer 1962.
[3] Kronmüller, H.: Nachwirkung in Ferromagnetika, Springer 1967.
[4] Niblett, D. H., u. J. Wilks: Adv. Physics 9, 1 (1960) [innere Reibung].
[5] Meixner, W.: Z. Naturforsch. 9a, 654 (1954) [Thermod. Theorie].
[6] Schiller, P.: Z. Metallkde. 53, 9 (1962) [Bericht über Relax.].
[7] Schiller, P.: Phys. stat. sol. 5, 391 (1964) [3-Mulden-Modell].

[8] Granato, A. V., u. K. Lücke: J. Appl. Phys. **27**, 583 (1956) [Versetzungs-Dämpfung].

[9] Lücke, K.: Z. Metallkde. **53**, 63 (1962) [Amplitudenabh. D.].

[10] Nowick, A. S., u. D. Seraphim: Acta Met. **9**, 40, 85 (1961) [Zener-D. in Mischkr.].

[11] Köster, W.: Z. Metallkde. **53**, 17 (1962) [Relax.-Spektrum].

[12] Walz, E.: Phys. stat. sol. **7**, 953 (1964) [Cu verformt].

[13] Alefeld, G. et al.: Phys. Rev. **140 A**, 1771 (1965) [Bordoni-Max.].

[14] Pechhold, W. et al.: Acustica **17**, 131 (1966) [Verformung].

[15] Kempe, W., u. E. Kröner: Z. Metallkde. **47**, 362 (1956) [D. von verformtem Al.]

[16] Porter, L. F., u. P. C. Rosenthal: Acta Met. **7**, 504 (1959) [Superplastizität].

[17] Jäger, H.: Z. Metallkde. **55**, 17 (1964) [Magn. Relax. von Ni].

[18] Schoeck, G.: Acta Met. **11**, 617 (1963) [Theorie des Köster-Max.].

7. Die ferromagnetische Hysterese

7.1. Elementare Begriffe

Wie in 1.5. erörtert, sind in ferromagnetischen Kristallen die Spins eines Teils der d- und f-Elektronen unabgeschlossener Schalen mit ihren magnetischen Momenten auch ohne äußeres Feld parallel eingestellt. Ihre Anzahl, und damit die maximal erreichbare Magnetisierung J_s, ist in der „Slaterkurve" Abb. 11 aufgezeichnet.

Diese „spontane" Magnetisierung J_s ist lokal bei $T = 0$ und ohne äußeres Feld vorhanden. Mit wachsendem T nimmt sie ab, weil einzelne Spins sich antiparallel einstellen. Der Temperaturverlauf $J_s(T)$ heißt Weißsche Kurve und berechnet sich ähnlich wie der einer Fernordnung. Ebenso wie dort existiert eine kritische Temperatur, der Curiepunkt T_c, bei der in einer Reaktion 2. Ordnung eine nahezu regellose Spinverteilung, also ein paramagnetischer Zustand entsteht. Wenn man die Austauschenergie A durch ihre Energiedichte

$$e = A \left[(\mathrm{grad}\, \alpha_1)^2 + (\mathrm{grad}\, \alpha_2)^2 + (\mathrm{grad}\, \alpha_3)^2 \right]$$

definiert, wird in k. fl. G. $kT_c = 6Aa$. Andrerseits ist Aa näherungsweise gleich dem in 1.3. erwähnten (effektiven) Austauschintegral zwischen zwei benachbarten Elektronen.

Legt man ein äußeres Feld H an, so erzeugt es bei genügender Größe eine homogene Magnetisierung in Feldrichtung, die gleich $J_s(T)$ ist (Sättigung). Bei weiterer Vergrößerung von H entsteht die „absolute Sättigung" $J_s(T = 0)$. Die Richtung des lokalen J_s ist bei kleinen Werten von H kristallographisch orientiert, sie fällt zusammen mit den „leichten" Richtungen im Gitter. Die zum Drehen von J_s benötigte Energie heißt Kristallenergie. In kubischen Kristallen schreibt man für sie mit den Cosinussen α_i der Winkel zwischen der Spinrichtung und den drei Kristallachsen (je Volumeinheit):

$$f_K = K_1 \left(\alpha_1^2 \alpha_2^2 + \alpha_2^2 \alpha_3^2 + \alpha_3^2 \alpha_1^2 \right) + K_2 \alpha_1^2 \alpha_2^2 \alpha_3^2 .$$

Die Konstanten K_1 und K_2 nehmen mit T stark ab. Zum Beispiel ist für α-Fe bei $-200\,°\mathrm{C}$ $K_1 = 58 \cdot 10^4$ erg cm^{-3}, bei 700 °C, also noch unterhalb von T_c wird K_1 ebenso wie K_2 nahezu Null. Leichte Richtung ist hier [100], mittlere [110] und schwere [111]. Für Ni ist $K_1 < 0$, $K_2 > 0$, daher (unterhalb 400 °C) [111] leichte, [110] mittlere und [100] schwere Richtung. Für hexagonales Co genügt

$$f_K = K_1 \sin^2 \varphi + K_2 \sin^4 \varphi,$$

wo φ der Winkel zwischen J_s und hexagonaler Achse ist. Dabei ist bis 200 °C $K_1 > K_2 > 0$, somit $\varphi = 0$ leichte Richtung. Oberhalb 340°, wo $K_1 < 0$, sind leicht alle Richtungen mit $\varphi = 90°$. Das bekannte Experiment von EINSTEIN–DE HAAS, bei dem die mit einer Drehung von J_s verbundene Drehung des mechanischen Impulsmoments gemessen wird, ergibt für das Verhältnis der beiden Momente nahezu $-\dfrac{e}{2\,m_e\,c}$, was besagt, daß sich nur die Spins, nicht die Bahnmomente der Elektronen drehen. Somit rührt die Kristallenergie her von der magnetischen Wechselwirkung zwischen den Spin- und den infolge der Bindung im Gitter festliegenden Bahnmomenten. Mit J_s ist eine bleibende Deformation verbunden, wobei zwischen einseitiger und Volum-Magnetostriktion zu unterscheiden ist. Für die letztere gilt nach L. NÉEL näherungsweise

$$\omega = \frac{\Delta V}{V} = K J_s^2.$$

Die Konstante K ist negativ für Ni und positiv für Fe und Fe–Ni. Da J_s mit T abnimmt, besonders stark kurz vor T_c, ist $\mathrm{d}\omega/\mathrm{d}T$ in diesem Temperaturgebiet groß. So gelingt es bei der Invarlegierung Fe + 36,5 % Ni den gesamten linearen thermischen Ausdehnungskoeffizienten von $11 \cdot 10^{-6}$ auf $1,3 \cdot 10^{-6}$, durch weitere Zusätze sogar auf 10^{-7} je Grad herabzudrücken.

Die einseitige „Gestalts-Magnetostriktion" ist gekennzeichnet durch die relative Längenänderung λ in einer kristallographischen Richtung (die unten durch ihre Indizes gekennzeichnet ist), wenn ein in dieser Richtung angelegtes Feld die vorher gleichmäßig auf alle leichten Richtungen verteilte Magnetisierung zur Sättigung bringt. Für Ni ist $\lambda_{100} = -54 \cdot 10^{-6}$ $\lambda_{111} = -27 \cdot 10^{-6}$, in 60 Ni–Fe-Permalloy ist $\lambda_{100} = \lambda_{111}$, für α-Fe ist $\lambda_{100} > 0$, $\lambda_{111} < 0$.

Bei dieser bleibenden Deformation leisten im Material schon vorhandene elastische Spannungen (Temsor σ_{ik}) Arbeit, der die zu f_k hinzukommende „Spannungsenergie" entspricht. Sie ergibt sich im kubischen System zu:

$$f_\sigma = -\frac{3}{2}\,\lambda_{100}\,(\sigma_{11}\alpha_1^2 + \sigma_{22}\alpha_2^2 + \sigma_{33}\alpha_3^2)$$

$$-\frac{3}{2}\,\lambda_{111}\,(2\,\sigma_{12}\alpha_1\alpha_2 + 2\,\sigma_{23}\alpha_2\alpha_3 + 2\,\sigma_{31}\alpha_3\alpha_1).$$

Offensichtlich sind die Richtungen, in denen f_σ bei gegebenen σ_{ik} minimal wird, Vorzugsrichtungen für J_s, die mit den leichten Richtungen der Kristallenergie konkurrieren.

Als ΔE-Effekt bezeichnet man die Änderung des (reziproken) Elastizitätsmoduls infolge der zusätzlichen Magnetostriktion, die beim Anlegen einer Spannung eintritt, weil sich dabei die resultierende Magnetisierung ändert. Auch dieser Effekt ist besonders groß für T unterhalb T_c, nach W. Köster [2] wird er außerdem von einer vorhergehenden Verformung und Glühung stark beeinflußt. So kann man z. B. mit Fe + 35 Ni eine „Elinvarlegierung" herstellen, die einen außergewöhnlich niedrigen Temperaturkoeffizienten des Elastizitätsmoduls hat.

Ein drittes Glied in der Energiedichte ist nach L. Néel die magnetostatische Selbstenergie (Streufeldenergie), herrührend von den im Material oder an seiner Oberfläche entstandenen freien magnetischen Ladungsdichten (Polen), die nach den Maxwellschen Gleichungen proportional div $\vec{J_s}$ sind. Sie erzeugen eine entmagnetisierende Feldstärke $\boldsymbol{H_e}$ und die Energiedichte ist $-\frac{1}{2}\vec{J_s}\boldsymbol{H_e}$. Für eine homogen magnetisierte Kugel, deren freie Ladungen nur an der Oberfläche liegen, ist $\boldsymbol{H_e} = -\frac{4\pi}{3}\vec{J_s}$. Die Arbeit des äußeren Feldes $\boldsymbol{H}$, je Volumeinheit $-\boldsymbol{H}J_s$, ist nach dem Energiesatz gleich der Änderung der genannten inneren Energiearten, wozu noch die Energie der Blochwände kommt.

Nach P. Weiss ist ja die Magnetisierung J_s nur selten homogen verteilt, zwar ist der Betrag $J_s(T)$ überall derselbe, aber ihre Richtung ist homogen nur innerhalb von „Domänen", die durch Blochwände getrennt sind. Da die magnetostatische Energie überwiegt, wenn sie auftritt, verläuft der Übergang von J_s aus der leichten Richtung der einen Domäne in die der andern meist so, daß kein Streufeld, also keine resultierende freie Ladung auftritt. Die Bedingung div $\vec{J_s} = 0$ dafür besagt dann, daß der Vektor $J_s^1 - J_s^2$ keine Komponente senkrecht zur Blochwand besitzen darf. (Die im Innern der Blochwand unvermeidlichen Ladungen kompensieren sich nicht, wenn diese an der Oberfläche der Probe endet. Die hier von ihr ausgehenden Streufelder ziehen nach F. Bitter ferromagnetische Pulverteilchen an und machen sie damit sichtbar.) So gibt es nur eine beschränkte Zahl verschiedener Blochwände. Die wichtigsten sind die 180°-Wände, die z. B. bei Co für $H = 0$ bis 340 °C allein vorhanden sind. Ihre Dicke wächst offensichtlich mit zunehmendem A und abnehmender Kristallenergie. Für hexagonales Co wird sie

$$\delta_B = \frac{\pi\sqrt{A}}{\sqrt{K_1 + K_2}}.$$

Bei Raumtemperatur ist $K_1 = 4{,}5$ und $K_2 = 1{,}5 \cdot 10^6$ erg/cm^3, $A = 13 \cdot 10^{-7}$

erg/cm, also $\delta_B = 1{,}46 \cdot 10^{-6}$ cm. Für die spezifische Blochwandenergie erhält man [2]

$$\gamma_B = 2\sqrt{A\,K_1}\left[1 + \frac{K_1 + K_2}{K_1 K_2}\,\text{arc sin}\,\sqrt{\frac{K_2}{K_1 + K_2}}\right] = 10{,}7\ \text{erg/cm}^2\,.$$

Infolge der Domänenstruktur ist J_s, und damit die Magnetostriktion, als bleibende Formänderung inhomogen verteilt, was nach 4.2. Eigenspannungen erzeugt, die dann mit anderweitigen, etwa durch Versetzungen bedingten Eigenspannungen reagieren und so die in 7.3. besprochenen Kräfte auf die Blochwände hervorrufen. Man unterscheidet dabei nach G. RIEDER [1] Blochwände 1. Art (z.B. 90°-Wände), die weit in die Domänen reichende Eigenspannungen erzeugen und daher auch mit außerhalb liegenden Versetzungen wechselwirken, von solchen 2. Art, vor allem 180°-Wänden, bei denen, wie man sieht, Eigenspannungen nur im Innern vorhanden sind und die daher im allgemeinen viel leichter beweglich sind.

7.2. Die Hysteresiskurve

Wir betrachten den Vorgang der Ummagnetisierung, dadurch hervorgerufen, daß ein äußeres Magnetfeld, zunächst so stark, daß relative Sättigung erreicht ist, allmählich verringert und umgekehrt wird. Bedeutsam ist der Vorgang durch seine Hysterese, die allgemein zu definieren ist als eine auch bei unendlich langsamem Ablauf sich einstellende Irreversibilität. Läßt man das Feld über ein größeres oder kleineres Intervall hin- und hergehen, so bildet die resultierende Magnetisierung J eine „Hysteresisschleife", deren Inhalt auch bei langsamem Durchlaufen gegen einen von Null verschiedenen Mindestwert geht. Die Arbeit des Felds, das ist der Flächeninhalt der Schleife, wird nach dem ersten Hauptsatz in Wärme umgesetzt, deren Betrag nach den zweitem Hauptsatz ein Maß für die Irreversibilität ist.

Als differentielle Suszeptibilität definiert man $\chi_{\text{Diff}} = \Delta J/\Delta H$, wobei in ΔJ reversible und irreversible Zustandsänderungen enthalten sind. Durch ein kontinuierlich abnehmendes Wechselfeld, das eine im Grenzfall zu einem Strich entartete Schleife ergibt, also alle möglichen irreversiblen Vorgänge zum Ablauf bringt, erhält man das reversible χ_{rev}. Da beide Arten von Zustandsänderung positive $\Delta J/\Delta H$ ergeben, ist stets

$$\chi_{\text{Diff}} \geqq \chi_{\text{rev}}\,.$$

Mit $\boldsymbol{H} = 0$ ergibt das genannte Verfahren einen Gleichgewichtszustand, in dem $J = 0$ ist (ideal unmagnetischer Zustand). Nach dem Gesagten besitzt er eine rein reversible Suszeptibilität. Von ihm aus erhält man mit positiven und negativen $\boldsymbol{H}$ die „Neukurve", die bei der Sättigungsfeldstärke in die voll ausgesteuerte Hysteresiskurve einmündet.

Der Wert von J, den man, von der Sättigung ausgehend, mit $H = 0$ erreicht, heißt Remanenz J_R. Um von da aus $J = 0$ zu erreichen, muß man die entgegengesetzt gerichtete Feldstärke H_c (Koerzitivkraft) anlegen. Beide Größen würden bei einem reversiblen Vorgang verschwinden.

Um den Idealfall einer solchen reversiblen Ummagnetisierung zu konstruieren, denken wir uns einen unendlich großen idealen Kristall. Bei unendlich langsamer Änderung von H erhält man in ihm den in Abb. 60 dargestellten, in beiden Richtungen durchschreitbaren Zusammenhang zwischen J und H: Beim Verkleinern von H dreht sich die zunächst mit H parallele Richtung von J einheitlich in die nächstgelegene leichte Richtung hinein. Bei $H = 0$ wird eine einzige durchgehende $180\,°$-Wand erzeugt, deren Energie im unendlichen Kristall gegen die des äußeren Felds verschwindet. Um sie unendlich langsam durch den idealen und damit homogenen Kristall zu bewegen, braucht man nur eine gegen Null gehende Feldstärke.

Die Drehungen bleiben reversibel auch in einem endlichen und mit Gitterbaufehlern behafteten Material (nicht dagegen in sehr kleinen Kristallen, vgl. 7.4.). Anders steht es mit den Wandverschiebungen. Wenn nämlich Oberflächen vorhanden sind (auch solche, die durch Fremdkörper gebildet sind), an denen freie Ladungen

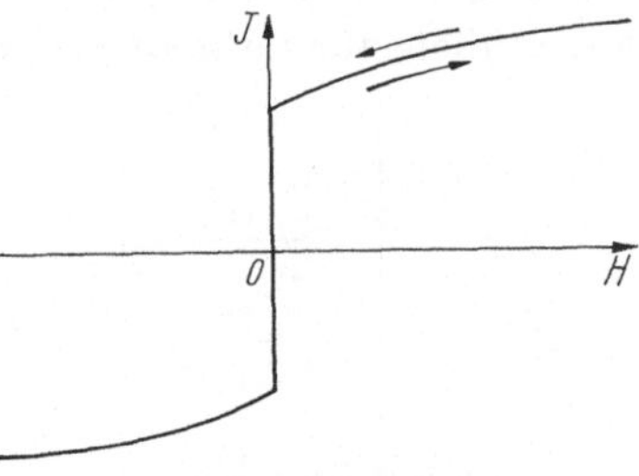

Abb. 60. Magnetisierungskurve eines idealen, unendlich großen Kristalls.

mit einem sehr hohen Energiebeitrag entstehen und wenn außerdem in einem endlichen Stück die Energie der Blochwände nicht mehr klein ist, dann gibt es für jedes H eine größere Zahl von metastabilen Gleichgewichtszuständen mit verschiedenem resultierendem J und verschiedener Energie. Für $H = 0$ gehört zu ihnen der ideal unmagnetische Zustand. Bei nicht zu großem H sind sie alle dadurch gekennzeichnet, daß sie inhomogen sind und Domänen verschiedener Richtung von J enthalten. Durch eine solche „Bezirksstruktur" werden nach L. D. Landau und E. Lifshitz die freien Ladungen an der Oberfläche, wo mehr oder weniger große Domänen mit tangentialem J eingeschaltet werden können, fast ganz beseitigt. Außerdem werden durch Gitterbaufehler, vor allem Versetzungen, die Blochwände festgehalten, also wird die Energie des inhomogenen Zustands minimalisiert.

Die Menge der zu einem Wert von H gehörenden metastabilen Zustände ist unendlich groß. Daher ist für eine Theorie der Hysteresekurve die wichtigste Frage, welcher Zustand von einem gegebenen aus bei einer bestimmten Änderung ΔH erreicht wird. Die Antwort kann nur das in 5.2. erwähnte Prinzip sein, wonach derjenige Zustand sich einstellt, der von dem gegebenen aus am schnellsten erreicht wird. Die Anwendung des Prinzips wird dadurch vereinfacht, daß größenordnungsmäßige Unterschiede zwischen den in Frage kommenden Geschwindigkeiten bestehen. Wichtig dabei ist zunächst die Bildungsgeschwindigkeit der Keime neuer Domänen und man kann hier zwei Stoffklassen unterscheiden: In großen Einkristallen sowie in den meisten vielkristallinen Stoffen ist die Geschwindigkeit der Keimbildung groß gegen die der Ausbreitung der Domänen (d.h. die Startfeldstärke H_s nach 5.5. des Keims ist kleiner als die Gleichgewichtsfeldstärke H_i der Domäne). Dann folgt aus dem obigen Prinzip, daß von einem gegebenen Zustand aus bei einer Feldänderung dasjenige metastabile Gleichgewicht eingenommen wird, für das die geringste Wandverschiebung nötig ist. So erhält man die gewöhnlichen geschwungenen Hystereseschleifen. Wenn dagegen die Keimbildung der langsamste Vorgang ist, erhält man nach 7.4. rechteckige Schleifen, wie sie vor allem für permanente Magnete technisch verwendet werden.

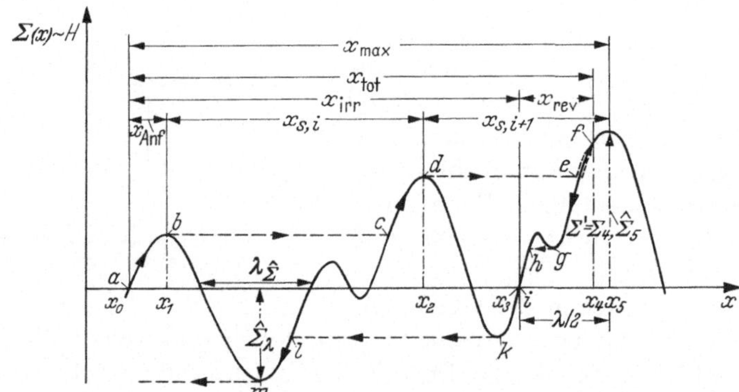

Abb. 61. Kraft Σ auf eine Blochwand als Funktion von deren Lage. Eingezeichnet sind die teils reversiblen, teils irreversiblen Verschiebungen bei Zu- und Abnahme von H.

Um das im einzelnen zu erläutern, tragen wir nach H. TRÄUBLE [1] in der schematischen Abb. 61 als Funktion einer Koordinaten x die Kraft auf, die von der Gesamtheit der Gitterbaufehler einschließlich der Oberfläche auf die Flächeneinheit der Blochwand ausgeübt wird. Nahezu proportional dieser Kraft ist die äußere Feldstärke H (parallel der Richtung J), die notwendig ist, um gegen die Kraft die Blochwand durch den Werkstoff zu bewegen. Bei $H = 0$ möge die Wand an der Gleichgewichtsstelle x_0 liegen. Durch ein kleines Feld wird nun die Wand reversibel verschoben. Beim Erreichen des Punktes b aber springt sie bis zum Punkt c, wobei der Weg b–c offensichtlich irreversibel und in seiner Geschwindigkeit durch Reibungskräfte (vor allem Mikrowirbelströme) festgelegt ist (Barkhausensprung). Gelangt man schließlich bis zum Punkt f, so kann man den Gesamtweg in einen reversiblen Anteil und einen irreversiblen aufteilen. Nimmt von Punkt f ab das Feld wieder ab, so kommt man irreversibel von g nach h usw. Bei gleichbleibender Größe der Blochwand ist Δx proportional ΔJ, daher kann man die in Abb. 62 gezeichnete „Mikrohystereseschleife" konstruieren. Bedenkt man, daß eine normale Probe etwa 10^7 Bereiche je Volumeinheit hat, dann sieht man, daß deren Schleife durch eine lineare Verkleinerung der Höhe der Barkhausensprünge um den Faktor 10^7 zustande käme, so daß diese nicht mehr auflösbar sind.

Der ideal entmagnetisierte Zustand wie auch die in die Sättigung einmündenden Zustände sind im vollen thermodynamischen Gleichgewicht und die sie verbindende Neukurve kommt diesem nahe. Daher versucht die „Phasentheorie" nach R. AKULOW, R. BECKER, W. DÖRING, L. NÉEL, H. LAWTON, K. H. STEWART und H. KRON-

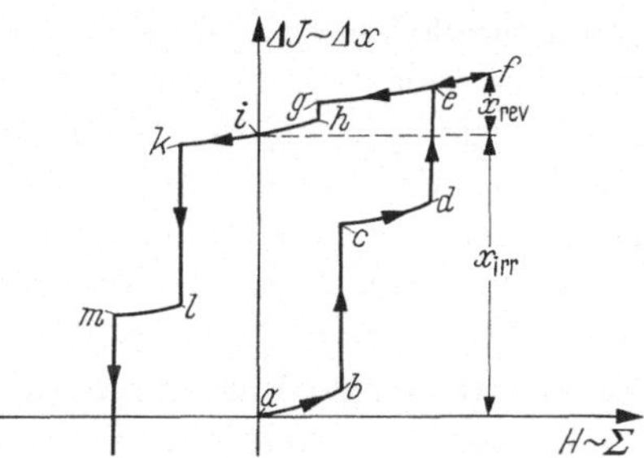

Abb. 62. Aus Abb. 61 folgende Mikro-Hysteresiskurve nach TRÄUBLE.

MÜLLER [1, 2] eine Folge von Gleichgewichten mit wachsendem H zu berechnen, wobei die Korngrenzen- und die magnetostriktive Verzerrungsenergie vernachlässigt werden, so daß die Blochwände ohne Energieänderung beweglich werden. Weiter muß vorausgesetzt werden, daß freie Ladungen nur an der Probenoberfläche auftreten, also ein einheitliches entmagnetisierendes Feld $\boldsymbol{H}_e$ und inneres Feld $\boldsymbol{H}_i = \boldsymbol{H} + \boldsymbol{H}_e$ besteht. Dann hängt die Streufeldenergie nur noch von der jeweiligen Richtung von J ab und hat die Form

$$f_s = \frac{1}{2}\left(N_x J_x^2 + N_y J_y^2 + N_z J_z^2\right).$$

Allerdings gilt dies nur für Proben mit einfachen Formen. Meist hat f_s einen stärkeren Einfluß als die Kristallenergie f_k (vgl. 7.1.) und die Energie des äußeren Feldes $-\boldsymbol{HJ}$.

Weiter wird vorausgesetzt, daß es nur eine kleine Anzahl von Domänen mit verschiedener Magnetisierungsrichtung gibt und es wird das Minimum der gesamten Energie in bezug auf das Volumen dieser „Phasen" und auf ihre Magnetisierungsrichtungen aufgesucht. Immerhin gelingt es so, bei spannungsfreien, reinen, großen Einkristallen die gemessenen Neukurven sowie die in diesem Fall wenig von ihnen abweichenden ausgesteuerten Kurven gut übereinstimmend mit der Erfahrung zu berechnen.

Bei großen $\boldsymbol{H}$, nahe der Sättigung, hat man nur eine Phase, $\vec{J}$ ist nahezu parallel mit $\boldsymbol{H}$, $\boldsymbol{H}_e$ antiparallel dazu. Nun aber dreht sich beim

Verringern von H der Vektor $\vec{J}$ in die benachbarte Vorzugsrichtung hinein, somit dreht sich auch H_e und H_i.

Bei weiterem Rückgang von H kommt H_i in eine zu zwei leichten Richtungen symmetrische Lage und es entwickelt sich in steigender Menge eine zweite Phase (wenn eine genügend leichte Keimbildung vorausgesetzt wird). Nimmt H weiter ab, so bleibt die Richtung von H_i so lange konstant, als zwei Phasen vorhanden sind. In magnetisch einachsigen Kristallen wie Co gehört auch der Zustand der idealen Entmagnetisierung bzw. der Remanenz mit $H = 0$ noch in den Zweiphasenbereich. Dagegen besteht in kubischen Kristallen ein Bereich mit vier Phasen, die aus denen des Zweiphasenbereichs entstehen, sobald mit abnehmendem H der Betrag von H_i Null geworden ist. Er bleibt Null bis $H = 0$, so daß keine Drehprozesse mehr vorkommen. Die reversible Suszeptibilität ist im Vierphasenbereich am größten und nimmt dort nur wenig mit H ab. Mit der Anzahl der Phasen nimmt die Steilheit der Neukurve unstetig zu.

Da bei der Rechnung die Blochwandenergie vernachlässigt werden mußte, kann die Geometrie der einzelnen Domänen von ihr nicht erfaßt werden. Jedoch kann man qualitativ verstehen, daß im Innern der großen Kristalle, wo die Blochwandenergie dominiert, etwa bei Fe lange 180°-Wände vorhanden sind, während in einer Schicht an der Oberfläche, wo die Streuenergie klein zu halten ist, 90°-Wände sehr viel kleinere Domänen bilden, die oft prismatische Form (Zipfel) haben. Im steilen Teil der Magnetisierungskurve werden vor allem die Wände des Innern verschoben, während bei größerem H die Domänen der Oberfläche umgeordnet werden, ein Vorgang, der – in der Phasentheorie nicht enthalten – wesentlich irreversibel ist.

Diese Phasentheorie gilt nicht, wenn die Irreversibilität der Blochwandbewegung weniger durch die Oberfläche als durch Versetzungen und Einschlüsse hervorgerufen wird, was sich in einer Verbreiterung der Hystereseschleife und Vergrößerung der Koerzitivkraft auswirkt. In der Tat haben unverformte Einkristalle eine sehr kleine und kaum reproduzierbare Koerzitivkraft.

Nach Beobachtungen an Hand von Bitterstreifen und mit Hilfe des Kerreffekts durch A. Hubert [5] kann die Ausbildung der Domänen auch im einzelnen mit den folgenden beiden Regeln erklärt werden: a) Die Flächendivergenz der Magnetisierung an Blochwänden und Oberflächen muß nach Größe und Richtung nahezu gleich der äußeren Feldstärke H sein (da schon kleine Abweichungen von der Gleichheit eine vergleichsweise sehr große Streufeldenergie ergeben). b) Bereiche, die wesentlich größer sind als die Blochwanddicke ($\delta \approx \sqrt{A/K}$), müssen fast genau in einer leichten Richtung magnetisiert sein, die aber durch elastische Spannungen verändert sein kann. Wenn nun eine leichte Richtung in die Oberfläche fällt, bilden sich z. B. die in Abb. 63 dargestellten

Zipfel aus (an den 90°-Wänden ist die Flächendivergenz, das ist die Differenz der Magnetisierungsvektoren, parallel der Wand). Wird ein Feld H angelegt, so drehen sich nach HUBERT die Blochwände ein wenig, so daß die nunmehr notwendige Flächendivergenz mit den sie begleitenden positiven Polstärken auftritt. Steht die Oberfläche schief zu allen leichten Richtungen, so reichen die normalen Domänen nicht bis an die Oberfläche, sondern diese ist bedeckt mit keilförmigen „Quasibereichen", in

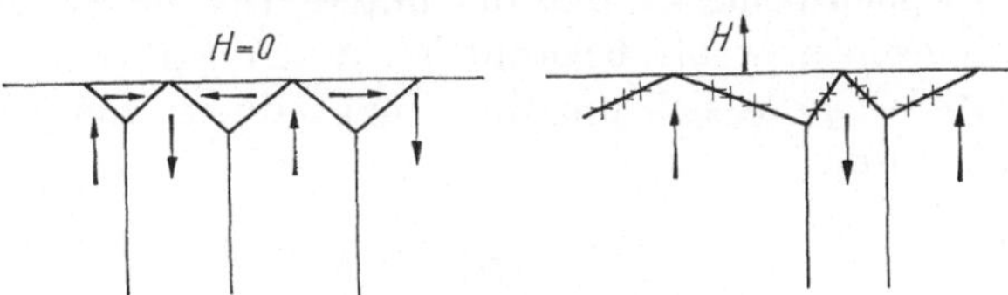

Abb. 63. In Fe-Si unter horizontaler Druckspannung stellt sich für $H = 0$ die gezeichnete Domänenstruktur ein. Im Feld bilden sich magnetische Ladungen aus und die Zipfelwände drehen sich (nach HUBERT).

denen die Magnetisierung stark variiert auf Strecken von der Größenordnung der Blochwanddicke, so daß zwar Regel a) nicht aber b) erfüllt ist.

Nebenbei sollen zwei andersartige Vorgänge mit Hysterese besprochen werden: Die mechanische, der rein elastischen (Hookeschen) Deformation sich überlagernde Hysterese spielt sich definitionsgemäß unterhalb der kritischen Schubspannung ab und rührt nach J. BURBACH her von Inhomogenitäten der Elastizitätsmoduln im Bereich der Körner. Wird eine äußere Spannung angelegt, so bilden sich elastische Dipole und Spannungen 2. Art, die analog sind den magnetostriktiven Spannungen und wie diese zu einer Hysterese führen.

Ebenfalls mit Hysterese behaftet sind viele Umwandlungen, von denen hier die eines regellos verteilten in einen ferngeordneten Mischkristall besprochen werden soll, wie man sie bei sehr langsamer Temperaturänderung nach Abb. 64 beobachtet. (Die „Überschreitung" $T - T_K$ entspricht dabei der äußeren Feldstärke). Auch hier gibt es zahlreiche inhomogene

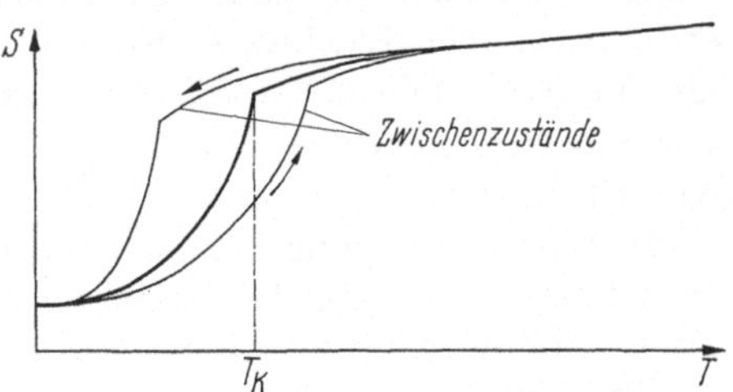

Abb. 64. Die Hysterese beim Übergang regelmäßiger in regellose Atomverteilung, z.B. in AuCu$_3$, wird an Hand der Entropie schematisch dargestellt.

metastabile Gleichgewichtszustände, (Zwischenzustände nach U. DEHLINGER und L. GRAF), bestehend aus Antiphasendomänen, zwischen denen die in 4.1. erwähnten Grenzen liegen. Auch hier werden die Keime der Domänen ohne merkbare Verzögerung gebildet, da ja die Nahordnungskomplexe als Keime präformiert sind. Besonders bemerkenswert ist die Beobachtung von DEHLINGER, daß bei AuCu und $AuCu_3$ in großen, wenig gestörten Einkristallen die Domänen wesentlich kleiner sind als in Vielkristallen. Offenbar wird ihre Ausbildung im ersteren Fall ausschließlich durch die den magnetostriktiven entsprechenden Formänderungsspannungen, im letzteren vorzugsweise durch die Wechselwirkung der Antiphasenwände mit Korngrenzen und Versetzungen bestimmt. Es sei noch bemerkt, daß der untere Teil der Hysteresekurve, über den im einzelnen wenig bekannt ist, in den kritischen Punkt einmünden müßte, wenn es sich um eine Umwandlung von genau 2. Ordnung handeln würde.

7.3. Koerzitivkraft

Definiert ist die Koerzitivkraft H_c als diejenige Feldstärke, welche die nach vorangegangener Sättigung verbliebene remanente Magnetisierung zum Verschwinden bringt. Gemessen wird sie am besten mit einer Sonde nach F. FÖRSTER, durch die das Verschwinden des Streufelds der ursprünglich magnetisierten Probe festgestellt wird, wenn die Koerzitivfeldstärke angelegt wird.

Für die Magnetisierungsänderung entscheidende Elementarereignisse sind auch hier Wandverschiebungen und Drehungen. Die letzteren überwiegen dann, wenn die Kristallenergie klein ist, so z.B. in Ni bei höheren Temperaturen, außerdem in Eindomänenteilchen. Wenn die Wandverschiebungen allein die Koerzitivkraft bestimmen (wie in Ni aller Verformungsgrade bis Zimmertemperatur), ist diese gleich der Feldstärke, die aufgebracht werden muß, um die vorhandenen, aus dem Remanenzpunkt hervorgegangenen Blochwände über eine größere Strecke, etwa den halben Blochwandabstand, zu bewegen. Es handelt sich dabei um eine Grenzfeldstärke, die der maximalen Kraft auf die Blochwand, also dem tiefsten Minimum in Abb. 61, entspricht. Da die Magnetisierung Null ist, wird dabei das innere Feld gleich dem äußeren.

Bei der Berechnung der auf eine Blochwand wirkenden Kräfte vernachlässigen wir deren Wölbung, dabei sind geringe Auswölbungen, die einen Einfluß auf die Anfangssuszeptibilität haben können, nicht ausgeschlossen.

Die Gitterbaufehler wirken durch drei Effekte: Die sie umgebenden elastischen Eigenspannungen beeinflussen die bei der Wandverschiebung eintretende Magnetostriktion (Spannungseffekt), die in den Baufehlern vorhandenen nicht magnetisierbaren Volumenteile verändern nach M. KERSTEN die Oberflächenenergie der sie überstreichenden Blochwand (Fremdkörpereffekt) und schließlich werden auch die magnetischen Ladungen an der Oberfläche der Einschlüsse geändert (Streufeldeffekt). Versetzungen als Gitterbaufehler wirken fast ausschließlich durch den

Spannungseffekt, kleine Einschlüsse (Durchmesser klein gegen die Wand-
dicke, z.B. Fremdatome) nach H. KRONMÜLLER in ungefähr gleichem
Maß durch die beiden andern, große Einschlüsse überwiegend durch den
Streufeldeffekt.

Die genannten Wechselwirkungen sind wesentlich davon abhängig,
daß die Blochwände eine bestimmte Struktur und Dicke haben, wie sie
durch den Mikromagnetismus ermittelt wird (F. BLOCH 1932). Den wesentlichen Einfluß dabei hat nach L. NÉEL die Streufeldwirkung.

Die Wechselwirkung der 180°-Wände mit Versetzungen unterscheidet
sich stark von der der 90°-Wände. Bei der Verschiebung der ersteren
bleibt die pauschale Magnetostriktion unverändert, daher haben Versetzungen einen Einfluß darauf nur solange sie im Innern der Wand

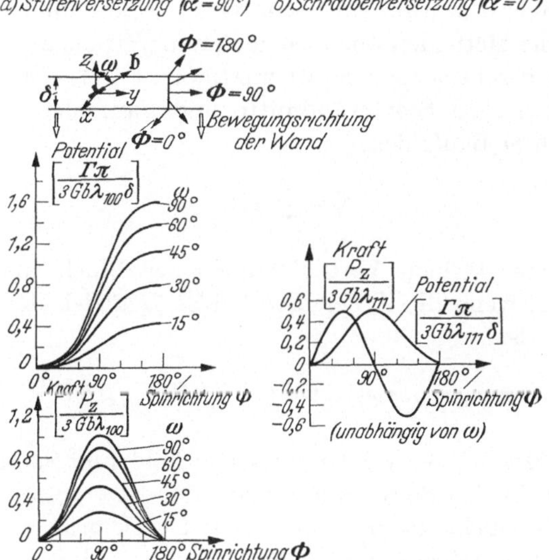

Abb. 65. Potential- und Kraftverlauf bei der Bewegung einer (001)-180°-Blochwand über eine zur
Wandebene parallele, geradlinige Versetzung.

liegen, wo ja eine magnetostriktive Dehnung vorhanden ist. Abb. 65
zeigt nach G. RIEDER und H. TRÄUBLE [1] die Kraft zwischen einer 180°-
Blochwand und einer in ihr liegenden, zur Magnetisierung parallelen
Schrauben- bzw. Stufenversetzungslinie. Als Abszisse ist die jeweilige
Lage der Versetzungslinie ausgedrückt in der von 0–180° gehenden Spin-
richtung aufgetragen, sie entspricht bei Ni einer Dicke von 10^{-5} cm. Die
Größe $Gb\,\lambda_{100}$ wird 1,12 dyn/cm.

Demgegenüber sind die 90°-Wände bei Anwesenheit von Versetzungen viel schwerer beweglich. Da nämlich bei ihrer Verschiebung eine
Änderung der Magnetostriktion im ganzen überstrichenen Volumen ein-

tritt, bestehen zwischen solchen Wänden (sog. Wänden II. Art) und Versetzungen Kräfte, deren Reichweite sich über den ganzen der Wand benachbarten Bereich erstreckt. Weil aber zur Bewegung von 180°-Wänden das innere Feld nahezu entgegengesetzt der Richtung von J sein, zu der von 90°-Wänden dagegen nur eine dazu senkrechte Komponente haben muß, braucht man nach TRÄUBLE im ersteren Fall ein größeres äußeres Feld als im letzteren. Daher bestimmen die 180°-Wände die Koerzitivkraft. Kleine Einschlüsse erzeugen in allen Wandarten nicht weitreichende Kräfte. Dagegen entstehen beim Überstreichen großer Einschlüsse (von der Größenordnung der Wanddicke) infolge ihrer Streufeldwirkung im allgemeinen neue Bereiche, die „Néelschen Zipfelmützen", wodurch nahezu unstetig weitreichende Kräfte erzeugt werden.

An der Gesamtkraft K auf die Blochwände, wie sie in Abb. 61 schematisch betrachtet wurde, sind sehr viele Gitterbaufehler beteiligt, so daß statistische Methoden anzuwenden sind. Wir gehen aus von den im vorstehenden beschriebenen Kraftfunktionen $\psi_i(x)$. Ist x_i die jeweilige Entfernung zwischen Blochwandmitte und Baufehler i, so ist die Gesamtkraft von m Baufehlern:

$$K = \sum_{i=1}^{m} \psi_i(x_i) \, .$$

Gegenüber einer kleinen Verschiebung einer Blochwand besteht nun Gleichgewicht, wenn die Arbeit des Feldes H gleich der Änderung der freien Energie ist:

$$\delta \int_V H J_s (\cos \varphi_1 - \cos \varphi_2)\, \mathrm{d}n\, \mathrm{d}f = \delta \int_V (f_1 - f_2)\, \mathrm{d}V + \delta \int_0 \gamma_{12}\, \mathrm{d}f \, .$$

Darin ist φ_1 bzw. φ_2 der Winkel zwischen Feld und Sättigungsmagnetisierung J_s auf beiden Seiten der Wand.

Da wir hier nicht die mikromagnetische Theorie des Wandaufbaus betreiben wollen, nehmen wir φ_1 und φ_2 sowie f_1 und f_2 als unabhängig vom Wandabstand n und die Wandenergie γ_{12} als unabhängig von der Wandrichtung an. Dann kann Integration und Variation vertauscht werden und man erhält als Bedingung dafür, daß die Wandmitte an der Stelle x_0 im Gleichgewicht ist

$$H(x_0) = \frac{1}{J_s(\cos \varphi_1 - \cos \varphi_2)} \left(\frac{\partial f}{\partial V} \right)_{x_0} \, .$$

Dieses H geht über in die Koerzitivfeldstärke H_c, wenn man das Maximum von $\dfrac{\mathrm{d}f/\mathrm{d}V}{\cos \varphi_1 - \cos \varphi_2}$ in bezug auf x_0 für jede Blochwand aufsucht und dann einen Mittelwert über alle diese Maxima bildet.

Hier betrachten wir nur eine Art von Wänden, z.B. 180°-Wände. Dann bleibt der erste Faktor konstant, es geht nur noch um $(\mathrm{d}f/\mathrm{d}V)_{max}$.

Außerdem können wir annehmen, daß alle wirksamen Gitterbaufehler innerhalb der Wanddicke ω liegen. Nun ist

$$\left(\frac{\mathrm{d}f}{\mathrm{d}V}\right)_{x_0} = \frac{1}{L_1 L_2}\left(\frac{\mathrm{d}f}{\mathrm{d}x}\right)_{x_0} = \frac{1}{L_1 L_2}\sum_j (m_j\psi_j)_{x_0}\,.$$

Darin ist $L_1 L_2$ die mittlere Fläche der Blochwände, m_j die Anzahl der Baufehler des Typs j in der an der Stelle x_0 liegenden Wand und ψ_j die zugehörige Kraftfunktion. Wir haben also abzuschätzen, welchen Maximalwert die Summe annehmen kann, wenn eine Blochwand über eine Strecke verschoben wird, die wir gleich $L_3/2$ setzen können. Die dabei auftretenden Schwankungen des Wertes der Summe haben zwei Gründe: Erstens Schwankungen von m_j und zweitens von $\psi_j(x_0)$. Zu ihrer Berechnung nehmen wir eine regellose Verteilung der Baufehler über den Kristall an, so daß wir $m_j(x_0)$ und $\psi_j(x_0)$ als Zufallsgrößen behandeln können. Wir betrachten dabei die jeweils $\nu \sim L_3/2$ diskreten Werte in den ν_j-Stellungen, die von einer Blochwand beim Durchlaufen von $L_3/2$ angenommen werden. Es ist dann $n_j = \varrho_j L_1 L_2 L_3$ die mittlere Zahl der Gitterstörungen je Bereich, ϱ_j ihre Dichte und $p_j = \omega/L_3$ die Wahrscheinlichkeit, daß ein Baufehler innerhalb der Wand liegt. Dabei ist der Mittelwert $\overline{m_j} = \varrho_j L_1 L_2 \omega$.

Nach den Näherungsformeln zur Abschätzung normalverteilter Zufallsgrößen erhält man zunächst für das bei konstant gehaltenen Anzahlen m_j berechnete wahrscheinlichste Schwankungsmaximum

$$\overline{K(m_j)}_{\max} = \overline{K(m_j)} + [2\,D(K)\ln\nu]^{1/2}\,.$$

Darin ist $D(K)$ die Dispersion der Normalverteilung:

$$D(K) = \overline{(K - \overline{K})^2} = \overline{K^2} - \overline{K}^2\,.$$

Setzt man dies ein, so wird

$$\overline{K(m_j)}_{\max} = \sum_j m_j\overline{\psi_j} + [2\sum_j m_j(\overline{\psi^2} - \overline{\psi_j}^2)\ln\nu]^{1/2}\,.$$

Nunmehr ist das durch Schwankungen von m_j hervorgerufene wahrscheinlichste Maximum dieses Ausdrucks zu suchen. Näherungsweise braucht man dies nur im ersten Summanden zu tun, während man im zweiten $m_j = \overline{m_j}$ setzen kann. Es wird dann

$$\overline{\left(\sum_j m_j\psi\right)}_{\max} = \sum_j \overline{m_j\overline{\psi_j}} + [2\,D(\sum \overline{m_j}\,\overline{\psi_j})\ln\nu]^{1/2}\,.$$

Nun ist aber der an erster Stelle rechts stehende Mittelwert der Gesamtkraft Null, weil auf einer größeren Strecke ebenso viele positive wie negative Werte durchlaufen werden. Für das zweite Glied ist zu beachten, daß

$$D(m_j) = n_j p_j$$

und daß weiterhin

$$D\,(\text{const } m_j) = \text{const}^2\, D\,(m_j)\,.$$

Somit ist

$$D\left(\sum_j m_j \,\overline{\psi_j}\right) = \sum_j \overline{\psi}_j^2\, n_j\, p_j = \sum_j m_j\, \overline{\psi}_j^2\,.$$

Insgesamt wird also

$$\overline{K}_{\max} = [2\sum \overline{m}_j\, \overline{\psi}_j^2 \ln \nu]^{1/2} + [2\sum \overline{m}_j\, (\overline{\psi_j^2} - \overline{\psi}_j^2)\ln \nu]^{1/2}\,.$$

Damit wird die Koerzitivfeldstärke

$$H_c = \frac{(\ln \nu)^{1/2}}{\sqrt{2\,J_s\,(L_1 L_2)^{1/2}\cos\varphi_{12}}}\left\{[\sum \varrho_j\, w\, \overline{\psi}_j^2]^{1/2} + [\sum \varrho_j\, w\, \overline{\psi_j^2} - \overline{\psi}_j^2]^{1/2}\right\}\,.$$

Der erste Summand berücksichtigt Schwankungen der Zahl m_j der Störungen bei der Wandbewegung, der zweite Schwankungen infolge verschiedenartiger Anordnung der Störungen in der Wand. Bei rechteckiger Form von $\psi_j\,(x_0)$ spielt der letztere keine Rolle. Umgekehrt verschwindet das erste Glied, wenn ψ_j in der Wandmitte ein Inversionszentrum besitzt.

Die Größe $L_1 L_2$ wird theoretisch meist nicht vorausgesagt werden können. Die nach der Formel zu erwartende Proportionalität mit der Wurzel aus der Fehlstellendichte bestätigt sich experimentell an Einkristallen recht gut. Auch die Temperaturabhängigkeit von H_c kann in den Fällen, in denen die Gitterstörungen nach Größe und Verteilung bekannt sind, durch die Formel wiedergegeben werden [6, 7, 12].

Bei verformten Ni-Einkristallen findet man, daß H_c proportional τ_G und damit der Wurzel aus der Flächendichte der Versetzungen ist. Daraus folgt, daß die Zunahme von H_c bei Verformung proportional der Zunahme der kritischen Schubspannung ist, eine Beziehung, die sich sehr genau bestätigt.

Vielkristallines Ni hat in weichgeglühtem Zustand $H_c \approx 0{,}5$ Oe und eine Anfangssuszeptibilität $\chi_A = 200$, nach 80% Kaltverformung wird $H_c = 35$ Oe und $\chi_A = 1$.

Ganz allgemein gilt nach C. KITTEL [2] für sehr harte wie auch sehr weiche Legierungen die Beziehung

$$H_c = \text{const}/\chi_A\,,$$

wobei die Konstante etwa 10^2 Oe ist.

7.4. Eindomänenteilchen

Mikromagnetische Theorien sind solche, die von der freien Energie des ferromagnetischen Zustands als Funktion der von Punkt zu Punkt variablen Spinrichtung $(\alpha_1, \alpha_2, \alpha_3)$ ausgehen, also nicht von vornherein die Energie der Blochwände als Ganzes einführen. Minimalisiert man die freie Energie, wobei die von der Magnetostriktion verursachten bleibenden Dehnungen und die daraus folgenden Eigenspannungen zu beachten sind, so erhält man theoretische Aussagen (vgl. 7.1.) über die innere Struktur der Blochwände im Zusammenhang mit diesen Eigenspannungen, über die Spindrehungen, die zur Einmündung der Hysteresekurve in die Sättigung führen, in ihrer Abhängigkeit von der Versetzungsstruktur (A. SEEGER und H. KRONMÜLLER [8]) sowie die folgenden, für die Koerzitivkraft permanenter Magnete aus Eindomänenteilchen entscheidenden Schlüsse über die Ummagnetisierung solcher Teilchen (F. W. BROWN [4]):

Zunächst wird ein langer zylindrischer Stab oder auch ein Rotationsellipsoid untersucht, auf die eine der Rotationsachse parallele äußere Feldstärke $\pm H$ wirkt. Bei großen Werten von $+ H$ ist die Magnetisierung homogen, $\alpha_1 = \alpha_2 = 0$, $\alpha_3 = 1$. Die durch Minimalisieren gewonnene Differentialgleichung wird für kleine Abweichungen der α_i von den Anfangswerten linear und homogen. Zusammen mit den Randbedingungen $\partial \alpha_i / \partial n = 0$ entsteht so ein Eigenwertproblem für das in der Differentialgleichung enthaltene H, das für beliebige H nur (als triviale Lösung) die Anfangswerte zuläßt. Für bestimmte negative H jedoch gibt es nichttriviale Eigenfunktionen, d.h. Verteilungen der α_i, in denen ein gemeinsamer Faktor offen ist. Die einfachste dieser Eigenverteilungen ist homogen, der zugehörige Eigenwert ist für Fe etwa $H_0 = - 560$ Oe. Bei dieser Feldstärke schlagen die α_3 von $+ 1$ in $- 1$ um, und wie eine weiter unten zu bringende Berechnung der entsprechenden Hysteresekurve zeigt, ist die Koerzitivkraft von der Größenordnung des H_0. Nach W. F. BROWN gibt es in nicht unendlich langen Teilchen noch zwei nichthomogene Eigenfunktionen mit Eigenwerten, deren Betrag etwas kleiner als der der homogenen ist. Eine dieser Verteilungen (buckling) oszilliert in der Längsrichtung des Teilchens, in der anderen (curling) sind die Spins rotationssymmetrisch um diese Richtung angeordnet.

Die Erfahrung zeigt, daß der so berechnete Umschlagmechanismus, bei dem niemals Blochwände auftreten, für Teilchen von 250–1000 Å zutrifft (bei kleineren zeigt sich der unten zu besprechende Superparamagnetismus). Untersucht man dagegen größere Teilchen aus demselben Material (das keine merkbare Spannungs- oder Diffusionsanisotropie besitzen soll), so findet man das „Brownsche Paradoxon", wonach die Koerzitivkraft, und damit die Umschlagfeldstärke nur $\approx 0{,}1$ Oe ist. Man beobachtet dabei regelrechte Keime, d.h. mehr oder weniger scharf abgegrenzte Bezirke mit der neuen Spinrichtung, die stets am Ende des länglichen Teilchens auftreten, aber sich über seine ganze Breite erstrecken, ebenso auch an Hohlräumen oder Korngrenzen gebildet werden. Wenn man bedenkt, daß die Austauschenergie, die der Bildung solcher durch Blochwände abgegrenzter Keime entgegensteht, mit der Breite B etwa proportional ist, während die Streufeldenergie, die sie begünstigt, mit B^3

geht, dann versteht man, warum die Keime nur in großen Teilchen gebildet werden [14].

Wir nehmen nun in elliptischen Teilchen der oben genannten mittleren Größe, deren Entmagnetisierungsfaktoren N_a in der Rotationsachse, N_b in der Querachse des Ellipsoids seien ($N_a < N_b$), eine stets homogene Magnetisierung J_s an. Wenn wir zunächst nur die Formanisotropie beachten, wird die freie Energie je Volumeinheit [3, 9]:

$$f = \frac{1}{2} J_s^2 (N_a \cos^2 \varphi + N_b \sin^2 \varphi) - H J_s \cos \psi .$$

Dabei ist φ der Winkel zwischen Rotationsachse und Richtung von J_s, ψ zwischen den Richtungen von J_s und H. Weiter sei $\Theta = \varphi + \psi$ der Winkel zwischen Achse und Feldrichtung H. Dann erhält man im Gleichgewicht für die Abhängigkeit des ψ von H bei festgehaltenem Θ:

$$\frac{1}{2} \sin 2 (\psi - \Theta) + \frac{H J_s}{N_b - N_a} \sin \psi = 0 .$$

Dabei ist die Magnetisierung in der H-Richtung:

$$J = J_s \cos \psi .$$

Die Gleichgewichtsbedingung hat für $H = 0$ die beiden stabilen Lösungen $\psi = \Theta$ und $\psi = \Theta + 180°$, also $J = \pm J_s \cos \Theta$. Bei wachsendem Betrag von H wird eine dieser Lösungen komplex, und zwar für einen Wert $H = H_c$, für den $\mathrm{d}H/\mathrm{d}J = 0$ ist. Bei weiterer Steigerung von H geht der dieser Lösung entsprechende Zustand irreversibel in den der andern Lösung über. Man erhält durch numerische Berechnung die in Abb. 66 dargestellte Hysteresekurve. Für $\Theta = 0°$, also Feldrichtung parallel der Längsrichtung der Ellipsoide,

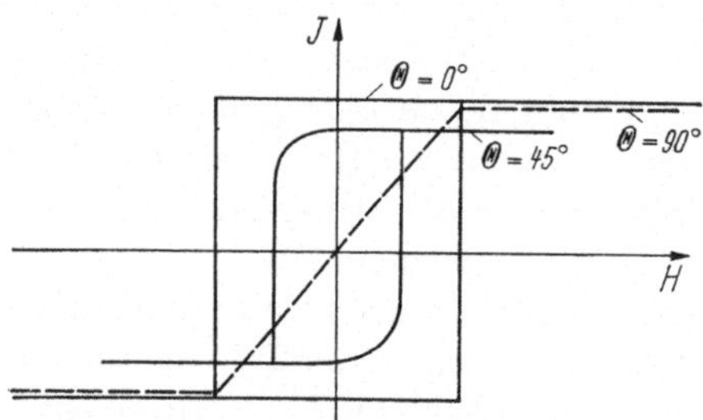

Abb. 66. Hysteresiskurven von kleinen, homogen magnetisierten Teilchen mit Formanisotropie. Parameter ist der Winkel zwischen ihrer Längsrichtung und der Feldrichtung.

erhält man eine rechteckige Kurve mit $H_c = (N_b - N_a) J_s$ (bei isotroper Verteilung der Längsrichtungen ist J mit einem Faktor 0,497 zu multiplizieren). Wenn $\Theta = 90°$, sind für $H = 0$ die beiden Werte $\psi = \pm 90°$ gleichberechtigt, also ist $J = 0$. Somit erhält man die in Abb. 66 eingezeichnete hysteresefreie Kurve.

Da die beschriebene „Formanisotropie" durch eine gegenseitige Annäherung gleichartiger magnetisierter Teilchen vermindert wird, gilt in diesem Fall die berechnete Formel für H_c nur für große Verdünnung. Ist p der Volumanteil der ferromagnetischen Teilchen, so wird:

$$H_c(p) = H_c(0)\,(1 - p)\,.$$

Dieser lineare Gang wird experimentell gefunden bei gepreßten Pulvern aus Fe und Fe–Ni ($H_c = 400$ Oe), nicht jedoch bei Pulvern aus Co, deren Anisotropie fast vollständig von der Kristallenergie herrührt (vgl. E. P. Wohlfahrt [9]). Überwiegt statt der Formanisotropie die Kristallanisotropie bzw. die Spannungsanisotropie, so ist in der freien Energie und der Gleichgewichtsbedingung der Faktor $(N_b - N_a)$ zu ersetzen durch $2K$ bzw. $3\lambda_s\,\sigma$.

Kristallanisotropie herrscht vor in den technisch wichtigen Fällen, in denen das Material unter dem Einfluß eines magnetischen Felds hergestellt wird, das dem später anzulegenden parallel ist. So ist für das hexagonale MnBi die Konstante $K_1 = 8{,}9 \cdot 10^6$ erg/cm³ bei Zimmertemperatur, woraus sich ein maximales H_c von 29 000 Oe errechnet. Experimentell erreicht man mit Pulver, das im Feld durch ein organisches Bindemittel verklebt wurde, 13 000 Oe (Remanenz $B_R = 4 \cdot 10^3$ Gauß). In feinkörnigem Fe–Pt wird 20 000 Oe gemessen.

Durch Ausscheidung aus übersättigten Mischkristallen erhält man zahlreiche Werkstoffe für Dauermagnete. Zum Beispiel kann bei der Legierung Alnico (Fe + 11 Al + 24 Ni + 12 Co + 4 Cu) durch Abkühlen im Magnetfeld ein H_c von etwa 800 Oe und ein „maximaler Energiewert" $(BH)_{\max}$ auf der Hysteresiskurve von $2 \cdot 10^6$ Gauß · Oe erreicht werden. Beim Abkühlen einer kubisch-flächenzentrierten Legierung von 35 % Fe, 34 % Co, 15 % Ni, 7 % Al, 4 % Cu und 5 % Ti (Ticonal) erhält man einen Zustand [10], der dem G. P.-Zustand von Al–Ag (vgl. 2.2.) ähnlich ist, bei dem jedoch infolge der Eigenspannungen, die oft durch ein äußeres Magnetfeld verstärkt werden, die aufwachsenden Zonen von etwa 300 A Durchmesser langgestreckt und parallel gestellt sind. Sie sind reich an Co und Fe und deshalb ferromagnetisch, während die Matrix reich an Ni und Al und nicht ferromagnetisch ist. Jede nadelförmige Zone ist ein Eindomänenteilchen. Man erreicht so Werte für $(BH)_{\max}$ von $12 \cdot 10^6$ Gauß · Oe, während gehärteter Cr-Stahl mit seiner Spannungsanisotropie nur $0{,}3 \cdot 10^6$ Gauß · Oe besitzt.

Verkleinert man die Teilchenlänge auf 250 A und darunter, so nimmt die Koerzitivkraft ab, gleichzeitig auch die Remanenz, was auf das Phänomen des Superparamagnetismus zurückzuführen ist. Nach 7.1. ist ja der Zustand gleichgerichteter Magnetisierung aller Teilchen, den wir bisher betrachtet haben, nicht im ungehemmten thermodynamischen Gleichgewicht, sondern kann unter Entropievermehrung etwa bei $H = 0$ in einen unmagnetischen Zustand übergehen, in dem die Magnetisierungsrichtung der Teilchen statistisch regellos verteilt, also die gesamte Magnetisierung Null ist. Hat man ein Feld H, so ist nach den allgemeinen Regeln der Statistik die Wahrscheinlichkeit dafür, daß die Magnetisierungsrichtung eines bestimmten Teilchens im thermischen Gleichgewicht einen zwischen ϑ und $\vartheta + \mathrm{d}\,\vartheta$ gelegenen Winkel mit der Feldrichtung bildet:

$$\mathrm{d}\,w_\vartheta = \frac{1}{C}\,e^{\mu H \cos \vartheta / kT} \sin \vartheta \,\mathrm{d}\,\vartheta\,.$$

Dabei ist μ das magnetische Moment des Teilchens. Die Konstante C ergibt sich aus der Forderung, daß die Gesamtwahrscheinlichkeit Eins sein muß, zu:

$$C = \int_0^\pi e^{\mu H \cos \vartheta / kT} \sin \vartheta \,\mathrm{d}\,\vartheta\,.$$

Daher wird der Mittelwert:

$$\overline{\cos \vartheta} = \frac{1}{C} \int_0^\pi e^{\mu H \cos \vartheta / kT} \cos \vartheta \sin \vartheta \,\mathrm{d}\,\vartheta\,.$$

Die Auswertung der Integrale ergibt die sog. Langevinfunktion:

$$\overline{\cos \vartheta} = \mathrm{cotgh}\,\alpha - 1/\alpha\,, \quad \text{wo} \quad \alpha = \mu H / kT\,.$$

Für kleine α wird $\overline{\cos \vartheta} = \alpha/3 = \mu H / 3kT$, für sehr große α geht $\overline{\cos \vartheta}$ gegen Eins und man hat Sättigung.

Nun sei J_s die Magnetisierung des einzelnen Teilchens, v das Volumen der Teilchen und N ihre Zahl je Volumeinheit. Dann ist

$$\mu = vJ_s \quad \text{und} \quad J = NvJ_s\overline{\cos \vartheta}\,.$$

In schwachen Feldern ist also

$$J = \chi H = (J_s^2/3\,kT)\,N\,v^2\,H\,.$$

Somit verhält sich das Material paramagnetisch, die Suszeptibilität χ ist proportional $1/T$, entsprechend dem für paramagnetische Gase gültigen Gesetz von P. Curie. Man kann aus einer gemessenen Langevinkurve das mittlere Teilchenvolumen v ermitteln (Granulometrie).

Die Geschwindigkeit der Gleichgewichtseinstellung kann nach Rechnungen von Néel und Brown durch eine temperaturabhängige Relaxationszeit τ wiedergegeben werden. Bringt man z.B. das Material bei tiefer Temperatur in ein genügend starkes Feld, schaltet dieses ab und erhöht die Temperatur auf den Wert T, so ist die zeitliche Änderung der Remanenz gegeben durch

$$J_R = J_{RO}\,e^{-t/\tau}\,.$$

Dabei ist näherungsweise

$$\tau^{-1} = \nu_0\, e^{-K v/k\, T},$$

wo K die Kristallenergiekonstante bedeutet und ν_0 die Larmorfrequenz ($\approx 10^9\ \mathrm{sec}^{-1}$) bedeutet. Bei bestimmtem v gibt es also eine Temperatur T_{kr}, bei deren Überschreitung τ fast plötzlich abnimmt und das wahre Gleichgewicht mit $J_R = 0$ sich innerhalb der normalen Beobachtungszeit einstellt. Diese scheinbare Curietemperatur ist umgekehrt proportional zu v. Wenn T_{kr} in der Nähe von Zimmertemperatur liegen soll, muß der Teilchendurchmesser von der Größenordnung 50 Å sein. Diesen Paramagnetismus findet man nach E. KNELLER [11] z.B. bei 2 % Co in Ci zwischen 77 und 300 °K.

7.5. Legierungen hoher Permeabilität

In vielen Materialien gilt nach RAYLEIGH für den Verlauf der Neukurve in der Nähe ihres Ausgangspunkts:

$$J = \chi_A H + \alpha H^2.$$

Das erste Glied entspricht dem reversiblen, das zweite einem irreversiblen Anteil. χ_A heißt Anfangssuszeptibilität, α Rayleighkonstante

In einer Reihe von Mischkristallen, die aus dem Temperaturgebiet der regellosen Atomverteilung unter Einwirkung eines Magnetfelds langsam auf eine Temperatur unmerklicher Diffusion abgekühlt waren, bildet sich eine in Richtung des Feldes anisotrope Nahordnung und daher eine einachsige magnetische Kristallanisotropie (Diffusionsanisotropie), sie kann ebenso wie die normale Kristallanisotropie durch das beim Drehen des Magnetfelds auftretende mechanische Drehmoment gemessen werden. Wird nunmehr ein Feld in derselben Richtung angelegt, so hat man eine ebenso rechteckige Hystereseschleife wie für einen Einkristall, in dessen leichter Richtung das Feld liegt, also auch eine besonders hohe Remanenz.

Die technisch wichtige Anfangspermeabilität dieser Legierungen ergibt sich daraus, daß die Grenzfeldstärke zur Auslösung irreversibler Wandsprünge für 90- und 180°-Wände durch die Diffusionsansiotropie um einen bestimmten Betrag erhöht ist. Daher gibt es unterhalb dieser Grenze nur reversible Wandverschiebungen und Drehungen. Die Permeabilität ist dann von H unabhängig, die Rayleighkonstante Null.

Die reversiblen Drehungen sind maßgebend, wenn die Kristallenergie (Konstante K_1) und die für die Eigenspannungen maßgebende Magnetostriktion gering sind, wie das bei Legierungen bestimmter Zusammensetzung erreicht werden kann. In diesen Fällen nimmt die Anfangspermeabilität sehr hohe Werte an.

Transformatorbleche werden aus Fe mit etwa 5 % Si hergestellt. Durch Kaltwalzen und Ausglühen bei etwa 850 °C erhalten sie die

Gosstextur (Walzebene (110), Walzrichtung [001]). Man kommt zu einer Anfangspermeabilität von 1500, die Wirbelstromverluste sind klein infolge des Si-Zusatzes. Ebenso beruht die hohe Anfangspermeabilität des fl.k. Permalloy darauf, daß K_1 in der Nähe der Zusammensetzung $FeNi_3$ in abgeschreckten Proben Null wird, während die Konstanten der Magnetostriktion λ_{100} bei 83% Ni und λ_{111} bei etwa 80% Ni Null werden. Auch in der Umgebung dieser Zusammensetzung ist $K_1 < 10^4$ erg/cm³. Man vergleiche die hier auftretende Anfangspermeabilität von etwa 1000 mit der eines geglühten und daher Einschlüsse von Zementit enthaltenden Stahls mit 0,1% C, die etwa 200 beträgt. Bei Legierungen mit 78% Ni erreicht man Anfangspermeabilitäten von über 10000 [3].

Die Remanenz des im Längsfeld angelassenen Permalloy kann B_R = 13000 Gauß erreichen, das sind 90% der Sättigungsinduktion. Ein Verhältnis von 98% erhält man durch eine Zugspannung im elastischen Bereich, während nach gewöhnlichem Abschrecken und in hartem Zustand ohne Vorzugsrichtung das in diesem Fall theroetisch zu erwartende Verhältnis von 50% nahezu erreicht wird.

Die als Knick im Verlauf der Suszeptibilität mit H erscheinende Grenzfeldstärke des reversiblen Bereichs ist in Einlagerungsmischkristallen wie Fe–C etwa 0,2 Oe und kann in den sog. Perminvaren (45% Ni, 30% Fe, 25% Co) auf einige Oerstedt gebracht werden.

Eine um 98–99% kalt heruntergewalzte flächenzentrierte Fe–Ni-Legierung erhält nach Rekristallisation eine sehr scharf ausgeprägte Würfeltextur, also die Anisotropie eines Einkristalls. Wird diese Textur nochmals um 40–60% kalt gewalzt, entsteht nach O. Dahl und K. J. Sixtus die sog. Walzanisotropie, eine einachsige magnetische Anisotropie, deren leichte Richtung senkrecht zur Walzrichtung liegt. Ihre Ursache [2] ist vermutlich wie bei der Diffusionsanisotropie in Nahordnungseffekten zu suchen. Im unmagnetischen Zustand liegt somit die Magnetisierung in dieser leichten Richtung. Legt man nun ein Feld senkrecht dazu, also in der Walzrichtung an, so erfolgen fast ausschließlich Drehprozesse, die Magnetisierungskurve ist fast vollständig reversibel. Die Permeabilität ist nur etwa 100, bleibt aber bis über 250 Oe konstant (Texturisoperm). Ähnliche Verhältnisse hat man in den sog. Massekernen, das sind feinverteilte Kristalle von Fe oder von Ferriten (z.B. Mn–Zn-Ferrit) in einer Harzmasse. Hier spielt der Entmagnetisierungsfaktor die ausrichtende Rolle. Solche Kerne werden wegen ihres hohen Widerstands für Hochfrequenztransformatoren gebraucht.

Die größte bisher erreichte, relative Maximalpermeabilität, die oft etwas größer als die Anfangspermeabilität ist, wurde mit Einkristallen von Fe mit 6,5% Si nach Abkühlen im Magnetfeld parallel [100] erreicht. Sie betrug 3800000.

Literatur

[1] Moderne Probleme der Metallphysik II, Herausgeber A. SEEGER, Springer 1966.
[2] KNELLER, E.: Ferromagnetismus, Springer 1962.
[3] Vgl. [4] von Kapitel 1.
[4] BROWN, W. F. jr.: Micromagnetics, New York und London 1963.
[5] HUBERT, A.: Z. f. Physik **198**, 414 (1967) [Bereichsstruktur].
[6] BILGER, H.: Phys. stat. sol. **18**, 207 (1966) [Koerzitivkr. Fe].
[7] TRÄUBLE, H., O. BOSER, H. KRONMÜLLER, u. A. SEEGER: Phys. stat. sol. **10**, 283 (1965) [Co].
[8] SEEGER, A., u. H. KRONMÜLLER: J. Phys. Chem. Solids **12**, 298 (1960) [Einmündung in die Sättigung].
[9] WOHLFARTH, E. P.: Advances in Phys. **8**, 87 (1959) [Drehprozesse].
[10] FAST, J. D., u. J. J. DE JONG: J. Phys. Radium **20**, 371 (1959) [Ticonal].
[11] KNELLER, E.: Proc. Int. Conf. Magnetisme Nottingham, 1965.
[12] PFEFFER, J.-H.: Stuttgarter Diss. 1966 [Berechng. v. Koerzitivkr.].
[13] TRÄUBLE, H., H. KRONMÜLLER, A. SEEGER, u. A. BOSER: Mater Sci. Eng. **1**, 167 (1966) [Koerzitivkr. v. Co].
[14] HOLZ, A.: Diss. Stuttgart 1967.

8. Das plastische Fließen

8.1. Grundlagen

Die rein elastische Deformation ist (bei konstantem T oder bei adiabatischer Führung, d. h. konstantem S) reversibel, es bleibt dabei jedes Atom in seiner Potentialmulde nach Abb. 41. Beim bleibenden Fließen dagegen gehen die Atome mindestens zum Teil in benachbarte Mulden über. Nachdem sie die Potentialschwelle überschritten haben, gewinnen sie kinetische Energie, die sie oft als Schallwellen in das Gitter hineinstrahlen und als Wärme von ihm absorbieren lassen. Daher ist der Vorgang irreversibel, die von der äußeren Spannung geleistete Arbeit wird nur zu etwa 10% im Kristall als Energie von Versetzungseigenspannungen sowie von Leerstellen (z. B. in Ag von 40% Walzgrad 7,5 cal/Mol, während die Schmelzwärme 2200 cal/Mol beträgt) aufgespeichert, der übrige Teil wird in Reibungswärme umgesetzt.

Man unterscheidet das viskose Fließen, das nach 5.1. auf der Bewegung einzelner Atome beruht, von dem plastischen Fließen, das ein kristallographisch bestimmter Vorgang ist.

Einkristalle, deren Stabachse „mittelorientiert", d. h. genügend weit entfernt von symmetrischen Kristallrichtungen ist, verformen sich, von außen betrachtet, bei freiem Zug bis zu Verformungsgraden von 50–80% durch Abgleitung, d. h. Parallelverschiebung (Scherung) ganzer Schichten gegeneinander längs einer bestimmten kristallographischen Ebene (Gleitebene) und in ihr liegender Richtung (Gleitrichtung). In fl. k. Kristallen ist Gleitebene stets $\{111\}$, Gleitrichtung $\langle 110 \rangle$, im hexagonalen Zn und Cd meist die dort dichtest belegte Ebene (000.1), Gleitrichtungen $\langle 11\bar{2}.0 \rangle$ und $\langle 0\bar{1}1.0 \rangle$, in Be, Ti und Zr häufiger $\{1\bar{1}0.0\}$ mit den Gleitrichtungen $\langle \bar{1}\bar{1}2.0 \rangle$, $\langle \bar{1}\bar{1}2.3 \rangle$ und [000.1].

Da bei der plastischen Deformation das Volumen sich ganz wenig ändert, wird durch die beschriebene Kristallographie des Gleitens das von E. Schmid 1922 aufgestellte „Schubspannungsgesetz" nahegelegt, wonach das Fließen dann eintritt, wenn die in der Gleitebene und Gleitrichtung genommene Komponente der äußeren Spannung einen bestimmten Wert, die „kritische Schubspannung" überschritten hat. Dies gilt in der Tat für den Beginn des Fließens von Einkristallen recht genau, nicht dagegen für die durch Verfestigung erhöhte Fließspannung.

Wenn man nun, dem äußeren Anschein entsprechend, annimmt, daß alle Atome einer Gleitebene untereinander elastisch gekoppelt annähernd gleichzeitig die Potentialschwelle überschreiten, kann man die dazu nötige (sog. theoretische) kritische Schubspannung zu etwa $G/30$ abschätzen. In Wirklichkeit wird dieser Wert nur bei den von Gitterbaufehlern freien Whiskern erreicht, während sonst die kritische Schubspannung τ_0 etwa 10^3mal tiefer liegt (z.B. für Cu ist auch noch bei $T \to 0$ etwa $\tau_0 = 0{,}1 \ \mathrm{kp/mm^2}$, während $G/30 = 155 \ \mathrm{kp/mm^2}$).

Die damit erscheinende fundamentale Fragestellung wird nach G. J. Taylor, M. Polanyi und F. Orowan 1934 durch die Erkenntnis beantwortet, daß ein von einem Versetzungsring umschlossenes Ebenenstück schon einen Gleitschritt gleich dem Burgersvektor ausgeführt hat. Wenn also der Ring sich ausdehnt, war es nach 4.5. unter einer verhältnismäßig kleinen Schubspannung tun kann, wird die Abgleitung in der Versetzungsebene ausgebreitet. Das gittertheoretische Problem, eine kooperative Bewegung elastisch gekoppelter Atomscharen so zu finden, daß unter einer möglichst kleinen äußeren Spannung möglichst viele Schwellenüberschreitungen erfolgen, wird offensichtlich durch die Versetzung als Gitterbaufehler, ihre Vervielfachung und ihre Bewegung unter dem Einfluß der Spannung gelöst.

Als chemische Kraft, die einen irreversiblen Vorgang antreibt, ist die Fließspannung τ eine Funktion der Verformungsgeschwindigkeit $\dot{\varepsilon}$, der Temperatur sowie des jeweiligen, durch den vorher zurückgelegten „Verformungsweg", d.h. die Funktionen $\varepsilon(t)$ oder $\tau(t)$ gegebenen Verfestigungszustands, der nach heutiger Kenntnis eindeutig einer bestimmten Verteilung von Gitterbaufehlern entspricht. Man untersucht τ einerseits mit dynamischen, d.h. bei konstantem $\dot{\varepsilon}$ durchgeführten Versuchen (Polanyizugmaschine), andrerseits mit statischen oder Kriechversuchen, bei denen nach E. N. da C. Andrade konstantgehaltene τ in Stufen aufgebracht und daher meist wesentlich kleinere $\dot{\varepsilon}$ als im dynamischen Fall einbezogen werden.

Unter Erholung versteht man thermisch aktivierte Vorgänge, bei denen die durch die Verformung unmittelbar erzeugte Verteilung der Versetzungen und Leerstellen abgeändert wird, wodurch ihre Eigenspannung abgebaut und meist auch τ vermindert wird. Nur wenn solche

Erholungsprozesse ausgeschlossen sind, kann man den Verformungsweg durch ε allein, ohne Berücksichtigung von t selbst, darstellen und unmittelbar die Kriechergebnisse in die der dynamischen Versuche umrechnen.

In k. fl. Kristallen besonders wichtig ist die kristallographische Gleichwertigkeit von vier verschiedenen Gleitebenen und sechs Gleitrichtungen, die zu zwölf verschiedenen Gleitsystemen kombinierbar sind. Latent nennt man die Verfestigung der nicht betätigten Gleitsysteme durch Betätigen eines primären. Da sich beim Zugversuch die Achse eines Kristalls in die betätigte Gleitrichtung hineindreht, und da jede Gleitrichtung zwei Gleitebenen zugehört, bekommt der Kristall nach einiger Abgleitung die geometrische Möglichkeit zur „Doppelgleitung", kann aber eine solche nur ausführen, wenn die latente Verfestigung gleich der primären ist. Andernfalls wird die symmetrische Achsenrichtung überschritten bzw. gar nicht erreicht. Diese kristallographische Mannigfaltigkeit differenziert den Gleitvorgang. So teilen sich nach J. DIEHL, F. MADER, R. BERNER und P. HAASEN [1, 7] die Verfestigungskurven $\tau(\varepsilon)$ von fl. k. mittelorientierten Kristallen in drei Teile, von denen Teil I (easy glide region) und II nahezu konstante Verfestigung besitzen, während Teil III infolge einer „dynamischen Erholung" nach unten gekrümmt ist. Wie das Elektronenmikroskop zeigt, wird in I nur das Gleitsystem, in dem die größte Schubspannung herrscht, betätigt, in Teil II wirken die sekundären Systeme mit kurzen Gleitungen mit, der in III wirksame Erholungsprozeß besteht in Quergleitung, d. h. einem Ausweichen der Schraubenteile des Versetzungsrings in eine sekundäre Gleitebene, nach einem kurzen Gleitstuck in dieser gefolgt von dem Wiedereintreten in die primäre Ebene.

Auch hexagonale Metalle haben nach SEEGER und TRÄUBLE, BOČEK und KASKA eine dreiteilige Verfestigungskurve. Teil A entspricht I, in Teil B tritt wie in II eine neue verfestigende Ursache auf, Teil C zeigt dynamische Erholung. Die Verfestigung in B wird oft überdeckt, so bei Zn schon bei Normaltemperatur durch Erholung, vielfach auch, z. B. bei Co, durch Zwillinge. Nach M. BOČEK [8] ist sie aber grundsätzlich dieselbe wie die der fl. k. Elemente, nämlich durch sekundäre Versetzungen verursacht [33].

In manchen Fällen, vor allem im strahlengeschädigten Zustand, ist die Abgleitung inhomogen verteilt. Nach CH. SCHWINK wird ein Faktor zwischen Null und Eins definiert, der gleich dem Verhältnis der mittleren zu der maximalen lokalen Abgleitungsgeschwindigkeit ist, und der bis auf 10^{-3} sinken kann [31].

Schließlich erhebt sich die Frage, warum die kovalent gebundenen Stoffe (von denen Ge, Si und InSb untersucht sind) so viel schwächer verformbar sind. Zum Beispiel werden nach P. HAASEN und M. LABUSCH Ge und Si erst bei etwa 60 % der Schmelztemperatur etwa so leicht verformbar wie Cu bei tiefen Temperaturen. Wie man heute sieht, liegt dies einmal an der viel höheren Energie, die zur Bildung einer Versetzung in diesen Stoffen nötig ist, was zur Folge hat, daß die Grundstruktur meist weniger Versetzungen enthält (normal hergestellt oft nur $80/cm^2$). Das Maß der Versetzungsenergie, Gb^3, ist für Ge und Si etwa 5mal größer als für Metalle. Zweitens ist auch der Schwellenwert des Peierlspotentials beträchtlich höher. Daher genügt die angelegte Schubspannung τ in ihrer normalen Größe nicht, um die Versetzungen wie bei den fl. k. Metallen über das Peierlspotential hinüberzubringen, sondern es bedarf dazu einer thermischen Aktivierung mit einer von τ kaum abhängigen Schwellen-enthalpie, etwa gleich der Hälfte von derjenigen der Selbstdiffusion (vgl. Tab. 5) und einem Aktivierungsvolumen von etwa a^3, wobei vermutlich Doppelkinken gebildet werden. Infolgedessen bewegen sich die Versetzungen viskos, d. h. ihre Driftgeschwindigkeit ist $\sim \tau^m$ mit $m = 1\text{--}2$, während bei Metallen m viel größer ist. Dieser schwachen Spannungsabhängigkeit der kritischen Schubspannung entspricht eine Temperaturabhängigkeit, die viel stärker ist als bei Metallen.

Salze, wie LiF mit 3 ppm Mg^{2+} und Ca^{2+} und einer Schubspannung bei $T = 20\,°C$ von $\approx 0{,}1$ kp/mm² sind fast ebenso verformbar wie Metalle. Nach W. Frank [9] ist bei ihnen eine Dipolwirkung von Fremdionen oder Eigenfehlstellen nach 8.5. entscheidend.

8.2. Thermisch aktivierte Vorgänge

Die Versetzungen wandern unter dem Einfluß einer Schubspannung τ_s, deren Ausbildung in 8.3. besprochen wird. Die folgenden Hindernisse stellen sich ihnen entgegen. Sollen diese durch statistische Schwankungen (thermische Aktivierung) überwunden werden, so ist der statistische Satz zu bedenken, daß die mittlere thermische Schwankungsarbeit $\frac{1}{2}\,kT$ ist, also durch sie nur kleine Versetzungsstücke bewegt werden können, während eine Schubspannung die ganze Versetzung erfaßt.

a) Das Peierlspotential, dessen Überwindung nach 8.1. bei Ge und Si einen wesentlichen Teil der Schubspannung beansprucht, bei den fl. k. Metallen aber keine thermische Aktivierung, sondern nur eine kleine Reibungsarbeit erfordert.

b) Die Versetzungen des „Waldes", die von den wandernden geschnitten werden müssen, was nach A. Seeger [2] die kritische Schubspannung der unverformten k. fl. und hex. Elemente fast vollständig bestimmt. Da bei diesen Schneidprozessen jeweils nur wenige Atome eine Energieschwelle zu überschreiten haben, können sie thermisch aktiviert werden. Wenn sie als langsamster Vorgang die Geschwindigkeit der Abgleitung festlegen, gilt:

$$\dot{a} = \dot{a}_0\, e^{-\Delta G/kT} = N_s F\, b\, \nu\, e^{\Delta S/k}\, e^{-\Delta U/kT}.$$

Darin ist N_s die Anzahl der Prozesse je cm³, F die bei einem Prozeß von der Versetzungslinie überstrichene Fläche. ΔS beträgt einige k, ν liegt zwischen der Debyefrequenz und der Eigenfrequenz des Versetzungssegments. Greift eine Schubspannung τ_s an der Versetzung an, so leistet sie Arbeit und vermindert dementsprechend die Schwellenenergie ΔU.

Nach A. SEEGER und J. FRIEDEL [1] setzt man an:

$$\Delta U = U_0 - V\tau_s = U_0 - \frac{3}{2}\,b\,d\left(\frac{Gb}{\tau_s N_s}\right)^{-1/3}\tau_s\,.$$

In U_0 steckt die zum Einschnüren der aufgespaltenen Versetzung notwendige Energie U_γ sowie ein Anteil zur Erzeugung von Sprüngen, bei welchen der Burgersvektor der geschnittenen Versetzung nicht in der Gleitebene der gleitenden liegt. d ist die „Aufspaltungsbreite" der zu schneidenden Versetzung, somit der beim Schneiden unmittelbar zurückzulegende Weg. Ist l_0 die freie Länge der schneidenden Versetzung zwischen zwei Waldversetzungen, so ist $V = b\,d\,l_0$ das Aktivierungsvolumen. Es wird damit näherungsweise:

$$\tau_s^{2/3} = \frac{2}{3\,b\,d}\left(\frac{Gb}{N_s}\right)^{-1/3}(U_0 + kT\ln \dot{a}/\dot{a}_0)\,.$$

Somit ist für $T > T_0 = \dfrac{U_0}{k\,\ln \dot{a}/\dot{a}_0}$ die Schubspannung $\tau_s = 0$. Bei höheren Temperaturen muß also das Schneiden nicht durch eine Spannung unterstützt werden, und es wird $\tau = \tau_g$ nahezu temperaturunabhängig. Unterhalb T_0 fällt τ_s nahezu linear mit T ab. Dieser Temperaturverlauf der primären Schubspannung wurde bei Al $(T_0 = 150\,°\mathrm{K})$, Zn $(T_0 = 220\,°\mathrm{K})$, Cd $(T_0 = 430\,°\mathrm{K})$, Mg und hexagonalem Co bestätigt.

Das bisher Gesagte gilt für Metalle hoher Stapelfehlerenergie, also kleiner Aufspaltung der Versetzungen. Ist diese dagegen groß, so muß die Einschnürung der schneidenden Versetzung beachtet werden, diese ist aber bei Stufenversetzungen, wo nach H. KRONMÜLLER [2] $d = 0,62\,b$ für Cu ist, etwa viermal so groß wie bei dem Schraubenanteil des Versetzungsrings, so daß T_0 für die ersteren höher ist als für die letzteren. Man hat daher bei Cu und Ag die in Abb. 67 dargestellte Temperaturabhängigkeit der kritischen Schubspannung. Ihre Neigung ist für die Stufen- und Schraubenschneidprozesse nahezu gleich. Dazwischen aber liegt ein Stück, währenddessen in den Schraubenversetzungen durch bewegte Versetzungssprünge Leerstellen erzeugt werden. Bei Cu liegt dieses Intervall zwischen 70 und 110 °K. Der Betrag von τ_s nimmt mit zunehmender Reinheit, d.h. abnehmendem N_s stark ab. Für Cu mit 99,999 % ist sogar bei $T \to 0\ \tau_s/G = 1,5 \cdot 10^{-5}$, wobei auch in Bereich II τ_s nur 1–2 % von τ ist.

Nach G. Schmid [10] hat man mit Rücksprüngen zu rechnen, die um so wirksamer werden, je kleiner τ_s ist, und damit eine steigende Differenz zwischen dem nach 5.1. zu messenden effektiven und dem tatsächlichen Aktivierungsvolumen V erzeugen. Vermutlich ist so zu erklären, daß nach H. Conrad und Z. S. Basinski das effektive V etwa linear mit T zunimmt.

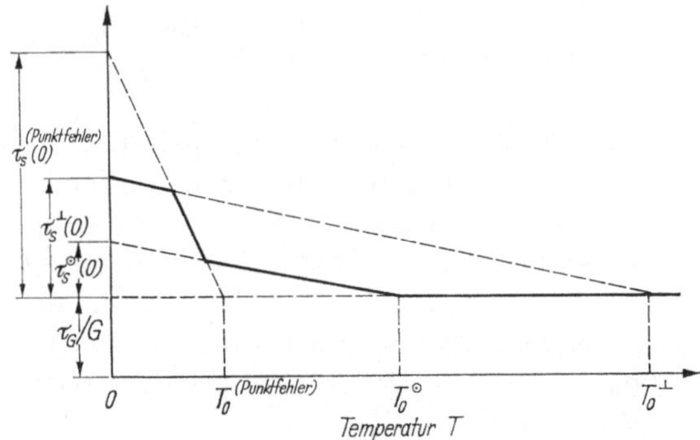

Abb. 67. Temperaturverlauf der kritischen Schubspannung in k.fl. Metallen mit kleiner Stapelfehlerenergie (nach Seeger).

c) Geschnitten werden auch die durch Neutronenbestrahlung (nicht durch schnelle Elektronen) in Cu und Au erzeugten verdünnten Zonen nach A. Seeger, die zunächst Anhäufungen von Leerstellen sind, schon bei $\approx 100\,^\circ$K sich aber in Leerstellenringe von ≈ 20 Å Durchmesser umordnen, und erst in Erholungsstufe V (wenig unterhalb der Temperatur beginnender Selbstdiffusion) verschwinden. Die Abhängigkeit des τ_s von T hängt ab vom Potential der Versetzung während des Schneidens. Wenn es in der Nähe seines Maximums einen parabolischen Verlauf hat, gilt nach Seeger $\tau_s = \mathrm{const}\,[1 - (T/T_0)^{2/3}]^{3/2}$ mit $T_0 = \dfrac{2}{3}\,\dfrac{U_0}{k\ln(N\,b\,v/N_0\,\dot a)}$, wo N die Anzahl der tätigen Versetzungen je Volumeinheit, N_0 die (mit der integrierten Neutronenflußdichte zunächst proportionale, später einer Sättigung zustrebende) Anzahl der Zonen je Flächeneinheit einer Gleitebene ist (vgl. J. Diehl [11]). So erhält man z.B. für Cu nach Bestrahlung mit $9 \cdot 10^{18}$ schnellen Neutronen je cm^2 ein $\tau_s = 5$ kp/mm^2 bei Normaltemperatur.

Es sei bemerkt, daß in Al, das sich bei Stößen weicher verhält, statt Seegerzonen nahezu gleichmäßig verteilte Zwischengitteratome in Hantellage, also mit stark einachsiger Dipolwirkung, gebildet werden. Daher ist hier für gleiche Strahlendosis die Verfestigung bei tiefen Temperaturen größer als bei Cu und Au, geht aber in Stufe III, also unterhalb 0 $^\circ$C, nahezu ganz zurück.

d) Andre Hindernisse, z. B. die in verformtem Zn (Bereich B) nach H. Träuble auftretenden Anhäufungen kondensierter Leerstellen, werden durch Klettern der Stufenversetzungen überwunden. Dieses ist eine Bewegung, durch die die Versetzungslinie aus einer Gleitebene in eine benachbarte gehoben wird. Meist wandert dabei ein (etwa durch einen vorhergegangenen Schneidprozeß entstandener) Sprung entlang der Versetzungslinie, und zwar nicht konservativ, d. h. eine Spur, nämlich ein Zwischengitteratom hinterlassend. Thermisch aktiviert wird das Klettern dadurch, daß eine anderweitig vorhandene Leerstelle eindiffundiert, das Zwischengitteratom beseitigt und weiterhin mit dem Sprung gekoppelt einfache Diffusionsschritte ausführt. So ist die Aktivierungsenergie wenig kleiner als die der Selbstdiffusion und in deren Temperaturbereich geht das Klettern spontan vor sich. Wird es andrerseits durch genügend starke Spannungen bei tieferen Temperaturen erzwungen, so hinterläßt es ganze Reihen von Zwischengitteratomen und Leerstellen, die nicht im thermischen Gleichgewicht sind.

e) Lomer-Cottrell-Versetzungen, die nicht geschnitten werden können, sondern durch (meist doppelte) Quergleitung umgangen werden (J. S. Koehler, J. Diehl, S. Mader und A. Seeger, vgl. [1]). Da nur Schraubenversetzungen, die keine bestimmte Gleitebene besitzen, dies ausführen können, erweitert das Quergleiten die Versetzungsringe senkrecht zur Abgleitrichtung. Es baut auch Aufstauungen in der gleichen Richtung ab und vermindert so die von diesen hervorgerufene Verfestigung (dynamische Erholung). Die Verfestigungskurve ist daher von τ_{III} ab nach unten gekrümmt.

Den notwendigen Übergang auf die quergestellte Gleitebene kann die Versetzung nur ausführen, wenn sie vorher in der Hauptgleitebene ihre Aufspaltung beseitigt. Für dieses „Einschnüren" muß von der treibenden Schubspannung τ eine Arbeit aufgebracht werden, die um so größer ist, je kleiner die Stapelfehlerenergie γ ist. Daher ist die für eine thermische Aktivierung nötige Energie anzusetzen als

$$\Delta U = C - A \ln \tau / G$$

Darin ist A/Gb^3 eine nahezu temperaturunabhängige, mit abnehmendem γ zunehmende Funktion von γ (H. Wolf [12]). Infolgedessen erhält man für die Spannung τ_{III}, welche die Quergleitung bei der Temperatur T hervorruft, und bei der deshalb der Teil III der Verfestigungskurve beginnt:

$$\ln \frac{\tau_{III}/G}{\tau_{III}(0)/G(0)} = \frac{kT}{A} \ln \frac{\dot{a}}{\dot{a}_0} \, .$$

Da $A \sim 1/\gamma$, liegt für Metalle mit großem γ der Punkt τ_{III} tiefer (z. B. Al bei 20 °C: $\tau_{III} \approx \tau_{II} = 1{,}8 \text{ kp/mm}^2$) als für solche mit kleinem γ (Cu: $\tau_{III} = 4$, Messing Ms 92: $\tau_{III} = 5 \text{ kp/mm}^2$).

Übrigens findet man einzelne Quergleitungen, hervorgerufen durch Spannungsspitzen, auch unterhalb τ_{III}. Vor allem scheinen sie an kleinen Patrikeln von Verunreinigungen aufzutreten, was auch die experimentelle Definition von τ_{III}, und damit die Bestimmung von γ hieraus beeinträchtigt [17, 18, 34].

Schon in Teil I kommen nach den elektronenmikroskopischen Beobachtungen von U. Essmann [13] Quergleitungen vor, die hervorgerufen werden von der gegenseitigen Anziehung zweier paralleler Schraubenversetzungen mit antiparallelen Burgersvektoren. Diese vernichten sich dabei, was zur Folge hat, daß nur noch wenig Schraubenversetzungen übrigbleiben, somit die Gesamtzahl der wanderungsfähigen Versetzungen abnimmt, also eine (für Teil I eine gewisse Rolle spielende) Verfestigung eintritt.

Isolierte Quergleitung mit ähnlich geringer Verfestigung und starker Temperaturabhängigkeit der Fließspannung wie in Teil III der fl. k. Metalle tritt nach J. J. Gilman, G. Schottky, A. Seeger und V. Speidel [14] auf bei Zn- und Cd-Kristallen, deren Basis (000.1) parallel der Richtung des Zugversuchs ist und daher keiner Schubspannung unterliegt. Man hat dann Prismengleitung $\{1\bar{1}0.0\}$ $\langle11\bar{2}.0\rangle$ durch a-Versetzungen, die in der Basis aufgespalten sind, aber beim Quergleiten längs einer Länge l sich einschnüren (rekombinieren) müssen. Unter der – nur in der Prismenebene liegenden – äußeren Spannung τ baucht sich die quergeglittene Versetzung dort um so mehr aus, je größer l ist, daher wächst die von τ geleistete Arbeit E_τ mit zunehmendem l. Ebenso wächst die bei gegebenem τ zu berechnende Energie (Verzerrungsenergie) U der Versetzungsanordnung. Die Differenz $U-E_\tau$ überschreitet bei $l = l_0$ ein Maximum, für $l \geqq l_0$ kann sich also die Versetzung unter τ in der Quergleitebene ausbreiten, nachdem zuvor die noch etwas von τ abhängende Energie $U(l_0)$ durch thermische Aktivierung, wie sie beobachtet wird, aufgebracht wurde. Theoretisch wird $l_0 \geqq 30a$, also wegen der fehlenden Unterstützung der Quergleitung durch τ wesentlich größer als bei k. fl. G.

8.3. Verfestigung durch weitreichende Spannungsfelder

Die in 8.2. betrachtete zum Schneiden notwendige, stark von T abhängende Spannung τ_s ist nach A. Seeger gleich der äußeren Schubspannung τ minus eine Größe τ_G, die herrührt vom elastischen Feld der umgebenden Versetzungen (Spannungen III. Art) und die schwache Temperaturabhängigkeit des Schubmoduls G besitzt. Wenn man damit experimentell das Verhältnis τ_s/τ_G untersucht, zeigt sich nach G. Schmid [10] bei reinen fl. k. Metallen, vor allem Cu, daß es bei Beginn der Verformung $\approx 1/100$ ist und diesen Wert näherungsweise beibehält (während im unverformten Zustand viele Versetzungen sich zwar langsam, aber unbehindert im Kristall verschieben können). In diesen Stoffen wird also die kritische Schubspannung des verformten Kristalls fast ausschließlich durch τ_G bestimmt, τ_s regelt nur die Geschwindigkeit. Das Anwachsen von τ_s bei der Verfestigung rührt her von einer Zunahme der Waldversetzungen, nach U. Essmann [13] auch der Versetzungsschleifen. Die Verfestigung selbst ist also wesentlich τ_G, somit der elastischen Wechselwirkung der Versetzungen zuzuschreiben, wie das G. J. Taylor schon 1934 ausgesprochen hat.

Weiterhin schreibt man $\tau_G = \tau_G^i + \tau_G^w$, worin der zweite Summand die Wirkung der zur wandernden Versetzung nahezu senkrechten Waldversetzungen, der erste die der in der Gleitebene liegenden darstellt. τ_G^w nennt man Rekombinationsspannung, weil nach W. T. Read, P. B. Hirsch, J. Friedel und M. J. Whelan die wandernden mit den sie anziehenden Waldversetzungen, deren mittlerer Abstand l_ω sei, sich stückweise zusammenlegen und so aufgehalten werden. Nach G. Saada ist

$$\tau_G^\omega = \frac{1}{5}\,\frac{b\,G}{l_\omega}\,.$$

Um eine Stufenversetzung durch das Spannungsfeld zweier gleichnamiger Versetzungen, deren Abstand R_0' sei, mitten durchzubringen, braucht man eine Spannung $\tau_G^i = \dfrac{G\,b}{2\,\pi\,(1-\mu)\,R_0'}$, für Schrauben fällt $(1-\mu)$ weg.

Gleitzone nennt man die Gesamtheit der von einer Quelle ausgegangenen, nahezu in einer Gleitebene liegenden Versetzungsringe, ihre Abmessungen (L_2 in der Gleitrichtung, L_1 senkrecht dazu) werden begrenzt durch die nicht schneidbaren Hindernisse, vor allem Lomer-Cottrell-Versetzungen. Am Rand des Einkristalls hinterläßt die n Versetzungen umfassende Zone eine ,,Gleitlinie'', deren Stufenhöhe n mal dem Gleitebenenabstand ist. Das Feld aller benachbarten Zonen kennzeichnen wir durch die von ihnen ausgehende Schubspannung $\tau_i(x, y, z)$, die eine Versetzung an der Stelle x, y, z erfährt. Die Ursache seiner Stabilität gegen Gleitung der konstituierenden Versetzungen sind die genannten Hindernisse, die im Mittel symmetrisch verteilt sind, so daß in τ_i (ebenso wie in τ_G^ω) die Richtung der vorausgegangenen Gleitung nicht bevorzugt ist. Die mittlere Periodizität von τ_i ist in Teil I etwa gleich dem halben Abstand der Einzelversetzungen, in Teil II der durch Aufstauung entstandenen Versetzungsgruppen.

Wenn eine Versetzung die Gleitzone durchlaufen soll, muß die treibende Spannung größer sein als das maximale τ_i, somit gilt $\tau_G^i = \tau_{i\,\mathrm{max}}$. In der Umgebung der Quellen dagegen ist maßgebend der räumliche Mittelwert $\overline{\tau_i}$, wobei wir setzen $\overline{\tau_i} = \beta\,\tau_G^i$, wo $0 < \beta \leqq 1$.

Außer τ_i wirkt auf die aus der Quelle austretende Versetzung die äußere Schubspannung τ sowie die von den n bereits entstandenen Ringen der Gleitzone selbst herrührende Schubspannung τ_B (back-stress), die der Ausbreitung des neuen Rings stets entgegensteht. Damit diese vor sich gehen kann, muß sein

$$\tau - |\overline{\tau_i}| - \tau_B \geq 0 \,.$$

Die untere Grenze von τ während des Verformens ist dabei $\tau_G^i = \overline{|\tau^i|}/\beta$.

Nun zeigt sich experimentell, daß beim Entlasten die erreichte plastische Verformung nicht merkbar zurückgeht. Daher muß bei $\tau = 0$ der back-stress, der die Ringe in die Quelle zurückzieht, durch τ_i kompensiert werden, also muß stets gelten:

$$|\overline{\tau_i}| \geq \tau_B \,.$$

Wird dies in die vorhergehende Ungleichung eingesetzt, so erhält man:

$$|\overline{\tau_i}|/\beta - |\overline{\tau_i}| - |\overline{\tau_i}| = |\overline{\tau_i}| \,(1 - 2\beta)/\beta \leq 0 \,.$$

Somit ist $\beta \geq 1/2$ die Bedingung dafür, daß beim Entlasten kein Rückgleiten eintritt [2].

Unter Bauschingereffekt (der bei Ein- und Vielkristallen auftritt) versteht man die Tatsache, daß die Streckgrenze nach plastischer Deformation in der primären Deformationsrichtung größer ist als in der umgekehrten. Wie man sieht, würde $\beta = 1$ das Fehlen des Bauschingereffekts zur Folge haben.

Für eine (in einer Dimension) genau sinusförmige Feldverteilung wäre $\beta = 2/\pi = 0{,}63$, für eine dreieckige Verteilungskurve $\beta = 0{,}5$, für eine rechteckige $\beta = 1$. Jede Schwankung der Maxima vergrößert β.

Wir besprechen nun die Einzelverhältnisse bei den k. fl. Elementen. Bereich I (stage of easy-glide) hat eine geringe Verfestigung ($\Theta_I = \mathrm{d}\,\tau_G/\mathrm{d}\varepsilon$). Die Gleitlinien sind hier sehr lang, nicht merklich gebündelt und von nahezu gleicher Stärke und damit Stufenhöhe (Feingleitung).

Es sei x der Abstand dieser Gleitlinien (für Cu etwa 350 Å). Die von einem Versetzungsring überstrichene Fläche ist $F \approx \left(\dfrac{3}{4}\right)^2 L_1 L_2$. N Quellen je Volumeinheit seien regellos verteilt, so daß $N = (L_1 L_2 x)^{-1}$. Die Abgleitung je Versetzung ist $\Delta a = \mathrm{d}a/\mathrm{d}n = bFN$. Nun zeigt sich empirisch, daß x, L_1 und L_2 und damit N von a unabhängig ist. Somit kann integriert werden:

$$a = \int bFN \,\mathrm{d}n = bFNn \,.$$

Wir betrachten nach H. Kronmüller die Projektion der Quellen auf eine Fläche senkrecht zu L_1, und teilen sie in quadratische Zellen der Kantenlänge R_0, so daß im Mittel:

$$N = (R_0^2 L_1)^{-1} \quad \text{und} \quad R_0^2 = L_2 x \,.$$

Wenn nun, wie schon oben erwähnt, die aus einer Quelle hervorgegangenen n Ringe innerhalb der Gleitzone im Mittel gleichmäßig verteilt sind, ist die mittlere lineare Dichte der Versetzungen eines Vorzeichens in der obigen Projektionsfläche $2n/L_2$ und die Wahrscheinlichkeit, eine solche auf einer Strecke R_0 anzutreffen:

$$\omega_v = \frac{2\,n\,R_0}{L_2}\,.$$

Weiter ist die Wahrscheinlichkeit, daß eine bestimmte Versetzungsprojektion einen Abstand y_0 von einer Quellenprojektion hat ($y_0 \ll R_0$), gleich $\omega' = y_0^2/R_0^2$.

Die Wahrscheinlichkeit, daß eine Versetzung, die aus einer Quelle über eine Strecke $L_0 = m\,y_0$ gewandert ist, nicht im Abstand y_0 an einer zweiten Gleitzone vorbei kam, ist $(1 - \omega')^m$, und die Wahrscheinlichkeit, daß dies Ereignis gerade nach einem Weg L_0 eintritt

$$\omega_{y_0} = 1 - (1 - \omega')^m \approx m\,\omega' = L_0\,y_0/R_0^2\,.$$

Schließlich ist die kombinierte Wahrscheinlichkeit, daß eine über L_0 gewanderte Versetzung den senkrechten Abstand y_0 von einer zweiten Versetzung hat (für $\omega_{y_0} \ll 1$, $\omega_v \ll 1$):

$$\omega_{y_0,\,v} = \omega_{y_0}\,\omega_v = \frac{2\,n\,L_0\,y_0}{R_0\,L_2}\,.$$

Der wahrscheinlichste Abstand, den eine über L_0 von ihrer Quelle aus gewanderte Versetzung von einer zweiten hat, entspricht $\omega_{y_0,\,v} = 1$. Um nun eine Schraubenversetzung an einer zu ihr parallelen im Abstand y_0 vorbei zu bringen, braucht man eine Schubspannung:

$$\Delta\tau = \frac{G\,b}{2\,\pi}\,\frac{1}{2\,y_0} = \frac{G\,b}{2\,\pi}\left(\frac{R_0\,L_2}{n\,L_0}\right)^{-1}\,.$$

Mindestens so groß muß die Verfestigung $\Delta\tau$ des Zustands sein, der durch die Zahl n der von einer Quelle ausgestoßenen Versetzungen und den Quellenabstand L_0 der nächsten von diesen gekennzeichnet ist. Für das wahrscheinlichste L_0 gibt es eine Bedingung: Damit das Gleiten weitergeht und eine weitere Versetzung aus den Quellen gelöst werden kann, muß eine Zunahme der äußeren Spannung eintreten, die die abstoßende Spannung, mindestens kompensiert, welche die letzte Versetzung im Abstand L_0 auf die Quelle ausübt. Somit

$$\frac{\mathrm{d}\,\Delta\tau}{\mathrm{d}\,n} = \frac{G\,b}{2\,\pi}\,\frac{1}{L_0}$$

Elimination von L_0 aus den beiden letzten Gleichungen gibt

$$\Delta\tau\,\mathrm{d}\,\Delta\tau = \left(\frac{b\,G}{2\,\pi}\right)^2 \frac{n\,\mathrm{d}\,n}{R_0\,L_2}\,.$$

Integriert:

$$\Delta\tau = \frac{n\,b}{2\,\pi}\,G\,(R_0\,L_2)^{-1/2}\,.$$

Beide Gleichungen für $\Delta\tau$ sind nach A. Seeger und H. Kronmüller [2] notwendige Bedingungen des Gleitvorgangs bei Steigerung von τ. Die letztere sichert das Entspringen der Versetzungen aus den Quellen, die erstere verhindert das Aufhalten, bevor das endgültige Hindernis erreicht ist. Ersetzt man n durch a und R_0 durch x und L_2, so wird

$$\frac{1}{G}\,\frac{\Delta\tau}{a} = \frac{1}{G}\,\Theta_{\mathrm{I}} = \frac{8}{9\pi}\left(\frac{x}{L_2}\right)^{3/4}.$$

Θ_{I} hängt mit x und L_2 von der durch Vorgeschichte und Reinheitsgrad bestimmten Verteilung der Quellen und Hindernisse, nicht aber von T ab, was sich z.B. bei Ni bis über $400\,°\mathrm{C}$, wo der Bereich I aufhört, empirisch bestätigt. Θ_{I} ist dort $\approx 4\,\mathrm{kp/mm^2}$ je Abgleitung Eins.

Das Gleitlinienbild des bei kubischen Kristallen auftretenden Bereichs II nennt man nach S. Mader [1] strukturierte Feingleitung. Neben den gleichmäßig verteilten Linien von I erscheinen stark hervortretende, unregelmäßig verteilte und etwa 20mal kürzere Gleitlinien. Untersucht man diese neuen Linien für sich, erhält man für ihre Länge, und damit die von L_1 und L_2, die empirische Beziehung

$$L = \frac{\Lambda}{a - a^*},$$

wo a^* die Abgleitung am Beginn von Bereich II ist. Gleichzeitig nimmt die Zahl N der Quellen (Gleitzonen) zu. Beide Effekte sind auf die Gleitung nach sekundären Gleitebenen zurückzuführen, die im kubischen System vorhanden sind und betätigt werden, nachdem ihre durch die latente Verfestigung bestimmte kritische Schubspannung erreicht ist. Durch diese sekundäre Gleitung werden in einzelnen, zunächst freibeweglichen Versetzungslinien Knoten erzeugt, die bekanntlich die zwischen ihnen liegenden Versetzungsstücke zu Frank-Read-Quellen machen.

Eine Vergrößerung $\mathrm{d}N$ der Quellenzahl je $\mathrm{cm^3}$ ergibt eine Abgleitung $\mathrm{d}a = \mathrm{d}N\,L_1 L_2 b n$. Die gleichzeitige Verminderung der Laufwege hat zur Folge, daß die Verfestigung stärker ansteigt als im Bereich I, woraus eine stärkere Zunahme der äußeren Spannung folgt, die die n von einer Quelle stammenden Versetzungen vor den Hindernissen aufstaut. Infolgedessen wird der Abstand der Versetzungen innerhalb einer Gruppe klein gegen den mittleren Abstand der Quellen R_0 oder den gleich großen der Gruppen, während es in Bereich I umgekehrt war. Diese aufgestauten Versetzungen sind nachzuweisen nach Seeger und Kronmüller an der T- und H-Abhängigkeit der Einmündungskurve in die ferromagnetische Sättigung sowie in elektronenmikroskopischen Transmissionsbildern (mit durch Neutronenstrahlen fixierten Versetzungen) nach U. Essmann, außerdem in einer von M. Wilkens und B. Obst [15] mit Röntgeninterferenzen (Asterismus) ausgemessenen langwelligen Verbiegung des Kristalls.

Zusätzlich erscheinen im Elektronenmikroskop die durch sekundäre Gleitung entstandenen, den primären meist nahezu parallelen, wenn auch andre Burgersvektoren besitzenden und nicht wanderungsfähigen Versetzungslinien. Sie legen sich stückweise an die primären an, bilden Knoten mit diesen und erzeugen so Versetzungsnetze (auch Zellen genannt). Die dabei wirksame Anziehung macht etwa 20% der Verfestigung Θ_{II} aus.

Die erwähnte Verbiegung (Drehvektor $[\bar{1}\bar{2}1]$, wenn (111) $[\bar{1}01]$ Hauptgleitelemente sind) rührt davon her, daß die Gruppen und Netze selbst nicht statistisch, sondern vorwiegend in Wänden geordnet sich verteilen – unter geringem Verlust von Eigenspannungsenergie (die der Gruppen selbst ist etwa 50% von der einer statistischen Verteilung der Einzelversetzungen).

Die elastische Wirkung einer Gruppe auf eine in einer Gleitebene bewegliche Versetzung kann im Grenzfall berechnet werden, wie wenn die Gruppe eine einzige Versetzung mit dem Burgersvektor nb bilden würde. Somit ist die Verfestigung

$$\tau_G - \tau_0 = \frac{\alpha G b n}{2 \pi R_0}\, \frac{\alpha G b n (N L_2)^{1/2}}{2 \pi}$$

oder

$$\Theta_{\mathrm{II}} = G \frac{1}{2 \pi} \sqrt{\alpha \frac{n b}{3 \Lambda_2}}\,.$$

Dabei ist α ein dimensionsloser Faktor, der als Funktion von n berechnet werden kann und nahezu Eins ist. Die Bedingung für das Loslösen der Versetzung von der Quelle ist, wie man durch Differenzieren sieht, ohne weiteres erfüllt, solange nicht mehr als n Versetzungen in der Gleitzone sind.

Bei der Bildung der Gleitzonen werden einzelne Versetzungen ausgestoßen, sie häufen sich zu Gruppen an, wenn sie durch das Spannungsfeld aufgehalten werden. Nun aber gilt der Satz, daß die auf die führende Versetzung einer n-fachen aufgestauten Gruppen wirkende Schubspannung gleich dem n-fachen der auf die hinterste wirkenden Spannung ist. Somit wird die Gruppe durch alle Ungleichmäßigkeiten des Spannungsfelds hindurch bis auf das Hindernis geschoben. Dann sei ihr Durchmesser L. Die Schubspannung, mit der sich eine solche Gruppe zusammenzuziehen sucht und damit der back-stress auf die Quelle, ist nach J. D. Eshelby und G. Leibfried:

$$\tau_B = \beta \tau_G = \frac{\pi}{2} \frac{n b G}{L}\,.$$

Setzen wir die empirische Beziehung für L ein, so erhalten wir eine zweite,

diesmal die Größe β enthaltende Gleichung für die Verfestigung des
Teils II:

$$\Theta_{\mathrm{II}} = G\,\frac{nb}{\Lambda_2}\,\frac{\pi}{2\beta}\,.$$

Man kann daher die strukturabhängige Größe Λ eliminieren und findet

$$\Theta_{\mathrm{II}} = G\,\frac{2\beta}{2\pi}\left(\frac{\alpha}{2\pi}\right)^2.$$

Diese Beziehung kann dazu dienen, aus Θ_{II}/G den am Ende des Bereichs II geltenden Zahlenwert von β empirisch zu bestimmen. Wie nach dem früher Gesagten zu erwarten, ergab er sich für die kubisch flächenzentrierten Metalle Al, Cu, Au, Ni sowie Ni + 50 % Co und Ni + 60 % Co in einem Temperaturbereich von 4 °K bis zu 1000 °K (für Ni–Co) durchweg zu 0,5–0,7. Θ_{II} ist bei Ni ≈ 24 kp/mm² je Abgleitung Eins.

Die Größe n am Ende von II kann auch dadurch bestimmt werden, daß $n\,\tau_{\mathrm{III}}$ die (bei Kenntnis von γ theoretisch berechenbare) Schubspannung für eine athermische Quergleitung ist. So erhielt man für sehr reines Ni bei 295 °K $\tau_{\mathrm{III}} = 2{,}2$ kp/mm² und $n = 100$. Die damit zu bestimmende höchste Schubspannung im verformten Kristall scheint mit zunehmender Reinheit etwas abzunehmen. Im entlasteten Kristall geht anscheinend die Anstauung an die Hindernisse und damit die Spannungsspitze in eine gleichmäßigere Verteilung über [15].

8.4. Kriechen

Bei den nach 8.1. ausgeführten Kriechversuchen [6] hat man drei hintereinander ablaufende Vorgänge: a) Das Übergangskriechen, bei dem infolge zunehmender Verfestigung die Fließgeschwindigkeit $\dot{a}$ während des mit konstanter Spannung τ ausgeführten Einzelversuchs abnimmt. b) Das bei mittleren und hohen Temperaturen sich anschließende stationäre, oft quasiviskos genannte Kriechen (steady state creep). Hier überlagert sich der Verfestigung eine Erholung, daher stellt sich konstantes $\dot{a}$ ein. Dazu kommen kann bei hohen Temperaturen das in 5.2. beschriebene eigentlich viskose Fließen der Korngrenzen sowie ein von der Diffusion der Leerstellen herrührendes Fließen mit der Temperaturabhängigkeit der Selbstdiffusion. c) Das tertiäre oder Beschleunigungskriechen, oft durch Einschnüren der Proben oder durch Abscheren von Korngrenzen usw. erzeugt und zum Bruch führend.

Als technische Dauerstandstreckgrenze wird nach E. Siebel diejenige Beanspruchung bezeichnet, bei der nach einer bleibenden Dehnung $\varepsilon = 0{,}2$ % die Dehngeschwindigkeit $\dot{\varepsilon} \leq 10^{-4}$ je Stunde bleibt. Von der gewöhnlichen „0,2-Dehngrenze" unterscheidet sich diese Größe nur bei Temperaturen, die thermisch aktivierte Prozesse in größerer Menge erlauben. Dauerstandfestigkeit ist die höchste Beanspruchung, bei der das Kriechen im Laufe der Zeit noch völlig abklingt. Soweit man sieht, existiert eine solche „wahre Kriechgrenze" nur bei Legierungen mit harten Bestandteilen, die von Versetzungen nicht geschnitten werden und auch dort nur bei Temperaturen, bei denen sich diese Gefügeteile nicht durch Diffusion auflösen.

Mit den in 8.2. erörterten Grundsätzen kann man nach E. OROWAN, N. F. MOTT und A. SEEGER [7] auch die Fließkurven des Übergangskriechens näherungsweise wiedergeben. Wie dort setzen wir $\tau_s = \tau - \tau_G$, $\dot{a} = \dot{a}_0 \exp(-\Delta G/kT)$ und für die Aktivierungsenthalpie der Schneidprozesse $\Delta G = \Delta G_0 - V\tau_s$. Weiter setzt man für die Zunahme von τ_G während einer bei konstantem τ durchgeführten Abgleitung $\Delta\tau_G = \tau_{s0} - \tau_s = \vartheta a$. Dann ist

$$t = \int\limits_0^a e^{\Delta G/kT} \frac{\mathrm{d}a}{\dot{a}_0}$$

und es ergibt sich

$$\dot{a} = C_1(t + S)^{-m}, \quad \text{wo} \quad C_1 = \frac{kT}{V\vartheta}, \quad S = \frac{C_1}{a_0}\exp\left(\frac{+\Delta G_0 - V\tau_s}{kT}\right),$$

und $m = 1$, also eine logarithmische Abhängigkeit des a von t, wie sie in der Tat von G. SCHMID [10] an Cu bei Beginn von Teil II der Verfestigungskurve gefunden wurde. In Teil I findet man $m = 1{,}08$, vermutlich weil die oben vorausgesetzte Konstanz der Zahl der wandernden Versetzungen nicht gilt, sondern diese Zahl im Lauf von a abnimmt. In Teil III wird nach M. MICHELITSCH $m < 1$, vermutlich weil im Gefolge des Quergleitens die genannte Zahl zunimmt.

In T- und $\dot{a}$-Wechselversuchen von G. SCHMID an Cu von 99,999% findet sich für die sehr kleinen Geschwindigkeiten, die beim Kriechen vorhanden, aber beim dynamischen Zugversuch nicht möglich sind, daß bei den Schneidprozessen auch Rücksprünge eintreten, wobei sich zeigt, daß die Aktivierungsvolumina für beide Sprünge nahezu gleich sind ($V \approx 3 \cdot 10^{-19}$ cm³ in Bereich I, in II nimmt V mit τ stetig ab). Weiter muß mit einem Spektrum von ΔG_0 gerechnet werden, bei höherem T wirken Hindernisse mit größerem ΔG_0 und kleinerer Dichte, bei tieferem T solche mit kleinerem ΔG_0 und größerer Dichte (N_s war in I 10^7 cm⁻², in II $5 \cdot 10^8$ cm⁻²). Schließlich hängt τ_G nicht allein von a, sondern auch von $\dot{a}$ (dem „Verformungsweg" 8.1.) ab, was sich bei Geschwindigkeitswechsel darin äußert, daß die neue „stationäre" Verfestigung erst asymptotisch im Lauf der Abgleitung sich einstellt.

8.5. Einzelne Partikel im Gitter

In Substitionsmischkristallen kleiner Konzentration findet man nach E. MACHERAUCH und O. VÖHRINGER [32] eine Festigkeitssteigerung nach $\Delta\tau \sim (A - B\,T^{1/3})\sqrt{c}$. Der bei höheren Temperaturen (für Cu–Sn

$T > 300\,°C$) überwiegende von T unabhängige Teil rührt nach R. L. FLEISCHER her von einer weitreichenden parelastischen (d. h. durch seinen elastischen Dipol hervorgerufenen) und dielastischen (durch induzierte Spannungen in seiner Umgebung) Wechselwirkung des Fremdatoms mit Schraubenversetzungen. Diese biegen sich dabei zwischen den Fremdatomen, deren lokale Spannungsspitzen sie durchschneiden müssen, um einen Winkel Θ aus, der gleich dem Verhältnis von Wechselwirkungskraft K_ω und Linienspannung ist. Es sei L die Länge eines Stücks der ausgebogenen Versetzung, auf das im Mittel ein Fremdatom fällt, dann ist $L = b/\sqrt{\Theta c}$ und $\Delta\tau = K_\omega/bL \sim \sqrt{c}$. Für Cu–Sn wird $\Delta\tau = 1{,}4 \cdot 10^{-2} G\sqrt{c}$.

Bei tieferen T wird außerdem eine „kurzreichende" Wechselwirkung von einzelnen im Versetzungskern sitzenden Fremdatomen mit Stufenversetzungen merkbar, die durch einen thermisch aktivierten Losreißeprozeß wieder frei werden. Die Energie U_0 ist propotional der Änderung Δv des Atomvolumens durch den Legierungspartner und ist für Cu–Sn ($\Delta v = +\,10{,}1 \cdot 10^{-24}$ cm³) maximal 0,96 eV. Für $T = 0$ müßte man danach eine Spannung von $240\sqrt{c}$ kp/mm² aufwenden, um die thermische Aktivierung zu ersetzen. Berücksichtigt man diese nach A. H. COTTRELL, so erhält man theoretisch das beobachtete $T^{1/3}$-Gesetz.

Bei großen c dient ein weiterer Anteil von $\Delta\tau$ dazu, die zur Störung der Nahordnung des Mischkristalls notwendige Arbeit aufzubringen. So ist z. B. für Au–Ag $\Delta\tau \sim c^2(1 - c)^2/kT$. Dabei zeigt sich, daß schon 50% Abgleitung die Nahordnungskomplexe durch Schneiden zerstört, weshalb die Verfestigungskurve dieser Mischkristalle wesentlich flacher ist als die der reinen Metalle.

Hat man (wie z. B. in Al–Zn oder Ni–Al) eine kohärente Ausscheidung (G. P. I) mit rundlichen Teilchen vom Radius R, so werden für kleine R diese mitsamt ihrem Spannungsfeld (das durch den Verzerrungsparameter $\varepsilon = \Delta v/3v$ bestimmt ist) ebenso wie oben geschnitten. Nach V. GEROLD erhält man so für $R < b/2$ etwa $\Delta\tau = G(\varepsilon^2 f R/b)^{1/2}$, wo f der Volumanteil der Partikel ist. Wenn, wie z. B. bei Al–Ag und Ni–Al, im Innern der Teilchen eine Fernordnung besteht, erhöht sich $\Delta\tau$ beträchtlich.

Wird aber R größer, so wird nach E. OROWAN die Schubspannung, die nötig ist, um die Stufenversetzungen zwischen den Partikeln zu großen Θ durchzubiegen und sogar zum Abschnüren von Ringen zu bringen, und die durch das Verhältnis Gb zur Linienspannung gemessen wird, kleiner als die Schneidspannung. Dann ist nach GEROLD $\Delta\tau \approx Gf^{1/2}b/R$, nimmt also nunmehr mit zunehmendem R ab. Für Al–Zn, wo $\varepsilon = -1{,}2\%$ ist, hat demgemäß das gemessene $\Delta\tau$ ein Maximum bei $R = 60$ Å, das mit zunehmender Auslagerungszeit überschritten und oft fälschlich als Rückbildung interpretiert wird. Da die abgeschnürten Ringe sich aufstauen, wird nun die Gleitverfestigung sehr groß.

Harte und große Teilchen, wie Zementit und tetragonaler Martensit, werden meist nicht geschnitten, sondern stauen die im weicheren Bestandteil gewanderten Versetzungen auf. Wenn nämlich die Strukturen zweier aneinandergrenzender Kristalle stark verschieden sind, müßte eine die Grenze überschreitende Versetzung einen neuen Burgersvektor annehmen und der Differenzvektor in einer zusätzlichen Versetzung erscheinen, was eine zusätzliche Arbeit der Schubspannung erfordern würde. Der plattenförmig ausgebildete Perlit der Baustähle z.B. wird erst oberhalb 100 °C geschnitten, so daß erst dort eine plastische Verformbarkeit (von etwa 2 % bis zum Bruch) auftritt [4].

Zwischengitterfremdatome sitzen in k.rz. Metallen in den Mitten der Würfelkanten mit tetragonaler Punktsymmetrie (in k.fl. Gittern dagegen in den hochsymmetrischen Würfelzentren). Sie bilden hier stark elastische Dipole, die das plastische Verhalten der k.rz. Metalle vollkommen bestimmen. Bei α-Fe wurde ein C-Gehalt von 0,05 ppm ($c = 5 \cdot 10^{-8}$) unterschritten, statt dessen blieb aber ein 0-Gehalt von 10^{-6} zurück, der nach W. FRANK [9] die Plastizität des reinen Fe immer noch verschleiert. Diese von Dipolen beeinflußten k.rz. Metalle unterscheiden sich von den k.fl. durch eine mit fallendem T und zunehmender Geschwindigkeit stark ansteigende Fließgrenze, während ihre Gleitverfestigung kaum von T abhängt und verhältnismäßig klein ist. Gleitrichtung scheint immer $\langle 111 \rangle$ zu sein (gelegentlich wird [100] als Überlagerung von [111] und [1$\bar{1}\bar{1}$] beobachtet), dagegen treten als Gleitebenen nebeneinander $\{110\}$ und $\{123\}$ auf. Der Unterschied zwischen Ein- und Vielkristall ist geringer als bei k.fl. Elementen. Da die Versetzungen nur ganz wenig durch Stapelfehler aufgespalten sind, bleiben sie nach B. ŠESTÁK [16] nicht wie im fl.k. und hexagonalen Fall auf diskreten Gleitebenen angehäuft, sondern verteilen sich gleichmäßiger im Gitter.

Das Peierlspotential der k.rz. Metalle, und damit auch die zur Überwindung seiner Schwellen nötige „Peierls-Nabarro-Kraft" sind größer als bei den fl.k., erklären aber nach FRANK nicht die beobachtete Temperaturabhängigkeit der Schubspannung. Immerhin findet man bei C-Gehalten von weniger als 1 ppm, wo keine C-Ausscheidungen (Agglomerate) vorliegen, daß die Schraubenversetzungen entlang der tiefsten Mulden des Peierlspotentials, d.h. der $\langle 111 \rangle$-Richtungen, sich erstrecken und durch die zahlreichen Sprünge, die sie beim Quergleiten erhalten haben, festgehalten sind, während die Stufenteile abgewandert sind (vgl. B. ŠESTÁK [16]).

Die im Gitter eingebauten Dipole im α-Fe wirken bei tieferen Temperaturen (unterhalb Raumtemperatur) vor allem durch die oben beschriebenen Kräfte kurzer Reichweite. Das Potential einer Versetzung in der Nähe eines tetragonalen Dipols führt für den thermisch aktivierten Schneidprozeß auf eine Temperaturabhängigkeit, die durch folgende Formel wiederzugeben ist:

$$T = A - B\tau_s \left(\frac{C}{\sqrt[3]{\tau_s}} - 1 \right).$$

Darin ist $C = 1{,}89\ (A/B)^{1/3}$, $B \sim c$, $A \approx \Delta\lambda$. Die damit ausgedrückte nahezu lineare Zunahme von τ_s mit abnehmendem T wird durch die Messungen bestätigt und ergibt für die Dipolstärke $\Delta\lambda$ des C in Fe den Wert 0,35 (entsprechend einer Aktivierungsenergie $U_0 = 0{,}4$ eV), für die durch Neutronenbestrahlung entstandenen Zwischengitterhanteln in Al ergibt sich ebenso $\Delta\lambda = 0{,}7$, $U_0 = 0{,}65$ eV, in Cu $\Delta\lambda = 0{,}4$, $U_0 = 0{,}47$ eV. Unterhalb 60 °K wird die Schubfestigkeit durch Zwillingsbildung verringert.

Bei höheren Temperaturen wird die Fließfestigkeit der rz.k. Metalle nach A. SEEGER, G. SCHOECK, I. D. ESHELBY und W. FRANK [9] dadurch bestimmt, daß sich um die Versetzung eine „Snoekwolke" von Dipolen ausbildet, die mit ihren Achsen in die jeweils günstigste Richtung des Spannungsfelds hineingedreht sind (während in fl.k. Gittern die nahezu isotropen Fremdatome und Leerstellen sich durch Diffusion um die Versetzungen in einer Verteilung ansammeln, die man Cottrellwolke nennt, die aber nur zu Beginn des Fließens nach 8.8. eine gewisse Rolle spielt). Die Breite $2r_0$ dieser Wolke bestimmt sich daraus, daß am Rand die thermische Energie gerade gleich der beim Drehen des Dipols im Spannungsfeld entstehenden, also $2r_0 \sim 1/kT$ ist. Weiter sei Δu_0 die Abnahme der Energie (genauer freien Enthalpie) je Längeneinheit der Versetzung, wenn sie an der tiefsten Stelle der Wolke liegt und es sei $\overline{\Delta u}$ $= \gamma\Delta u_0$ der Mittelwert der Werte, die Δu annimmt, wenn die Versetzung – bei unveränderter Wolke – bis an ihren Rand rückt. Der mittlere Drehwinkel der Dipole aus der regellosen Orientierung ist näherungsweise gegeben durch das Verhältnis der Spannung zu kT. Da nun $\overline{\Delta u}$ proportional diesem Winkel ist, geht es mit $1/kT$. Nun gibt es ein mittleres Temperaturgebiet (bei α-Fe von etwa 0–200 °C), in dem die oben beschriebenen Kräfte kurzer Reichweite abgeklungen sind, andrerseits die Snoekwolke der sich bewegenden Versetzung noch nicht durch fortschreitendes Drehen der Dipole nachfolgen kann. Dann muß eine Schubspannung $\Delta\tau$ die ganze Arbeit leisten, die zur Überwindung von $\overline{\Delta u}$ notwendig ist. Also gilt

$$\Delta\tau\, b \cdot 2r_0 = -\overline{\Delta u}.$$

Da sowohl r_0 wie Δu proportional $1/T$ sind, wird $\Delta\tau$ in dem genannten T-Bereich von T unabhängig und proportional mit c. So ist für Fe $\Delta\tau = 45$ kp/mm^2 je Atomprozent C. Bei höheren Temperaturen folgt die Snoekwolke immer mehr der laufenden Versetzung, weshalb $\Delta\tau$ schnell auf Null abnimmt.

8.6. Vielkristalline Plastizität

Auch die Korngrenzen sind Hindernisse, vor denen sich die wandernden Versetzungen aufstauen. Das dabei in das benachbarte Korn übergreifende Spannungsfeld erzeugt aber in diesem neue Gleitbänder, und zwar zeigen Zugversuche an Zweikristallen von J. LIVINGSTON und B. CHALMERS [19], daß gerade das Gleitsystem betätigt wird, in dem die von der Aufstauung herrührende Schubspannung am größten ist. Dieses Gesetz wurde von E. MACHERAUCH [20] auch für Vielkristalle bestätigt. Dabei bleibt der Zusammenhang der Korngrenzen zunächst erhalten, erst nach einer Deformation von etwa 40% werden sie im Mikroskop unsichtbar.

Somit müssen die Formänderungen ε benachbarter Körner durch geeignete Ausbildung ihrer Gleitsysteme einander angepaßt sein. Angefangen bei unverformtem Material mit statistischer Orientierungsverteilung der Körner geschieht das in verschiedenen Stadien.

An gut ausgeglühtem Ni (0,017% C) mit einem Korndurchmesser $D = 0{,}15$ mm (ähnlich auch an Cu) fanden C. SCHWINK, G. ZANKL und D. KNOPPIG [21], vor allem aus magnetischen Daten die in der Tabelle dargestellte Bereichseinteilung, wobei nicht wie bei Einkristallen die Festigkeitszunahme $d\sigma/d\varepsilon$, sondern vielmehr die Größe $d^2\varepsilon/d\sigma^2$ oft näherungsweise konstant ist.

Einleitungsbereich	Bereich 1	Bereich 2	Bereich 3
$0 \ldots \varepsilon_0 \ldots \varepsilon_1$	$\varepsilon_1 \ldots \varepsilon_2$	$\varepsilon_2 \ldots \varepsilon_3$	$\varepsilon_3 \ldots$
Mehrfachgleitung in einzelnen Körnern	Mehrfachgleitung in allen Körnern	Einfachgleitung im Innern aller Körnergleitbänder	Einfachgleitung, Gleitbänder und Gleitbandgruppen. Quergleitung
Gleitlinienlänge gleich dem Korndurchmesser		Gleitlinienlänge wird kleiner als der Korndurchmesser	

Für die Theorie erhebt sich zunächst die Frage, wie man die Verfestigungskurven der einzelnen Kristallite, d.h. die Funktionen $\tau = \tau(a)$, mitteln soll, um die Beziehung $\sigma = \sigma(\varepsilon)$ des Vielkristalls zu erhalten. E. KRÖNER [22] hat hierfür ein exaktes Verfahren angegeben, das berücksichtigt, daß schon bei kleinen Differenzen in der tensoriellen Verformung der einzelnen Körner starke Eigenspannungen in der Umgebung der Korngrenzen auftreten. Daher wird schon nach Verformungen von 10^{-3} der Tensor ε überall gleich sein müssen. Näherungsweise überlegt man, daß für die einzelne Gleitung das Verhältnis $\mu = \tau/\sigma = \sin\chi \cos\lambda$ (χ und λ sind die Winkel zwischen σ-Richtung und Gleitebenennormale bzw. Gleitrichtung) nur Werte zwischen 0,5 und 0,27 haben kann. (Spezielle

Mittelwerte nach G. SACHS, wobei eine orientierungsunabhängige Einkristallkurve angenommen wird, für μ^{-1} sind 2,24, nach G. J. TAYLOR 3,06). Daher wählt SCHWINK im Einleitungsbereich den günstigsten Wert $\mu^{-1} = 2$, später einen von der Zahl z der betätigten Gleitsysteme abhängenden Wert, für $z = 1$ $\mu^{-1} = 2{,}24$, für größere z größere Werte.

Im Einleitungsbereich ist das Fließen inhomogen, nämlich auf einzelne große, von kleineren umgebene Körner beschränkt. Hier betätigen sich zunächst einzelne Quellen, die eine Gleitlinie mit n Versetzungen erzeugen, und zwar so lange, bis die nach der Formel von LEIBFRIED (vgl. 8.3.) für einen Laufweg $D/2$ berechnete Rückspannung (plus der Schneidespannung σ_s) gleich der äußeren Spannung ist. Dann treten neue Quellen und damit neue Gleitlinien auf, wobei n sich elektronenmikroskopisch zu etwa 30 ergibt. Als Spannung des Gleitbeginns σ_0 wird diejenige definiert, bei der in den größten Körnern die ersten Gleitlinien voll ausgebildet zu sehen sind. Das zugehörige ε ist dann $\approx 5 \cdot 10^{-5}$. Aus der genannten Formel berechnet sich dafür (mit $\sigma_s = 0{,}2$), daß $\sigma_0 \sim D^{-1}$ ist und für $D = 0{,}15$ mm den Wert $0{,}4$ kp/mm² annimmt. Nach E. MACHERAUCH folgt die Temperaturabhängigkeit von σ_0 der nach Abb. 67 für Metalle kleiner Stapelfehlerenergie (z.B. Cu) geltenden Theorie von SEEGER, wobei der abfallende Bereich zwischen $T = 190$ und $210\,°$K liegt.

Von Beginn des Bereichs 1 ab, also oberhalb $\varepsilon = 10^{-3}$, treten in allen Körnern Gleitlinienspuren auf und die Dehnung ist makroskopisch nahezu homogen. Offensichtlich gilt hier schon die oben erwähnte Forderung KRÖNERS. Dann existiert ein definierter Faktor μ und es wird (vgl. 8.3) die von der Aufstauung der n Versetzungen herrschende Spannung:

$$\sigma\,\mu = \tau = \frac{G\,b\,n}{2\,\pi}\,\sqrt{N'},$$

wobei gilt:

$$\frac{\mathrm{d}\varepsilon}{z\,\mu} = \mathrm{d}\,a = L\,n\,b\,\mathrm{d}\,N'$$

(n Gleitstufenhöhe, L Versetzungslaufweg, N' Flächendichte der Versetzungsquellen.) Im Bereich 1 ist $L = D/2 = $ const, so daß die Integration und Elimination von N' ergibt:

$$\sigma = \frac{G}{\mu\,\pi}\,\sqrt{\frac{n\,b}{4\,\mu\,z}}\,\sqrt{\frac{2\,\varepsilon}{D}} = C\,(z)\,\sqrt{\frac{2\,\varepsilon}{D}}\,.$$

Aus den an Ni beobachteten Werten $z = 3$ (gegen Ende des Bereichs 1 : $z = 1{,}5$), $n = 30$, erhält man

$$C\,(z) = 8{,}94 \quad \text{bzw.} \quad 12{,}63 \text{ kp mm}^{-3/2}.$$

Daraus für $\varepsilon = \varepsilon_1 = 10^{-3} : \sigma = \sigma_1 = 1{,}03$ (experim. 1,4) kp/mm² und

$$\left.\frac{\mathrm{d}\varepsilon}{\mathrm{d}\sigma}\right|_{\varepsilon_1} = 1{,}95 \text{ (experim. 1,9) } 10^{-3}\text{ (kp/mm}^2)^{-1}\,.$$

Andrerseits wird für $\varepsilon = \varepsilon_2 = 6 \cdot 10^{-3}$

$$\frac{\mathrm{d}\varepsilon}{\mathrm{d}\sigma}\bigg|_{\varepsilon_2} = 3{,}35 \ (\text{experim. } 2{,}9) \ 10^{-3} \ (\text{kp/mm}^2)^{-1}.$$

Wie man sieht, rührt die Krümmung der Verfestigungskurve (Abnahme der Verfestigung) in Bereich 1 davon her, daß die Zahl der aktiven Gleitelemente z abnimmt.

In Bereich 2 ist durch die ständige Bildung von Lomer-Cottrell-Hindernissen die Größe L kleiner als $D/2$ geworden, so daß nunmehr L eine Funktion von ε ist. Dagegen kann $C(z)$ als konstant betrachtet werden. Aus Gleitlinienbeobachtungen entnimmt man (ähnlich wie in Bereich II der Einkristalle) die folgende empirische Funktion

$$L(\varepsilon) = c \, \frac{(\varepsilon - \varepsilon^*)^{1/2}}{(\varepsilon + \varepsilon^*)^{1/2} - \varepsilon^{*1/2}}.$$

Setzt man dies ein und integriert, so erhält man für $\mathrm{d}\varepsilon/\mathrm{d}\sigma$ die experimentell beobachtete lineare Abhängigkeit von σ. Es wird nämlich

$$\sigma = \frac{C^2}{\sqrt{c}} \, \sqrt{\varepsilon + \varepsilon^*},$$

wobei $c = 1{,}0 \cdot 10^{-2}$ mm und $\varepsilon^* = 2{,}4 \cdot 10^{-2}$ sein muß. Bei $\varepsilon = \varepsilon_2 = 4{,}5 \cdot 10^{-2}$ ist $\mathrm{d}\varepsilon/\mathrm{d}\sigma$ auf 4,5 (experim. 4,3) 10^{-3} (kp/mm^2)$^{-1}$ gestiegen.

Bei σ_3 setzt nach den Gleitlinienbeobachtungen die thermisch aktivierte Quergleitung ein. Dementsprechend ist σ_3 unabhängig von D und hängt ebenso von T ab wie das an Ni-Einkristallen von P. HAASEN sowie S. MADER u. a. gemessene τ^{III}. Die vorhergehende Rechnung ergibt (bei 20 °C) $\sigma_3 = 13{,}6$ (experim. 14,3) kp/mm^2, während ein nach G. SACHS gemittelter Einkristall beim gleichen ε ein $\sigma \approx 1{,}0$ kp/mm^2 hätte. Nach dem Vorhergehenden ist der Unterschied eine Folge der im Vielkristall wesentlich stärkeren Versetzungsaufstauungen durch die Korngrenzen. Von σ_3 ab ist die Verfestigung wie im Einkristall wesentlich durch die Quergleitung bestimmt, daher sind hier nach A. KOCHENDÖRFER und E. MACHERAUCH die Vielkristall-Verfestigungskurven verschiedener Korngröße und eine Einkristallkurve, bei der $2{,}24 \cdot \tau$ gegen $a/2{,}24$ aufgetragen ist, nahezu parallel.

Wie kann man nun die für einseitigen Zug bestimmte Verfestigungskurve auf dreiachsige, durch den Tensor σ_{ik} gegebene Spannungszustände übertragen? Mit welcher plastischen Deformation $\mathrm{d}\varepsilon_{ik}$ reagiert der vielkristalline Werkstoff auf eine Vergrößerung $\mathrm{d}\sigma_{ik}$ der angelegten Spannung? Der Verfestigungszustand, der dies bewirkt, d.h. die Gesamtheit der Versetzungen und sonstigen Gitterbaufehler ist entstanden aus dem vorausgegangenen „Deformationsweg" des Werkstoffs, definiert durch das Integral $\int_0^t \dot{\varepsilon}_{ik} \, \mathrm{d}t$. Wenn man dabei, wie üblich, eine konstante De-

13*

formationsgeschwindigkeit $\dot{\varepsilon}_2 \approx 10^{-6}\,\mathrm{sec}^{-1}$ (ε_2 ist die zweite, die Gestaltsänderung betreffende Invariante von ε_{ik}) voraussetzt, kann der Deformationsweg ebenso wie der zugehörige Spannungsweg durch eine Kurve in dem sechsdimensionalen Bildraum dieser Tensoren (der sich in speziellen Fällen auf einen zweidimensionalen redzuiert vgl. [23]) dargestellt werden.

Nun machen wir die vereinfachende Annahme, daß der Materialzustand nicht nur bei Beginn, sondern auch während der ganzen Verformung isotrop ist. Dann muß nämlich $\mathrm{d}\varepsilon_{ik}$ parallel $\mathrm{d}\sigma_{ik}$ sein, was in der sog. Inkremententheorie von A. REUSS und W. PRAGER in der Form $\mathrm{d}\varepsilon_{ik} = \varphi\,\sigma_{ik}\,\mathrm{d}\sigma_2$ wiedergegeben wird. Darin ist

$$\sigma_2 = [(\sigma_{11} - \sigma_{22})^2 + (\sigma_{22} - \sigma_{33})^2 + (\sigma_{33} - \sigma_{11})^2 + \tau_{23}^2 + \tau_{31}^2 + \tau_{12}^2]^{1/2}$$

die Wurzel aus der sog. Gestaltänderungsenergie (zweite Invariante von σ_{ik}). Der Faktor φ ist eine Funktion des Verfestigungszustands, und zwar, da dieser isotrop sein soll, allein der Invarianten des Tensors der vorausgegangenen plastischen Deformation – nicht mehr der Einzelheiten des Verformungswegs. Die der Volumänderung proportionale Invariante ε_1 kommt dabei gegenüber ε_2 meist nicht in Betracht. Damit wird

$$\varphi = \varphi(\sigma_2) = \frac{1}{\sigma_z}\frac{\mathrm{d}\varepsilon_z}{\mathrm{d}\sigma_z},$$

wo σ_z und ε_z die beim einachsigen Versuch bestimmten Spannungen und Dehnungen sind. Der Beginn der plastischen Deformation ist durch σ_2 = const festgelegt (sog. Gestaltsänderungshypothese).

Die vorausgesetzte Isotropie fordert nicht nur das Fehlen einer Textur, sondern auch gleiche Größe von latenter und primärer Verfestigung, die sich daran zeigt, daß beim Einkristallzugversuch keine Überschreitung der symmetrischen Orientierung stattfindet. Näherungsweise trifft das für Cu bis 10 % Dehnung zu [23], während schon für α-Messing stärkere Abweichungen auftreten.

8.7. Verformungstexturen

Unter Textur eines vielkristallinen Werkstücks [5] versteht man die Statistik der kristallographischen Orientierungen seiner Körner bzw. Subkörner. Anisotrope Texturen entstehen bei der Erstarrung von Schmelzen in der Nähe ihrer Oberfläche (Stengelkristallisation), bei der Bildung von Kristallen aus dem Dampf sowie aus Elektrolyten und durch einseitige gerichtete Verformung. Hier sollen nur die Walztexturen besprochen werden.

Allerdings muß betont werden, daß die Textur zwar experimentell einfach zu ermitteln ist, aber nur wenig Auskunft über das Gefüge der stark verformten Zustände gibt, insbesondere nichts aussagt über den

Zusammenhang der verschieden orientierten Bereiche. Beim mittelstark verformten Einkristall kennt man diesen Zusammenhang in den Knickbändern (vgl. 9.1.) und Striemen (9.2.).

In kubisch-flächenzentrierten Legierungen kann man zwei Texturtypen unterscheiden, die nach Walzgraden $> 70\%$ (gemessen als relative Dickenabnahme des Blechs) sichtbar werden (vgl. F. HAESSNER [24]):

A. Der Messingtyp, auftretend, wenn die Stapelfehlerenergie kleiner als 35 erg/cm^2, also die Aufspaltung der Versetzungen genügend groß ist, aber auch bei reinem Cu und Au nach Walzen bei tiefen Temperaturen, enthält zwei symmetrisch liegende Orientierungen, nämlich (110) in der Walzebene und $[1\bar{1}2]$ sowie $[\bar{1}12]$ in der Walzrichtung.

Nun ist, wie man etwa an einer stereographischen Projektion der Gitterebenen und Richtungen sieht, die Walzebene (110) symmetrisch zu zwei Gleitebenen, nämlich (111) und $(11\bar{1})$, die Walzrichtung $[1\bar{1}2]$ ist die Winkelhalbierende der auf (111) liegenden Gleitrichtung $[0\bar{1}1]$ und der auf $(11\bar{1})$ liegenden $[101]$. Ebenso ist $[\bar{1}12]$ Winkelhalbierende von $[\bar{1}01]$ und $[011]$. Man hat also die beiden Lagen des Messingtyps zu verstehen als Ergebnis je einer Doppelgleitung, die auf nächstbenachbarten Gleitelementen erfolgt und daher stabil ist. Durch den beim Walzen wirkenden Druck senkrecht zur Walzebene wird die Symmetrale der beiden betätigten Gleitebenen in die Waldebene, durch den Zug in der Walzrichtung werden die beiden winkelhalbierenden Richtungen (und zwar wesentlich schärfer) in die Walzrichtung hineingedreht. Dabei handelt es sich um ein nach extremen Walzgraden sich dynamisch einstellendes Gleichgewicht als Resultat von Doppelgleitung, Quergleitung und Zwillingsbildung. Da die letztere wesentlich inhomogen ist, trägt sie zum Endergebnis ebenso wenig bei wie bei der analog zu betrachtenden ferromagnetischen Hysteresis die Wandprozesse gegenüber der Spindrehung, die als stetiger Vorgang in sehr hohen Feldern allein noch maßgebend ist.

Wenn man Einkristalle, die schon eine der Orientierungen des Messingtyps besitzen, walzt, dann bleiben sie weitgehend homogen, erhalten also keine mehrfache Orientierung. Obgleich sie ebenso wie anders orientierte Kristalle verfestigt werden, rekristallisieren sie kaum.

B. Der Kupfertyp, auftretend in reinem Cu, Au, Ni, Al bei höheren Temperaturen [25], enthält eine wesentlich größere Orientierungsmannigfaltigkeit als der Typ A. Sie rührt zweifellos her von zusätzlichen Verformungsmechanismen, z.B. Zwillingsbildung sowie instabilen Doppelgleitungen, z.B. eine an Einkristallen beobachtete [26] nach $[\bar{1}10]$ und $[110]$ mit (001) als gemeinsamer Ebene, $[100]$ als Mittelorientierung.

In rz.k. Metallen, wie α-Fe und W, wird eine Walztextur beobachtet, bei der (001) Walzebene und $[110]$ Walzrichtung ist.

In hexagonalem Zn und Ti findet sich (000.1) als Walzebene und $[10\bar{1}.1]$ als Walzrichtung.

8.8 Obere und untere Streckgrenze

In zahlreichen Substitions- und Interstitions-Mischkristallen (z. B. α-Fe-C, Cu–Zn) besitzt die Verfestigungskurve einen „Fließbereich", innerhalb dessen die Spannung einen (oft mit fast unstetigen kleinen Schwankungen) konstanten Wert σ_{su} (untere Streckgrenze) besitzt. Vorher muß die Spannung nahezu, wenn auch nicht vollständig elastisch den höheren Wert σ_{so} (obere Streckgrenze) erreicht haben.

Wie das Mikroskop zeigt, verläuft die plastische Verformung im Fließbereich inhomogen, insofern als an einzelnen wenigen Punkten Keime mit einem ε entstehen, das gleich der Länge des Fließbereichs in der Verfestigungskurve ist, und als „Lüdersbänder" sich mit einer durch die Maschine bedingten Geschwindgkeit ausbreiten. Bei mehrachsiger Beanspruchung spricht man auch von Fließfiguren. σ_{so} ist die zur Keimbildung nötige mittlere Spannung, während σ_{su} zum Wachsen der Keime erforderlich ist. Ebenso wie die zur Bildung eines Martensitkeims nötige Unterkühlung größer ist als die zu seiner Ausbreitung, ist auch σ_{so} größer als σ_{su}. (Die tatsächliche Keimbildungsspannung übersteigt auch σ_{so} stark, wenn die Keime, wie meist, innerhalb der Probenfassung liegen. Bei sehr homogener Belastung wird σ_{so}, wie zu erwarten, wesentlich höher gemessen.)

Atomistisch wird die obere Streckgrenze nach A. H. COTTRELL zunächst als die Spannung erklärt, durch die die Versetzungen von den sie blockierenden Fremdatomen losgerissen werden. Nach 8.5. handelt es sich bei tieferen Temperaturen meist um Einzelatome im Kern der Versetzungen, bei höheren dagegen um „Cottrellwolken", d. h. im Spannungsfeld der Versetzungen angesammelte Fremdatome (z. B. Cu–Zn) oder um „Snoekwolken" (z. B. Fe–C), d. h. in das Spannungsfeld hineingedrehte Fremdatomdipole.

Die Versetzungen können diese Hindernisse nach J. J. GILMAN durch Schneiden oder auch durch Quergleitung überwinden. Im letzteren Fall tritt die in 8.2. beschriebene „doppelte Quergleitung" ein, die zu einer Multiplikation der Versetzungen führt, aber auch beim Schneiden ist anzunehmen, daß mit zunehmender Abgleitung die Anzahl N und mittlere Geschwindigkeit $\bar{v}$ der Versetzungen schnell zunimmt. Damit werden die formalen Beziehungen im wesentlichen gleich den nach P. HAASEN u. a. [27] für das plastische Fließen von Ge und Si geltenden:

Ganz allgemein ist

$$\dot{\varepsilon} = b\,N\,\bar{v}.$$

Da das Wandern der Versetzungen auf einem thermisch aktivierten Vorgang beruht, dessen Aktivierungsenthalpie ΔH wenig von τ abhängt, gilt

$$\bar{v} \approx B\tau_s \approx B_0\, e^{-\Delta H/kT}\, \tau_s.$$

Zu τ_s kommt ein τ_G, das wie in Bereich II (8.3.) $\sim \sqrt{N}$ gesetzt wird. Somit wird

$$\tau = \tau_s + \tau_G = \frac{\dot\varepsilon}{N\,b\,B} + A\,\sqrt{N}\,.$$

Man erhält damit als Funktion von N und damit auch nahezu von ε (bei konstant gehaltenem $\dot\varepsilon$) die in Abb. 68 gezeichnete Kurve, die ein Maximum besitzt. Wenn die Spannung homogen verteilt und die Zugmaschine genügend hart, d.h. $d\varepsilon/d\tau$ der Maschine nahezu Null ist, kann diese „lokale Verfestigungskurve" ausgemessen werden. In einer weichen Maschine dagegen führt eine negative Verfestigung der Probe zu einer Instabilität, insofern als eine örtliche kleine Deformation nicht durch einen Rückgang von τ aufgefangen wird, sondern sich bei konstantem τ in Form eines Lüdersbandes ausbreitet.

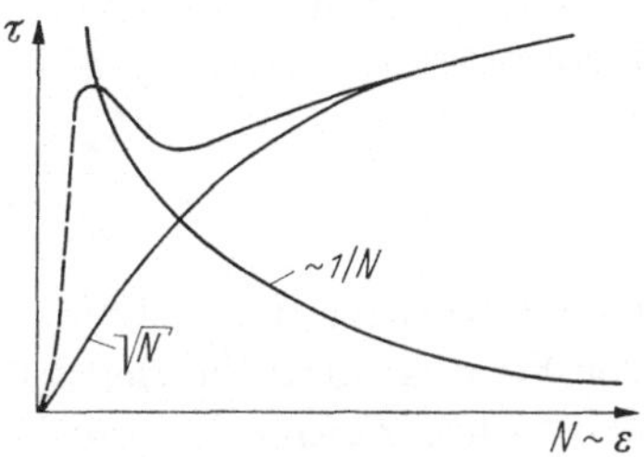

Abb. 68. Verlauf der kritischen Schubspannung bei Versetzungsmultiplikation (nach HAASEN).

8.9. Der spröde Bruch

Metalle hoher Reinheit (Cu, Al, Fe) schnüren nach A. KOCHENDÖRFER [4] im Zugversuch bis zu einer feinen Spitze mit praktisch verschwindendem Querschnitt ein, während Beimengungen zu einer meßbaren Festigkeit dieses „Verformungsbruchs" führen. Nach A. H. COTTRELL u. a. ist dieser Bruch auf die Ansammlung von Leerstellen zu rißartigen Hohlräumen zurückzuführen, die den Querschnitt verringern, und damit die Fließfestigkeit herabsetzen.

Beim spröden Bruch dagegen sind nur bei genauester Untersuchung Spuren eines vorausgehenden Fließens sichtbar. Da die von außen anzulegende Reißspannung σ_{RS} für die Energie γ der neu zu bildenden Oberfläche nicht ausreicht, müssen nach C. ZENER und A. H. COTTRELL vorher durch plastisches Fließen n Versetzungen aufgestaut sein, wodurch nach 8.1. die Spannung auf das n-fache vermehrt wird. So entsteht ein wachstumsfähiger Riß, wenn gilt

$$n\,b\,\sigma_{RS} = 2\,\gamma\,.$$

Diese Aufstauung muß ihre Spitze an einer Korngrenze haben, an der nach den mikroskopischen Bildern der Riß beginnt, sie benötigt eine Spannung σ_{gr} nach der Bedingung

$$n = \frac{\sigma_{gr}\,D}{4\,b\,G}\,.$$

Dabei ist $\sigma_{gr} = \sigma_{RS} - \sigma_K$, wo σ_K ein von der Korngröße D unabhängiger

Mittelwert über die der äußeren Spannung entgegenwirkenden Eigenspannungen in der Nähe der Korngrenzen ist. So erhält man die Cottrellsche Formel

$$\sigma_{RS}(\sigma_{RS} - \sigma_K) = \frac{8\gamma G}{D} = \frac{K_s^2}{D}.$$

Bei kleinen D ist demnach $\sigma_{RS} = K_s/D$, bei großen D dagegen wird $\sigma_{RS} = \sigma_K$.

Bei einem weichen Stahl mit 0,15 Gew.-% C ergab sich nach N. J. PETCH [3]

$$K_s = 2,5\ \text{cm}^{1/2}\ \text{kp/mm}^2,$$

$$\gamma = 10^4\ \text{erg/cm}^2.$$

Dieser Wert ist etwa zehnmal größer als die normale Oberflächenenergie von Fe, was auf die bei der Rißbildung in seiner Umgebung zu erzeugende plastische Deformation zurückgeführt wird. γ nimmt mit T ab. Die Zahl n wird 120, wobei die aufgestaute Gruppe auf 3–5 benachbarte, im Elektronenmikroskop sichtbare Gleitlinien verteilt sein kann [28].

Der Sprödbruch tritt nahezu unstetig beim Unterschreiten einer bestimmten Temperatur T_s ein, die sich aus der Konkurrenz des wenig von T abhängenden σ_{RS} mit der stark mit T abnehmenden Fließgrenze ergibt. Zum Beispiel hat der obige Stahl für $D = 1,2$ mm ein $T_s = -147\,°\text{C}$, dagegen zeigen die fl.k. Elemente, auch die austenitischen Stähle, übereinstimmend mit einer theoretischen Abschätzung keinen Sprödbruch.

Unter Alterung (genauer Reckalterung) des C- und N-haltigen α-Fe versteht man folgendes: Die durch den Kerbschlagversuch als Funktion der Temperatur gemessene Zähigkeit geht beim Unterschreiten der Übergangstemperatur T_s von der „Hochlage", in der ein Verformungsbruch eintritt, in die „Tieflage" mit sprödem Bruch über. Dieses T_s steigt nun nach Verformen und Auslagern während Tagen, bei 250 °C schon nach Minuten und man kann ΔT_s als Maß der Alterung benützen. Erst beim Glühen im Temperaturgebiet der Selbstdiffusion verschwindet sie wieder. Zum Beispiel ist für C-arme Stähle ($\approx 0,01\%$ C) $\Delta T_s \approx 50°$. Parallel mit der Alterung bildet sich ein Fließbereich mit oberer und unterer Streckgrenze aus. Nach W. KÖSTER [29] zeigt sich empirisch, daß der die Alterung herbeiführende Vorgang der gleiche ist, der das in 6.3. beschriebene Dämpfungsmaximum Cc (sog. CWP) erzeugt. Demnach hat die Versprödung beim Altern ihre Ursache darin, daß die Versetzungen durch andiffundierende C-Atome blockiert werden, was die Fließgrenze erhöht. Nach Befunden von E. MACHERAUCH u.a. [30] wird diese Diffusion wesentlich gesteigert durch Leerstellen, die bei der nicht konservativen Jogwanderung während des Reckens selbst entstehen.

Literatur

[1] Vgl. [1] von Kapitel 4.

[2] Grundlagen des Festigkeitsverhaltens von Metallen. Akademie-Verlag, Berlin 1965.

[3] Fracture. Herausgeber AVERBACH u.a., New York/London 1959.

[4] KOCHENDÖRFER, A.: Physik. Grundlagen der Formänderungsfestigkeit. 2. Aufl. Düsseldorf 1967.

[5] WASSERMANN, G., u. J. GREVE: Texturen metallischer Werkstoffe. Springer 1962.

[6] CREEP: Rep. Sympos. London, Iron and Steel Inst. London 1961.

[7] SEEGER, A.: Hdbch. d. Physik 7, 1 (1955); 7, 2 (1958).

[8] BOČEK, M.: Phys. stat. sol. 3, 2 (1963) und 169 hexag. Met.

[9] FRANK, W.: Phys. stat. sol. 1967 [Dipolwirkung, Fe].

[10] SCHMID, G.: Phys. stat. sol. 18, 829 (1966) [Kriechversuche].

[11] DIEHL, J., u. G. P. SEIDEL: Phys. stat. sol. 17, 43 (1966) [Verfestigung dch. Seegerzonen].

[12] WOLF, H.: Z. Naturf. 15a, 180 (1960) [Quergleitung].

[13] ESSMANN, U.: Phys. stat. sol. 12, 707 und 723 (1965) [El. mikrosk. Bilder].

[14] SCHOTTKY, G., A. SEEGER, u. V. SPEIDEL: Phys. stat. sol. 9, 231 (1965) [Quergl. von Zn].

[15] WILKENS, M., u. B. OBST: Phys. stat. sol. 1967 [Versetzungsaufstauung].

[16] ŠESTÁK, B., u. S. KADEČKOWA: Phys. stat. sol. 16, 89 (1966) [Versetzgn. in Fe].

[17] AHLERS, M., u. P. HAASEN: Phys. stat. sol. 10, 485 (1965) [γ von Au].

[18] PEISSKER, E.: Acta Met. 13, 419 (1965) [γ von Cu und Ge].

[19] LIVINGSTON, J., u. B. CHALMERS: Acta Met. 5, 322 (1957) [Zweikristalle].

[20] MACHERAUCH, E., u. D. MUNZ: Phys. stat. sol. 3, 2357 (1963) [Vielkristalle].

[21] SCHWINK, CH., G. ZANKL, u. D. KNOPPIG: Phys. stat. sol. 2, 241 (1962); 8, 457 und 729 (1965) [Vielkristalle].

[22] KRÖNER, E.: Acta Met. 9, 155 (1961) [Theorie des Vielkrist.]

[23] DEHLINGER, U., J. DIEHL, u. J. MEISSNER: Z. Naturf. 11a, 37 (1956) [Mehrachsiger Spannungszust.].

[24] HAESSNER, F.: Z. Metallkde. 53, 403 (1962); 54, 79 (1963) [Walztexturen].

[25] BUNK, W.: Z. Metallkde. 56, 645 (1965) [Al-Texturen].

[26] CALNAU, E. A., u. C. J. CLEW: Phil. Mag. 41, 2098 (1956) [Doppelgleitg.].

[27] SCHROETER, W., H. ALEXANDER, u. P. HAASEN: Phys. stat. sol. 7, 983 (1964) [Ge].

[28] ARMSTRONG, R. W., u. A. K. HEAD: Acta Met. 13, 759 (1965) [Bruch].

[29] KÖSTER, W., u. G. KAMPSCHULTE: Arch. f. d. Eisenhüttenw. 32, 809 (1961) [Alterung].

[30] MUNZ, D., u. E. MACHERAUCH: Z. Metallkde. 51, 552 (1966) [Alterung].

[31] SCHWINK, CH.: Phys. stat. sol. 18, 557 (1966) [Aktive Gleitlänge].

[32] VÖHRINGER, O., u. E. MACKERAUCH: Z. Metallkde. 58, 21 (1967); Phys. stat. sol. 19, 793 (1967) [Cu–Sn].

[33] LUCAŠ, P., u. Z. TROJANOWÁ: Z. Metallkde. 58, 54 (1967) [Gleitung von Cd].

[34] GLEITER, L., u. E. HORNBOGEN: Z. Metallkde. 58, 99 und 101 (1967) [Quergleitung an Partikeln].

9. Das Ausheilen des gestörten Gefüges

9.1. Erholung

Unter Erholung faßt man alle die Fließfestigkeit, aber auch den elektrischen Widerstand herabsetzenden Vorgänge mit Ausnahme der Rekristallisation zusammen, nämlich Umordnung und Verschwinden von

Punktfehlern sowie Umordnung der bei vorhergegangenem Fließen entstandenen und gewanderten Versetzungen. Hierher gehört auch das in 8.2. besprochene Quergleiten der Versetzungen, das oft dynamische Erholung genannt wird, da es nur unter einer äußeren Schubspannung vor sich geht. Im übrigen ordnen sich die Versetzungen spontan so um, daß dabei nach 4.4. die Spannungsenergie abnimmt. In sehr gleichmäßig, nicht zu stark verformten Zn- und Al-Kristallen findet man vollständige Erholung, d.h. Rückgang der kritischen Schubspannung auf den Anfangswert, was auf eine Rekombination ganzer Versetzungen entgegengesetzten Vorzeichens durch Klettern und Quergleiten zurückzuführen ist.

Wesentlich unter diesem energetischen Einfluß, aber noch während der Verformung bilden sich die von R. W. CAHN aufgefundenen Knickbänder (kink-bands). Es sind dies Scheiben von 1–10 μm Dicke quer zur Gleitrichtung, in denen die Richtung der Gleitlinien weniger von der bei Beginn der Verformung vorhandenen abweicht als in der Umgebung und die von ebenen Wänden aus parallelen Stufenversetzungen je eines Vorzeichens begrenzt werden. In Teil I und II der Verfestigungskurve scheinen sich diese Bänder zu bilden durch Anschluß wandernder Stufenversetzungen an schon vorhandene Feinkorngrenzen, die sich damit über den ganzen Querschnitt ausbreiten, in Teil III nach A. SEEGER dadurch, daß bei der Quergleitung der Schraubenversetzungen die Stufenteile der Versetzungsringe übrigbleiben und sich zu Wänden durch „Zellbildung" in der Quergleitebene anordnen.

Punktförmige Baufehler, die nicht im thermodynamischen Gleichgewicht, und daher erholungsfähig sind, entstehen durch Abschrecken der bei hoher Temperatur im Gleichgewicht befindlichen Fehler, durch plastische Verformung (vgl. 8.1.) sowie durch Bestrahlung, u.a. mit schnellen Neutronen und Elektronen (radiation damage). Als Wignerenergie E_d bezeichnet man dabei die kinetische Energie, die ein Gitteratom mindestens haben muß, damit es seinen Platz verlassen kann, als Grenzenergie E_G diejenige, mit der ein stoßendes Teilchen gerade noch die Energie E_d auf das gestoßene Atom überträgt. E_G ist für Elektronen 0,45 MeV, für Deuteronen 185 eV und für Neutronen 350 eV. Da man meist mit Elektronen von ≈ 1 MeV und mit Neutronen von ≈ 15 MeV arbeitet, hat man es im letzteren Fall mit ausgedehnten „Verlagerungskaskaden" zu tun. Da die Geschwindigkeit der stoßenden Teilchen stets groß gegen die Schallgeschwindigkeit ist, wird relativ ganz wenig Energie durch Ausstrahlung dissipiert [1].

Unter den Ausgangszuständen für die Erholung der einfachste ist der abgeschreckte Zustand, der nach 4.2. nur Leerstellen sowie Doppelleerstellen enthält. Da die Aktivierungsenergie ihrer Wanderung verhältnismäßig hoch liegt, verschwinden sie nach Tab. 7 erst in Stufe III und IV der Einteilung von H. G. VAN BUEREN. Hier heilen auch die bei der Verformung entstandenen Leerstellen und Zwischengitteratome aus, soweit sie nicht nahe beieinander liegen, dadurch eine kleinere Aktivierungswärme für die Rekombination erhalten und schon in II b sich gegenseitig annihilieren.

Mit einer sehr empfindlichen Relaxationsmethode hat D. O. Thompson die Wanderungsenergie der Zwischengitteratome in Stufe III zu 0,64 eV für Cu gemessen. Ihre Konzentration war nur 10^{-16}, daher trafen sie kaum auf andre Zwischengitteratome, oft dagegen auf Versetzungen, längs deren Kern (pipeline) sie mit 0,42 eV wandern und paarweise rekombinieren. Ebenso konnte die Aktivierungsenergie der Befreiung eines Zwischengitteratoms von einer Versetzung zu 1,0–1,15 eV bestimmt werden.

Auch die übrigen Vorgänge in den Stufen I und II sind Rekombinationen von Frenkelpaaren. Die bei den tiefen Temperaturen dieser Stufen wirksamen Aktivierungswärmen sind kleiner als alle, die zum Wandern punktförmiger Fehler nötig sind. Daher rekombinieren hier die Baufehler in der Position, in der sie durch den äußeren Eingriff erzeugt wurden, während in den höheren Stufen mit einem vorhergegangenen Wandern zu rechnen ist. Es sei r der Abstand in den erzeugten Frenkelpaaren, dann ist nach G. Leibfried, W. Schilling und R. v. Jan [4, 5] zu unterscheiden ein Bereich A (umfassend bei Cu $\approx$ 100 Atomvolumina), in dem $r < r_0$. Der „Instabilitätsradius" r_0 ist dabei der Abstand, in dem ein Frenkelpaar keine Schwellenenergie braucht, um zu rekombinieren, also sofort nach Entstehung, sobald die überschüssige kinetische Energie an das Gitter abgegeben ist, wieder verschwindet. Als Funktion von r, wo $r > r_0$, geht diese Schwellenenergie asymptotisch in die Wanderungsenergie W_H der Hanteln (wie sie nach C. J. Meechan, A. Sosin, J. A. Brinkman und A. Seeger Stufe III entspricht) über, bei $r = r_2$ sei W_H nahezu erreicht. Das von r_2 umschlossene Volumen $P \approx 2$–$5 \cdot 10^4$ Atomvolumen heißt Paarvolumen. Das Volumen $P_1 = 5 \cdot 10^3$ Atomvolumen für $r = r_1$, innerhalb dessen die Schwellenenergie $\frac{1}{2} W_H$ ist, heißt Erholungsvolumen. Wie man sieht, umfaßt schon dann, wenn die Konzentration der Frenkelpaare $\approx 10^{-5}$ ist, P nahezu das ganze Kristallvolumen, man hat dann überhaupt keine isolierten Leerstellen und Hanteln mehr. In Stufe I heilen aus die Frenkelpaare mit $r < r_1$, in Stufe II die mit $r_1 > r < r_2$, während in I E nach W. Frank, A. Seeger und G. Schottky [6] auf ihren Gittergeraden frei bewegliche metastabile Crowdionen an Leerstellen ausheilen. Wären diese Senken nur diejenigen Leerstellen, aus denen die Crowdionen entstanden waren, so wäre die Reaktionsordnung des Ausheilens Eins, sie wäre Drei (dc/dt proportional der Konzentration der Crowdionen sowie der Senken, außerdem die Diffusionszeit proportional c), wenn die Senken statistisch verteilt wären, sie ist in Wirklichkeit Zwei, weil sowohl korrelierte wie statistisch verteilte Senken auf der Laufgeraden liegen.

Die relative Anzahl der in die genannten Bereiche fallenden Paare, welche die Stufenhöhe festlegt, ergibt sich aus einer genaueren Analyse der Stöße von primären und sekundären Teilchen. Hat das stoßende Partikel eine Energie $\approx E_d$, so kann entweder in einem Einzelstoß ein Frenkelpaar innerhalb des Bereichs P_1 gebildet oder aber nur Impuls und Energie von dem gestoßenen Atom an ein Nachbaratom übertragen werden, ohne daß dieses verlagert wird. Fällt dabei die Impulsrichtung nahezu mit einer dichtbesetzten Richtung (nach R. H. SILSBEE im k. fl. G. [110] und [100]) zusammen, so entsteht ein „fokussierter Stoß", oder Fokusson, der den Impuls weit in den Bereich P hinausträgt und dort durch eine Gitterstörung „eingefangen" wird, wobei ein Baufehler entsteht. Bei den dynamischen Crowdionen, die eine größere Anregungsenergie verlangen, fließt zusammen mit dem Impuls auch Materie in den genannten Richtungen. Wenn sie zur Ruhe kommen, entsteht eine Hantel oder eine zweite Art des Zwischengitteratoms, das statische Crowdion.

Außerhalb des Bereichs P_1 gelangt man nur durch die genannten Fokussierungen, zu den Paaren innerhalb P_1 tragen auch anfangs fokussierte und dann wieder defokussierte Stöße bei. Der Umfang der Bereiche A, P_1 und P hängt stark ab von der „freien Weglänge" eines stoßenden Partikels und diese wieder von dem beim Stoß wirksamen Potentialverlauf im Verhältnis zum Gitterabstand. So ist das Atom Au weniger leicht deformierbar als Cu, daher umfaßt Bereich A nahezu den ganzen Bereich P_1, und die Stufe I ist viel schwächer ausgeprägt als bei Cu. Andrerseits scheint die freie Weglänge in Al wesentlich größer als in Cu.

Die von den Neutronen angestoßenen Atome besitzen eine für viele Stöße ausreichende Energie. Bevor sie ganz zur Ruhe kommen, bleiben sie dabei nach J. A. BRINKMAN und A. SEEGER in einem begrenzten Bereich von 10–20 Å Durchmesser. In ihm werden Leerstellen und Zwischengitteratome erzeugt, die letzteren zum Teil als dynamische Crowdionen, in denen, wie oben erwähnt, Materie nach außen (über etwa 100 Å) abwandert. So entstehen die verdünnten (depleted) Zonen, die vermutlich schon bei etwa 20 °K sich in Leerstellenringe umordnen [12], jedoch erst in Stufe V mit einer Aktivierungsenergie, die etwas kleiner ist als die der Selbstdiffusion, verschwinden. Sie treten in Cu und Au, nicht jedoch in Al auf, bei dem infolge der größeren freien Weglänge der stoßenden Atome die Verteilung der Fehler viel homogener ist. Da diese Zonen von den Versetzungen geschnitten werden müssen, erhöht sich die primäre kritische Schubspannung proportional der Wurzel aus ihrer Anzahl und damit der Bestrahlungsdosis, ein Effekt, der nach etwa 30% Verformung fast vollständig verschwunden ist, da die Zonen durch das Schneiden zerstört werden.

9.2. Rekristallisation

Unter Rekristallisation versteht man Vorgänge, bei denen Groß-winkelkorngrenzen im verformten Gefüge entstehen [2]. Da auch Ein-kristalle, die geeignet verformt waren, rekristallisieren, ist gesichert, daß solche Korngrenzen tatsächlich neu gebildet und nicht etwa nur aus schon vorhandenen Bruchstücken zusammengefügt werden. Die Temperatur merkbarer Rekristallisation, bei der das Gefüge sich innerhalb einiger Minuten umbildet, fällt ungefähr zusammen mit der merkbarer Selbst-diffusion. Im einzelnen gibt es jedoch große Differenzen. So rekristalli-siert ein Einkristall, der gebogen ist, nach P. A. BECK bei viel tieferen Temperaturen als ein solcher, der gebogen und wieder zurückgebogen wurde. Auch von der Textur ist die Rekristallisationstemperatur in hohem Maß abhängig. Wenn man sehr reine Metalle bei etwa $-100\,°\mathrm{C}$ verformt, wird durch die dabei entstandenen und eingefrorenen Leerstellen die Selbstdiffusion so erhöht, daß bei der Verformungstemperatur und wenig darüber Rekristallisation im Verlauf von Tagen eintritt.

Gleichzeitig mit der Rekristallisation geht die Verformungsfestigkeit auf den tiefsten Wert herunter, was zeigt, daß die verfestigenden Ver-setzungen von den entstandenen Großwinkelgrenzen aufgesogen wurden. Da die letzteren kein Spannungsfeld besitzen, ist dabei Energie abgegeben worden. Außerdem wird auch das spezifische Volumen kleiner.

Im einzelnen unterscheidet man:

A. Die Rekristallisation in situ nach P. A. BECK [2]. Sie bildet sich unmittelbar aus den durch Zellbildung und Polygonisation nach R. W. CAHN entstandenen Subkörnern von etwa 2 µm Durchmesser dadurch, daß einzelne der diese umgebenden Feinkorngrenzen verschwinden und statt dessen Großwinkelgrenzen auftreten, die kornartige Bereiche von etwa 0,1 mm Durchmesser umschließen. Wie man sieht, wird dabei die Orientierung des verformten Zustands im Mittel kaum verändert. Das Wachstum der Subkörner wird durch eine schwache Zusatzverformung stark beschleunigt. Nach J. C. M. LI [8] kann man zeigen, daß in einer Verteilung von Subkörnern kleiner Orientierungsdifferenz Energie ge-wonnen wird, wenn infolge von Versetzungsverschiebungen sich einzelne Körner so drehen, daß die Verdrehungswinkel gegen ihre Nachbarn teil-weise kleiner, teilweise aber auch größer werden. Diese Vergrößerung kann kontinuierlich weitergehen, bis eine Großwinkelkorngrenze er-reicht ist.

B. Primäre Rekristallisation heißt die Bildung von Körnern mit Groß-winkelgrenzen, wenn ihre Orientierung stark verschieden von der des ver-formten Materials ist, in dem sie entstehen. Im Unterschied zu A ist da-für ein spezifischer Keimbildungsvorgang anzunehmen, dessen Mechanis-mus allerdings noch nicht bekannt ist. Die dadurch zunächst entstandenen

Körner vergrößern sich, indem die Korngrenzen in das verformte Volumen hineinwandern, ein Vorgang, der stark von der Orientierungsdifferenz und ganz wesentlich von kleinen Beimengungen abhängt. Zweifellos wird er (ähnlich der diskontinuierlichen Ausscheidung) durch eine Diffusion innerhalb der Korngrenze aufrecht erhalten, die ja in Großwinkelgrenzen wesentlich stärker als in Feinkorngrenzen ist und so das oft explosionsartige Wachstum der Rekristallisationskeime verständlich macht.

C. Sekundäre Rekristallisation nennt man ein Wachstum einzelner rekristallisierter Körner in die andern, schon primär rekristallisierten hinein. Dabei entstehen große Einzelkristalle, bei geeigneter Verformung und Temperung nahe unter dem Schmelzpunkt auch Einkristalle.

Besonders kennzeichnend, wenn auch noch nicht hinreichend erklärt, sind die Rekristallisationstexturen, von denen hier nur die in gewalzten Blechen auftretenden besprochen werden sollen. In fl.k. Metallen hat man drei Fälle:

a) Die rekristallisierte Textur deckt sich im Mittel mit der Walztextur. Dieser Fall tritt nur auf, wenn die Walztextur dem Kupfertyp angehört, z.B. bei reinem Al. Soweit zu erkennen, findet dabei eine Rekristallisation in situ statt.

b) Aus den Walztypen des Messing entsteht nach R. GLOCKER bei Ag und α-Messing eine verhältnismäßig scharfe, auf vier Lagen zurückführbare Textur mit (311) in der Walzebene und [112] in der Walzrichtung. Diese vier Orientierungen hegen aus den beiden Orientierungen des Messingtyps, die symmetrisch zu der Ebene senkrecht zur Walzebene und parallel der Walzrichtung sind, hervor durch eine Drehung um $\pm 31{,}5°$ mit der Walzrichtung als Drehachse. Nach Glühen bei höherer Temperatur wird die Textur regellos. Auch diese „Glockertextur" dürfte durch die Theorie von LI zu erklären sein, wobei besonders bemerkenswert erscheint, daß eine Orientierungsdifferenz von etwa 30° die kleinste ist, bei der eine Großwinkelgrenze mit ihren besonderen Wachstumseigenschaften auftritt.

c) Die Würfellage mit {100} in der Walzebene und ⟨100⟩ in der Walzrichtung tritt nur auf, wenn als Walztextur der Kupfertyp mit seinem komplizierteren Verformungsmechanismus vorlag, u.a. in reinem Cu und Ni sowie in den technisch wichtigen Mischkristallen Fe–Ni (Isoperm mit $\approx 70\%$ Ni). Und zwar zeigte sich bei Ni [9], daß die Würfellage zunächst neben andern Orientierungen, aber etwas früher als diese auftritt, bei weiterem Glühen auf höherer Temperatur, im Stadium der sekundären Rekristallisation, aber die anders orientierten Körner aufzehrt. Außerdem zeigt sich, daß auch die Keimbildung selbst bei hoher Temperatur ausschließlich in der Würfellage erfolgt.

Im Gegensatz zur Glockertextur kann die Würfellage nicht durch eine Rotation nach Lɪ aus der Walztextur hervorgehen, sie ist ja nicht in bezug auf die Walzlagen selbst, sondern nur durch Walzrichtung und Walzebene definiert. Soweit man sieht, bleibt nur die Möglichkeit eines im verformten Zustands praeformierten Keims, d. h. eines wahrscheinlich kleinen Bereichs mit Würfellage, der selbst wenig verzerrt, aber von stark verzerrten Bereichen umgeben ist.

In Versuchen von H. Aʜʟʙᴏʀɴ et al. [10] an verformten Al-Kristallen in denen mikroskopisch sichtbare ⟨100⟩- und ⟨111⟩-Bereiche auftreten, zeigte sich, daß die ersteren durch Klettern der Versetzungen sich frühzeitig erholten, dadurch mehr entfestigt als die ⟨111⟩-Bereiche, und damit imstande waren, in diese hineinzuwachsen. Die stärkere Erholungsfähigkeit der – in bezug auf vier Gleitrichtungen symmetrischen – ⟨100⟩-Lage mag davon herrühren, daß diese vier Gleitelemente nebeneinander betätigt werden und durch ständige Quergleitungen ineinander übergehen.

Daß in solchen Fällen Großwinkelgrenzen entstehen können, haben O. Bᴜᴄᴋ und U. Eꜱꜱᴍᴀɴɴ [11] experimentell gezeigt: Man findet an Cu-Kristallen, die bei sehr tiefen Temperaturen verformt wurden, häufig Striemen (striae), d.h. Bänder mit ausgeprägter sekundärer Gleitung von etwa 0,1 mm Dicke. Nun zeigte sich in einzelnen Fällen, daß der Orientierungsunterschied 25–32° betrug und daß im Elektronenmikroskop eine nahezu ebene und scharfe Grenzfläche, also eine Großwinkelgrenze, zwischen Band und übrigem Kristall zu beobachten war.

In rz.k. Legierungen, u.a. Fe–Si, bildet sich die „Gosstextur" mit $\{110\}$ in der Walzebene und ⟨100⟩ in der Walzrichtung.

Literatur

[1] Lᴇɪʙꜰʀɪᴇᴅ, G.: Bestrahlungseffekte in Festkörpern. Stuttgart: Teubner 1965.

[2] Aluminium, Herausgeber D. Aʟᴛᴇɴᴘᴏʜʟ. Berlin: Springer 1965.

[3] Effects des Rayonnements sur les Semiconducteurs. Dunod-Verlag 1965.

[4] Dɪᴇʜʟ, J., u. W. Sᴄʜɪʟʟɪɴɢ: Proc. Int. Conf. Peaceful Uses of Atomic Energy. Geneva **9**, 72 (1964).

[5] Jᴀɴ, R. v.: Phys. stat. sol. **8**, 331 (1965) [Erholungsstufen].

[6] Fʀᴀɴᴋ, W., A. Sᴇᴇɢᴇʀ, u. G. Sᴄʜᴏᴛᴛᴋʏ: Phys. stat. sol. **8**, 345 (1965) [metast. Crowdionen].

[7] Aꜱᴛ, D., u. J. Dɪᴇʜʟ: Phys. stat. sol. **17**, 269 (1966) [Erholg. Ni].

[8] Lɪ, J. C. M.: J. Appl. Phys. **33**, 2958 (1962) [Rekrist.].

[9] Dᴇᴛᴇʀᴛ, K., P. Dᴏʀꜱᴄʜ, u. H. Mɪɢɢᴇ: Z. Metallkde. **54**, 263 (1963) [Würfellage].

[10] Aʜʟʙᴏʀɴ, H., G. Wᴀꜱꜱᴇʀᴍᴀɴɴ, u. S. Wɪᴇꜱɴᴇʀ-Kᴀᴜᴘ: Z. Metallkde. **57**, 22 (1966) [Rekrist. Al].

[11] Bᴜᴄᴋ, O., u. U. Eꜱꜱᴍᴀɴɴ: Phys. stat. sol. **4**, 143 (1964) [Striemen].

[12] Rᴜ̈ʜʟᴇ, M., u. M. Wɪʟᴋᴇɴꜱ: Phys. stat. sol. **16**, K 105 (1966) [Seegerzonen als Leerstellenringe].

Tabellen-Anhang

Tabelle 1. *Bindungsenergie bezüglich des freien Atoms (Verdampfungswärme bei Normaltemperatur) in kcal/Mol*

Li 36,5	Be 76,6													
Na 26,1	Mg 35,9											Al 74,4	Si 87,0	
K 21,7	Ca 45,9	Sc 93	Ti 112	V 119	Cr 80,0	Mn 68,1	Fe 96,7	Co 105	Ni 101	Cu 81,2	Zn 31,2	Ga 66,0	Ge 78,0	As 66,6
Rb 20,5	Sr 39,2	Y 103	Zr 125	Nb 184	Mo 157	Tc	Ru 160	Rh 138	Pd 93	Ag 69,0	Cd 27,0	In 58	Sn 72	Sb 60,8
Cs 18,8	Ba 42,0	La 88	Ce 85	Ta 185	W 203	Re 189	Os 174	Ir 165	Pt 122	Au 82	Hg 15,0	Tl 43,3	Pb 46,5	Bi 49,7

H
51,6

U
117

Tabelle 2.
Atomvolumina in Å³ nach G. E. R. Schulze

					Aus Mischkristallen berechnet	
Be	8,111	Ga	15,194	Sc	23,271	Pr	34,250	Si	13,310
Ni	10,939	Zn	15,207	Zr	23,366	La	57,325	Ga	14,340
Co	11,289	Mo	15,583	Hf	26,222	Na	39,493	Ge	17,248
Fe	11,779	W	15,848	Cp	29,496	Yb	41,281	In	21,479
Cu	11,809	Al	16,603	Tm	30,080	Ca	43,341	Sn	22,742
Cr	12,010	Au	16,961	Pb	30,316	Bu	48,859		
Mn	12,187	Ag	17,057	Er	30,641	Sr	56,383		
Ru	13,352	Ti	17,777	Ho	31,118	Ba	63,215		
Rh	13,731	Nb	17,980	Dy	31,521	K	70,751		
Os	13,992	Ta	18,018	Tb	31,968	Rb	89,274		
V	14,107	Np	19,223	Th	32,968	Cs	111,383		
Ir	14,143	Pu	20,091	Gd	33,102				
To	14,212	U	20,807	Sm	33,376	Si	19,901		
Ro	14,655	Li	21,598	Y	44,983	Ge	22,678		
Pd	14,718	Cd	21,686	Ce	34,147	In	26,193		
Pt	15,101	Mg	23,235	Nd	34,192	Sn	27,098		

Tabelle 3

← Metalle →													← Metalloide →				
																1 H	2 He
3 Li											4 Be	5 B	6 C	7 O	8 N	9 F	10 Ne
11 Na		← Übergangs-(T-)Metalle →								Bunt-metalle	12 Mg	13 Al	14 Si	15 P	16 S	17 Cl	18 A
19 K	20 Ca	21 Sc	22 Ti	23 V	24 Cr	25 Mn	26 Fe	27 Co	28 Ni	29 Cu	30 Zn	31 Ga	32 Ge	33 As	34 Se	35 Br	36 Kr
37 Rb	38 Sr	39 Y	40 Zr	41 Nb	42 Mo	43 Tc	44 Ru	45 Rh	46 Pd	47 Ag	48 Cd	49 In	50 Sn	61 Sb	52 Te	53 I	54 Xe
55 Cs	56 Ba	SE	72 Hf	73 Ta	74 W	75 Re	76 Os	77 Ir	78 Pt	79 Au	80 Hg	81 Tl	82 Pb	83 Bi	84 Po	85 At	86 Rn
87 Fr	88 Ra	89 Ac	90 Th	—	101 Md												

← Stark unedle Metalle → | ← Metalle I. Art → | ← Metalle II. Art (B-Metalle) →

Zintlgrenze

Tabelle 4. *Legierungsklassen*

a) Alkalimetalle untereinander

Li				
u (22)	Na			
u (47)	v (25)	K		
u (52)	sm (30)	m (5)	Rb	
u (59)	sm (32)	m (13)	m (17)	Cs

Die eingeklammerten Zahlen geben die Atomradiendifferenz in Prozenten.

b) Flächenzentrierte Metalle

u: im flüssigen und festen Zustand nicht mischbar.
km: Mischungslücken im flüssigen und festen Zustand.
sm: im festen Zustand Mischungslücke, Eutektikum.
m: im flüssigen und festen Zustand lückenlos mischbar.
v: intermetallische Verbindung.

Ag										
m	Au									
sm	m	Cu								
sm	v	m	γ-Mn							
u	sm	sm	m	Ni						
u	sm	sm	m	m	β-Co					
u	sm	km	m	m	m	γ-Fe				
v	m	m	v	m	m	m	Pt			
m	m	m	v	m	m	m	m	Pd		
sm			v		m		sm	sm	Ir	
sm	sm	sm	v		m		m	sm		Rh

c) Raumzentrierte Übergangsmetalle

(Weitgehend mischbar auch Cr–Mn, V–Co).

α-Fe								
m	V							
m	m	Cr						
m	m	m	Mo					
v		m	m	W				
v	m	v	m	m	Ta			
v	m	v	m	sm	m	Ti		
v	m	v	m	m	m	m	Nb	
v	v	v	v	v	sm	m	m	Zr

Tabelle 5

Bildungsenergie B, Wanderungsenergie W (in eV), Bildungsentropie S (in k),
Aktivierungsenergie der Selbstdiffusion Q (in eV); H = Hantelkonfiguration

	Leerstelle			Doppelleerstelle			Zwischengitteratom			
	B	W	S	ΔB	W	S	B	W	–	Q
Cu	1,05	1,05	0,5	0,12	0,67	1,8	2,8	0,66	(H)	2,15
Ag	1,03	0,88	0,9	0,19	0,57	1,8		0,58		1,29
Au	0,98	0,82	1,2	0,09	0,65	2,2		0,71		1,81
Ni	1,35	1,46	0,7	0,3	0,8	1,3		1,03	(H)	2,85
Al	0,76	0,65	2							1,43
W	3,30	1,93	1,4							5,23

Aktivierungsenergie der Selbstdiffusion Q

Li	Na	K	Mg	$Zn_\parallel$	$Zn_\perp$	$Cd_\parallel$	$Cd_\perp$	In	$Sn_\parallel$
0,42	0,45	0,40	1,39	0,93	1,1	0,78	0,83	0,78	0,46

$Sn_\perp$	Pb	Ge	$Bi_\parallel$	$Bi_\perp$	Tl_{hex}	Tl_{kub}	$Fe\alpha$	$Fe\gamma$	$Fe\delta$
0,26	1,1	3,1	1,35	6,1	0,98	0,87	2,5	2,75	2,64

Co	Nb	Ti	Zr	Ag*)	Ag**)	Sn***)	Sn**)	Hg****)
2,8	5,8	1,27	1,2	0,44	0,87	6,97	0,41	0,03

Wanderungsenergien von Punktfehlern

Leerstellen in:

$Fe\alpha$	Mo	Ta	Nb	Pt	Pd	Sn	Al–Mg
0,76	1,26	1,35	1,0	1,48	1,5	0,7	0,5

In NaCl:

Kationenlücken	Zwischengitteraktion	Zwischengitteranion	Na^+	Cl^-
0,84	0,47	0,87	1,26	2,16

Rotation der Hanteln:

Herstellung der Fernordnung in $AuCu_3$:

Ni	Cu
0,87	0,70

1,65–2,01

Korngrenzenviskosität:

Cu	Au	Al	$Cu–Zn\alpha$	$Fe\alpha$
1,39	1,45	1,45	1,75	3,65

Diffusion von Fremdatomen

In Cu:

Ag	Ag**)	Be	Zn	Cd	Al	Si	Sn	Ni	Pt
1,52	1,0	1,27	1,30	0,35	1,60	2,66	2,3	1,17	1,06

In Ag:

In Cu_3Au:

Cu	Au	Cd	Sn		Au
1,06	1,20	0,95	1,7		1,66

*) Oberfläche   **) Korngrenzen   ***) vielkristallin   ****) flüssig

Tabelle 5 (Fortsetzung)

In Au:

Cu	Ag	Pt	Pd
1,17	1,65	1,67	1,60

In Al:

Cu	Ag	Mg	Zn	Fe
1,49	1,45	1,67	1,34	0,60

In Pb:

Ag	Au	Hg	Tl	Sn
0,65	0,56	0,82	0,90	1,03

In α-Fe:

H	H*)	C	N	N_2	N_3	Co	O
0,22	0,69	0,86	0,75	0,82	0,88	2,8	0,98

In Ta:

C	O	N
1,07	1,11	1,64

In γ-Fe:

C	N	Si	Cr	Mn
1,5	1,4	0,37	5,31	2,6

In Ni:

Cu	Fe
1,52	2,10

In W:

Ce	Fe	Zr	Mo	U	Th	Ba**)
3,5	6,0	3,3	3,4	4,3	5,3	0,2–0,7

In Nb:

N	W
1,62	10,7

Wanderungsenergie der Versetzungen, extrapoliert auf $\tau_s = 0$:

Al	Cu	Ag	Co_{hex}	Feα	Ge	Si	InSb	NaCl
0,5	1,4	0,35	1,2	0,7	1,6	2,2	0,7	2,5

Schneiden der verdünnten Zonen in Cu:

Kleinste	Größte (bei hohen Temperaturen)
3,2	14,1

Bildung von Doppelkinken der Versetzungen (Bordoni-Maximum):

Al	Cu
0,1	0,04

---

*) Nach Walzen Differenz gleich der Absorptionsenergie an der Oberfläche!
**) Oberflächendiffusion. Kleinste Werte auf {110}.

Tabelle 6. *Stapelfehlerenergie γ*

	Cu	Ag	Au	Ni	Al	Ni + 60 Co	α-Fe	Co_{hex}	Zn	Cd	Ge	Graphit
$10^3\gamma/Gb$	5,3	3,2	4,4	9,5	34	1,7	–	–	0,03	0,03	–	–
erg/cm²	56	27	53	180	220	32	110	9	300	170	40	2

Tabelle 7. *Erholungsstufen von Cu, ähnlich Ni*

Stufe	Bereich von T (°K) Aktivierungsenergie	Vorbehandlung	Interpretation
I	14–48 0,05–0,12	Bestrahlung durch Elektronen und Neutronen	Rekombination eng benachbarter Frenkel-Paare (Crowdionenleerstellen und Hantelleerstellen) durch Wechselwirkung von Zwischengitteratom und Leerstelle
I_E	48–65	Wie I	Crowdionen sind frei beweglich und rekombinieren mit statistisch verteilten Leerstellen. Dabei auch Umwandlung in Hanteln
II	65–233 $\approx 0,2$	Wie I	Rekombination von Hantelleerstellenpaaren. Losreißen der Crowdionen von Verunreinigungen
		Plastische Verformung	Rekombination von Hanteln mit zufällig benachbarten Leerstellen
III	233–373 0,6–0,72	Wie I sowie plastische Verformung	Hanteln sind frei beweglich und heilen vor allem an Leerstellen aus
		Abschrecken	Doppelleerstellen frei beweglich heilen aus durch Agglomeratbildung
IV	373–473 1,05	Abschrecken Plastische Verformung	Ausheilen frei beweglicher Leerstellen vor allem an Versetzungen
V	$\geqq 473$ 2,05	Plastische Verformung, Bestrahlung durch Neutronen	Bei Beginn der Stufe Ausheilen der Seegerzonen. Selbstdiffusion, Versetzungsreaktionen und Rekristallisation

Namenverzeichnis

Sachverzeichnis